KB263957

생애 한 번쯤 걷고 싶은

해 외 트레킹 바이블

글·사진 **진우석**

중앙books

나의 첫 해외 트레킹은 쿰부 히말라야다. 당시 우기라서 하루걸러 비가 내렸다.
하산을 앞두고 딩보체 언덕에 오르자 거짓말처럼 날이 개고 하늘이 열렸다.
그때의 감동 덕분에 지금까지 히말라야를 걷고 있는 건 아닐까.

돌로미티의 꽃으로 불리는 트레치메. 트레치메 트레킹은 세 봉우리인
치마 오베스트, 치마 그란데, 치마 피콜로를 중심으로 한 바퀴 도는 길이다.
세 봉우리를 배경으로 걸어오는 사람들이 개미처럼 작게 보인다.

알타비아1 트레킹 중 전망이 가장 좋은 라가추오이 산장의 테라스.
웅장한 돌로미티의 품에서 한 연인이 여유롭게 와인을 마시고 있다.

돌로미티 토파네를 배경으로 걷고 있는 트레커들.
장대한 바위 앞에서 인간이란 존재는 보잘 것 없어 보인다.
지구상에서 이러한 풍경은 오직 돌로미티에서만 볼 수 있다.

길이 나를 걷는다

길을 오래 걷다 보면 내가 길을 걷는 게 아니라 길이 나를 걷는 걸 느낀다. 길은 앞에서 나타나 내 심장을 관통해 뒤로 흘러간다. 그러면 심장에는 길의 발자국이 찍힌다. 어떤 발자국은 툭툭 감성을 건드리고, 어떤 발자국은 나를 송두리째 뒤흔든다. 이럴 땐 걸음을 멈추고 멍하니 서 있거나 펜과 노트를 꺼내 느낀 것을 적는다. 길의 발자국을 느끼고 기록하는 일은 참으로 황홀하다. 이 책은 나란히 찍힌 두 개의 발자국이다. 하나는 내 것이고 다른 하나는 길의 것이다.

『해외 트레킹 바이블』에는 12년쯤 되는 세월이 담겨 있다. 한 달 안 되는 여행이 척척 책이 되는 시대에 12년이란 세월을 책 한 권으로 갈무리하는 일은 여러모로 심란하다. 책을 서너 권 냈어야 할 분량이고 시간이다. 게으르고 무능했다. 묵힌 세월만큼 글과 사진이 더 반짝반짝 빛나 독자를 감동시키거나 책이 날개 돋친 듯 팔린다는 보장이 없다는 걸 잘 안다. 그럼에도 기쁘고 감격스럽다. 나의 여행을 마무리할 수 있어서다. 여행작가의 여행은 책으로 묶이면서 비로소 마무리된다. 활자화되지 못한 여행은 계속 떠돌기 마련이다. 여행이 여행을 떠나면 곤란하다. 여행은 기록되어야 한다.

길을 걸은 지 어느덧 20년이 흘렀다. 1999년 〈사람과 산〉이란 산악 잡지의 기자로 일하며 시작됐다. "알피니즘은 어떻게 취재할 건가요?" 당시 입사 면접에서 받은 질문이 아직도 생생하다. 당시 산악 잡지의 기자는 대부분 대학산악부 출신이었기 때문에 그렇지 않은 내가 전문 등반 영역을 어떻게 취재할지 궁금했던 것 같다. 그들에게 뒤처지지 않으려고 몸부림쳤다. 하지만 한계에 부딪쳤다. 높은 산은 잘 모르지만, 낮은 산은 잘 알려고 노력했다. 어떻게 보면 이 책은 그 질문에 대한 대답이다. 나는 그 회사를 나와서도 꾸준히 걸었고 꾸준히 글을 썼다. 덕분에 2014년에 『대한민국 트레킹 바이블』을 냈고, 올해는 그 해외 버전인 『해외 트레킹 바이블』을 출간한다.

『해외 트레킹 바이블』에는 그동안 다녀온 해외 30여 개의 트레킹 코스 중 15개를 엄선해 담았다. 트레킹 마니아라면 꼭 한번 가봐야 할 히말라야와 알프스의 클래식 코스부터 국내에 많이 알려지지 않은 코스까지 두루 담았다. 또한 초보자부터 중·고급자까지 모두 가볼 수 있는 코스도 수록했다. 돌로미티의 트레치메, 융프라우의 실스마리아와 아이거 트레일, 바흐알프제 등은 아이와 함께 걸을 수 있을 정도로 길이 편하다. 그럼에도 풍경은 세계 어느 길에도 뒤지지 않을 정도로 빼어나다. 중·고급자라면 돌로미티의 알타비아1, 알프스의 오트루트, 히말라야의 안나푸르나 서킷과 에베레스트 베이스캠프 등 정통 클래식 코스를 추천한다. 왜 그곳이 오랜 세월 동안 사랑받을 수밖에 없는 지 온몸으로 느끼게 될 것이다.

이 책은 안내서다. 12년간 걸었던 그 길을 일목요연하게 정리해 독자에게 정확한 정보를 제공하려고 노력했다. 입체 지도와 고도표를 넣어 코스별 거리와 높이, 난이도 등을 짐작할 수 있도록 했다. 트레킹 에세이에는 길이 나에게 들려주는 이야기를 최대한 담담하게 적어내려 갔다. 길에서 쓴 글에는 생생한 현장감과 솔직함이 묻어 있어 독자들에게 잘 다가갈 수 있을 것이란 믿음으로.

책이 나오기까지 도움을 준 고마운 분들이 많다. "엄니 감사합니다!" 학창 시절부터 여행 떠나는 걸 응원해주신 덕분에 여기까지 올 수 있었다. 그리고 항상 집에서 따뜻하게 날 기다려준 집사람과 딸 세봄이에게도 뽀뽀를 전하고 싶다. 함께 여행할 운명을 타고난 (사)한국여행작가협회 회원들에게 이 자리를 빌려 사랑과 우정을 보낸다. 마지막으로 이 책을 한 땀 한 땀 정성껏 만들어준 문주미 편집자를 비롯한 중앙북스 출판사 식구들에게 큰절을 올린다.

묵은 짐을 덜어내고 새 배낭을 꾸리니 휘파람이 절로 난다. 이제는 낮고 평탄한 길을 걷고 싶다. 굳이 유명한 길이 아니라도 좋다. 평범한 길이라도 마음을 열고 또박또박 걸어 발자국을 찍고 싶다.

2025년 겨울, 진우석

Contents

『해외 트레킹 바이블』이렇게 구성되어 있습니다.

- 15개 트레킹 코스를 4개 지역(돌로미티·알프스, 히말라야·카라코람, 동북아시아, 동남아시아 등)으로 구분했습니다.
- Information과 Traveler's Note에서는 트레킹 전에 전체 코스를 머릿속에 미리 그려볼 수 있도록 전체 고도표와 지도, 일정과 베스트 시즌, 소요 시간, 뷰포인트 등을 소개합니다. 뿐만 아니라 해당 지역까지의 이동 방법(항공, 교통 등), 숙소, 장비, 비자 등에 대한 정보를 수록해 트레킹을 꼼꼼하게 준비할 수 있도록 했습니다.
- Course Guide에서는 각 코스를 조금 더 세분화하여 일별(또는 구간별) 고도표와 지도, 숙소 및 주의사항 등 조금 더 상세한 정보를 제공합니다.
- Special Page에서는 트레킹 코스와 연계하여 트레킹 전후에 들러볼 만한 추천 명소를 소개합니다.
- 이 책에 수록된 정보는 2018년 4월까지 수집한 것을 바탕으로 합니다. 주변 명소·숙소·식당 등의 정보는 바뀔 수 있습니다. 트레킹 전에 변경된 정보는 없는지 전화로 문의하거나 홈페이지를 참고해 계획하는 것이 가장 좋습니다.

Part 1 돌로미티·알프스 Dolomites·Alps

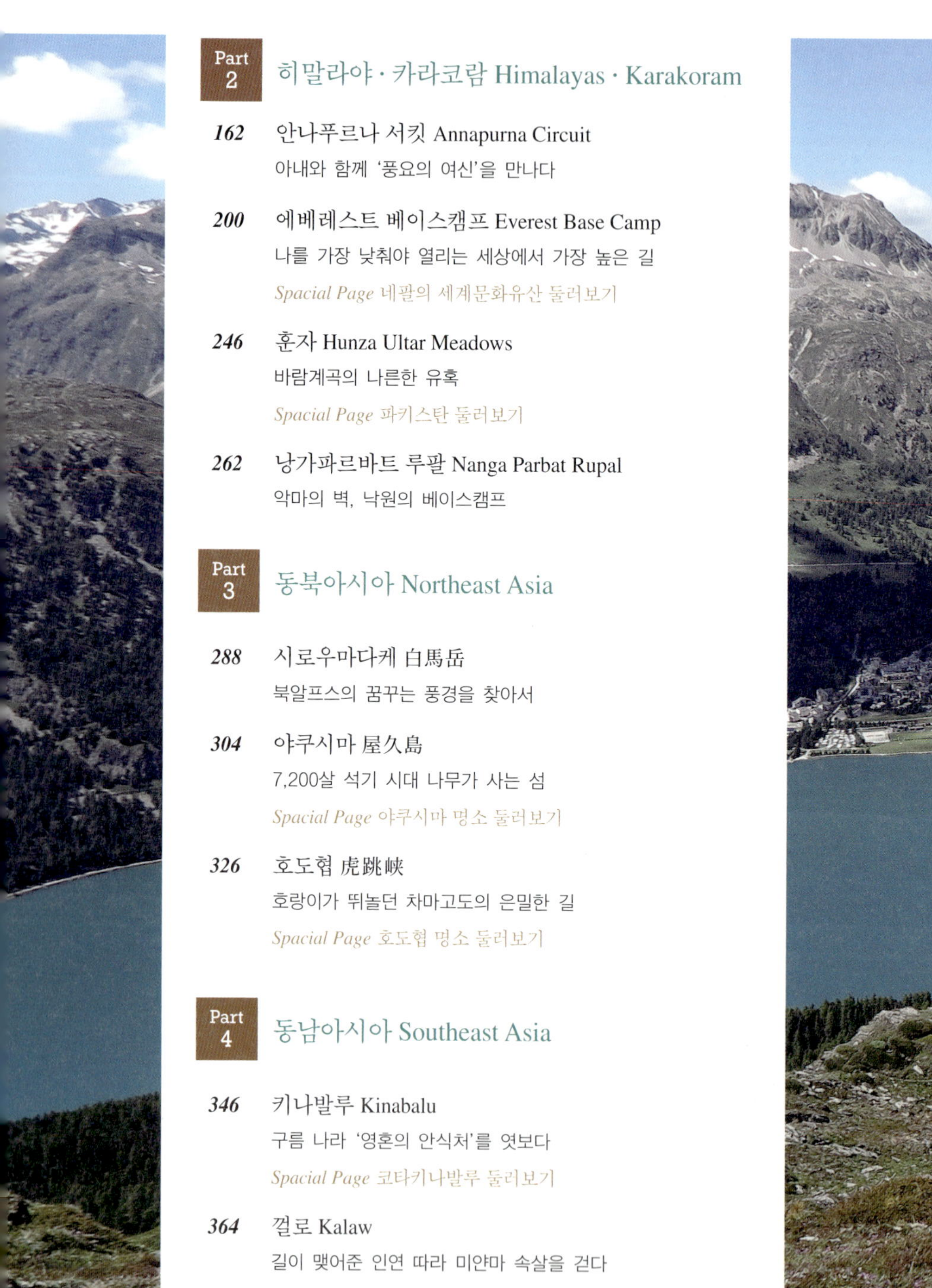

Part	코스	국가	출발 도시(국제공항)
Part 1. 돌로미티·알프스 Dolomites·Alps	트레치메	이탈리아	코르티나담페초, 도비아코 (베네치아, 뮌헨)
	알타비아1	이탈리아	코르티나담페초, 도비아코 (베네치아, 뮌헨)
	오트루트	프랑스, 스위스	샤모니(제네바)
	실스마리아	스위스	생 모리츠(취리히)
	아이거 트레일	스위스	인터라켄(취리히)
	바흐알프제	스위스	인터라켄(취리히)
Part 2. 히말라야·카라코람 Himalayas·Karakoram	안나푸르나 서킷	네팔	포카라(카트만두)
	에베레스트 베이스캠프	네팔	카트만두(카트만두)
	훈자 울타르 메도	파키스탄	길기트(이슬라마바드)
	낭가파르바트 루팔	파키스탄	길기트(이슬라마바드)
Part 3. 동북아시아 Northeast Asia	시로우마다케 (하쿠바다케)	일본	하쿠바(도야마, 나고야)
	야쿠시마	일본	가고시마(가고시마)
	호도협	중국	리장(쿤밍)
Part 4. 동남아시아 Southeast Asia	키나발루	말레이시아	코타키나발루
	껄로	미얀마	헤호(양곤)

기간	난이도	시즌(베스트 시즌)	퍼미트	특징
1~2일	★★☆☆☆	6~9월(7~8월)	X	돌로미티, 세계자연유산
7~9일	★★★★☆	6~9월(7~8월)	X	돌로미티, 세계자연유산
10~13일	★★★★★	6~9월(7~8월)	X	알프스
1일	★★☆☆☆	5~10월(6~7월)	X	알프스
1일	★★☆☆☆	5~9월(6~7월)	X	융프라우, 세계자연유산
1일	★★☆☆☆	5~9월(7~8월)	X	융프라우, 세계자연유산
15~19일	★★★★☆	1~5월, 9~12월(10~11월, 4~5월)	O	히말라야
10~15일	★★★★★	1~5월, 9~12월(10~11월, 4~5월)	O	히말라야, 세계자연유산
1~2일	★★★☆☆	5~9월(7~8월)	X	카라코람
2~3일	★★☆☆☆	5~10월(6~8월)	X	히말라야
3일	★★★★☆	5~10월(7~8월)	X	일본 북알프스
2일	★★★☆☆	연중(5월, 9~11월, 6~8월 (강수량 많음))	X	세계자연유산
2일	★★★☆☆	연중(4~5월, 10~11월)	X	옥룡설산
2일	★★★★☆	연중(5~8월)	O	세계자연유산
2~3일	★★★☆☆	연중(12~3월)	X	미얀마 속살 걷기

1. 유럽의 돌로미티·알프스를 즐기고 싶다면

유럽의 대자연을 즐기고 싶은 여행자에게는 돌로미티를 추천한다. 비교적 알려지지 않아 호젓했는데, 불과 몇 년 지나지 않아 한국인 트레커가 폭발적으로 늘었다. 접근성도 매우 좋다. 이탈리아 베네치아에서 차로 약 2시간 거리로, 대중교통으로 접근할 수 있다.

돌로미티 지역의 대표적인 트레킹 코스는 트레치메와 알타비아1이다. 트레치메는 초보자도 쉽게 갈 수 있는 코스로 빼어난 풍광을 자랑한다. 원래는 1일 코스지만 돌로미티의 산장 중 백미로 꼽히는 로카텔리 산장에서 1박하는 일정을 추천한다. 알타비아1은 돌로미티를 제대로 볼 수 있는 클래식 코스로 완주하는데 10일 정도 걸리지만, 5~7일 일정으로 단축할 수도 있다.

오트루트는 알프스의 진면목을 온몸으로 느낄 수 있는 코스다. 알프스를 제대로 즐기고 싶은 전문 트레커에게 추천한다. 그 외에 실스마리아, 아이거 트레일, 바흐알프제 코스는 가볍게 걷기 좋다.

2. 아시아의 히말라야·카라코람을 즐기고 싶다면

일정에 여유가 있고 체력도 자신 있다면 에베레스트 베이스캠프가 단연 1순위다. 경비행기를 타고 루클라에서 시작하는 것이 아니라 지리에서 출발하는 15~17일 코스를 추천한다. 개인적으로는 이 코스를 경건한 히말라야 순례 코스라고 부르고 싶다. 저 멀리 아스라이 펼쳐진 히말라야 설산을 바라보며 한 발짝씩 다가가는 맛이 일품이다. 다른 코스보다 트레커들이 뜸해 순박한 주민들을 가까이서 만날 수 있는 것도 큰 매력이다.

두 번째는 히말라야 트레킹의 고전인 안나푸르나 서킷 코스다. 2주 일정이지만 요즘은 길이 잘되어 있어 난이도가 낮아졌다. 쏘롱 라를 넘어 서킷을 성공했을 때의 성취감은 말할 수 없이 짜릿하다. 그 외에 낭가파르바트 루팔, 훈자 코스는 수려한 풍경을 즐기면서 걷기 좋다.

3. 우리나라와 가까운 곳으로 가고 싶다면

아름다운 자연을 잘 간직하고 있는 일본에는 다양한 트레킹 코스가 있다. 산을 좋아하는 사람이라면 북알프스의 시로우마다케를 추천한다. 한여름에 눈 쌓인 대설계를 걷고 하쿠바 산장에서 생맥주를 마시며 북알프스 연봉을 바라보는 맛이 일품이다. 자연에 관심이 많다면, 삼나무의 왕국인 야쿠시마를 추천한다. 7,200살 조몬스키와의 만남은 경이롭다.

4. 여행 중에 트레킹을 즐기고 싶다면

미얀마 껄로 트레킹은 독특하다. 여행이면서 트레킹이고 트레킹이면서 여행이다. 대부분의 유럽 여행자들은 이 트레킹을 통해 껄로에서 인레로 이동한다. 미얀마의 속살을 만날 수 있는 멋진 길이다. 하지만 안타깝게도 2021년 미얀마 군부 쿠데타 이후 사회가 정상적으로 돌아오지 못했다. 인레까지 전 구간 걸을 수 없고, 껄로 일대만 트레킹이 가능하다.

5. 트레킹을 편하게 준비하고 싶다면

여행사를 통해 예약하면 좋은 코스는 말레이시아의 키나발루와 중국의 호도협 코스다. 키나발루 트레킹을 하기 위해서는 라반라타 산장 예약이 필수인데, 개인적으로 예약하기가 쉽지 않다. 자유 여행과 여행사 상품이 경비면에서 큰 차이가 없다. 호도협 코스 상품은 많은 여행사에서 판매하기에 비교적 저렴하다.

하게 점검해야 한다. 발목까지 올라오는 중등산화는 기복이 심한 지형, 눈, 비, 얼음, 바위 등 악조건 속에서 발과 발목을 효과적으로 보호해 장거리 코스에서 꼭 필요하다. 경등산화(트레킹화)는 거친 환경에서 발과 발목을 완벽하게 보호하지 못하지만 당일 트레킹이거나 길 컨디션이 좋을 때 신는다. 최근에는 중등산화와 트레킹화의 중간 정도인 미트컷 등산화도 많이 나온다. 하지만 히말라야나 알프스 등 거친 길을 걸을 때는 중등산화를 반드시 신어야 한다.

2. 스틱

스틱은 등산 전문가뿐만 아니라 초보자와 관절이 약한 중장년층에게 꼭 필요한 장비다. 다리가 받는 하중을 20~25% 정도 분산시키고, 급경사 지대와 눈길에서 균형 잡는 것을 도와줘 트레킹을 안전하게 마무리할 수 있다. 스틱은 한 손에 하나씩, 두 개를 사용해야 하며, 나사형과 플립형 중 고장이 적은 플립형을 추천한다.

1. 등산화

트레킹 장비 중 가장 중요하다. 발이 불편하면 한 발짝도 걷기 힘들다. 등산화를 선택할 때는 '방수 및 투습 기능이 있는가? 외피가 튼튼한가? 바닥창은 탄력 있고 미끄러지지 않는가?' 등을 꼼꼼

3. 배낭

배낭은 신체의 일부처럼 중요하며, 기본적으로 가볍고 튼튼해야한다. 배낭이 여러 장비를 운반하는 역할도 하지만 신체 보호와 방풍, 보온 역할

도 한다. 등판과 멜빵시스템이 인체공학적으로 설계되어 몸에 자연스럽게 밀착되고, 하중을 등과 어깨에 고르게 분산시키는 것이 중요하기 때문에 반드시 직접 메 보고 선택하자. 배낭 밑단이 허리 아래로 내려가 엉덩이에 걸리면 안된다. 배낭은 크기에 따라 소형(당일, 20~40ℓ), 중형(1박, 40~60ℓ), 대형(1박 이상, 60ℓ 이상)이 있다.

야무지게! 배낭 꾸리기

- 장비들은 디팩(D 모양으로 생긴 수납 가방)이나 잡주머니를 사용해 몇 개의 덩어리로 정리한다.
- 가벼운 것은 아래쪽에, 무거운 것은 위쪽이나 중간쯤에 넣는다. 무거운 부위가 어깨선 아래부터 허리뼈 위에 놓이는 것이 좋다.
- 자주 사용하는 물건은 배낭 뚜껑 주머니나 옆 주머니에 넣는다.
- 배낭 바깥에 물컵이나 장식품을 매달지 않는다.
- 배낭의 왼쪽과 오른쪽이 대칭이 되도록 해 기울어지지 않게 꾸린다.
- 통비닐로 배낭 안을 감싸고, 배낭 커버를 챙겨 우천에 대비한다.

4. 의류

산에서는 '패션쇼를 잘해야 한다'라는 말이 있다. 트레킹 중 더우면 벗고, 추우면 입는 행위가 반복된다는 의미로, 귀찮다고 패션쇼를 게을리하면 몸이 고생하게 된다. 상의는 속옷, 중간옷(셔츠), 겉옷(재킷)으로 나누어 입고 날씨에 따라 벗고 입으면 된다. 속옷과 중간옷은 땀이 잘 마르는 소재가 좋고, 신축성이 뛰어나야 한다. 겉옷은 방풍, 방수, 투습 기능을 갖춘 것이 좋다.

5. 모자

머리를 통해 빼앗기는 열은 전체 체열 손실의 절반이나 될 정도로 많다. '손발이 시리면 모자를 써라'라는 말이 있듯, 체온을 유지하려면 가장 먼저 모자를 써야 한다. 산행 중에 땀이 나서 더우면 모자를 벗어 체온을 조절한다.

6. 장갑

손이 햇볕에 타는 것을 막아주며 체온 유지를 도와준다. 손가락은 신체의 끝부분에 있어 혈액 순환이 잘 되지 않을 때가 있는데, 이 때는 체온을 유지하기 어려워 동상에 걸릴 위험이 크다. 젖은 장갑을 끼고 추위에 오래 노출되면 동상 위험이 더 커지므로 장갑은 항상 말라있어야 한다. 혹시 모르니 여벌의 장갑을 챙기자.

7. 선글라스

백내장 예방을 위해 선글라스는 꼭 껴야한다. 햇볕이 강할 때뿐만 아니라 설산이 넓게 펼쳐져 있는 히말라야 트레킹에서는 필수다.

돌로미티 · 알프스

Dolomites · Alps

tre cime di lav

— 01 —
Tre Cime di Lavaredo
트레치메

악마가 사랑한 천국

트레치메 Tre Cime di Lavaredo

장소 이탈리아 돌로미티산맥

난이도 ▲▲△△△　　　풍경 ▲▲▲▲▲　　　편의성 ▲▲▲▲△

알프스 동쪽 끝자락, 이탈리아 북부의 돌로미티 Dolomites산맥은 '이탈리아의 알프스'라고 불린다. 설산과 초원이 어우러진 알프스와 달리 수직 바위와 초원이 어우러져 '신의 조각품'이란 별칭도 있다. 여기에 지질학적 가치까지 더해져 2009년 세계자연유산으로 선정됐다. 돌로미티 코스 중 가장 인기 있는 곳이 트레치메다. 3,000m 높이의 세 바위봉이 빚어내는 조형미는 돌로미티 최고의 걸작으로 꼽힌다.

Information

[기본 정보]

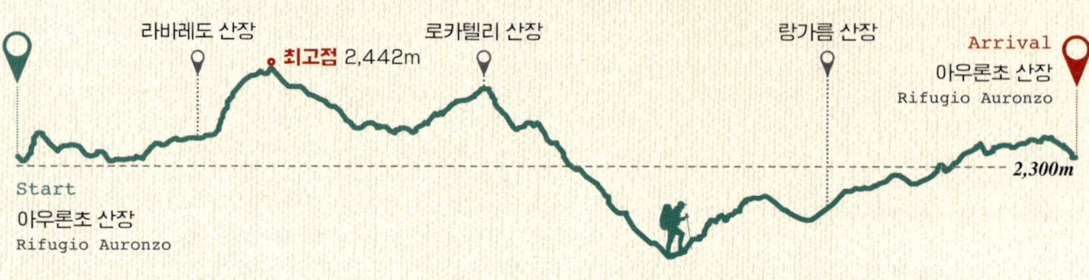

일정 : 1~2일(트레킹 4시간 30분) **시즌** : 6~9월(베스트 시즌 7~8월)

베스트 뷰포인트 : 트레치메가 가장 아름답게 보이는 로카텔리 산장 Rifugio Locatelli

코스 : ❶ 아우론초 산장 ❷ 라바레도 산장 ❸ 라바레도 고개 ❹ 로카텔리 산장 ❺ 랑가름 산장

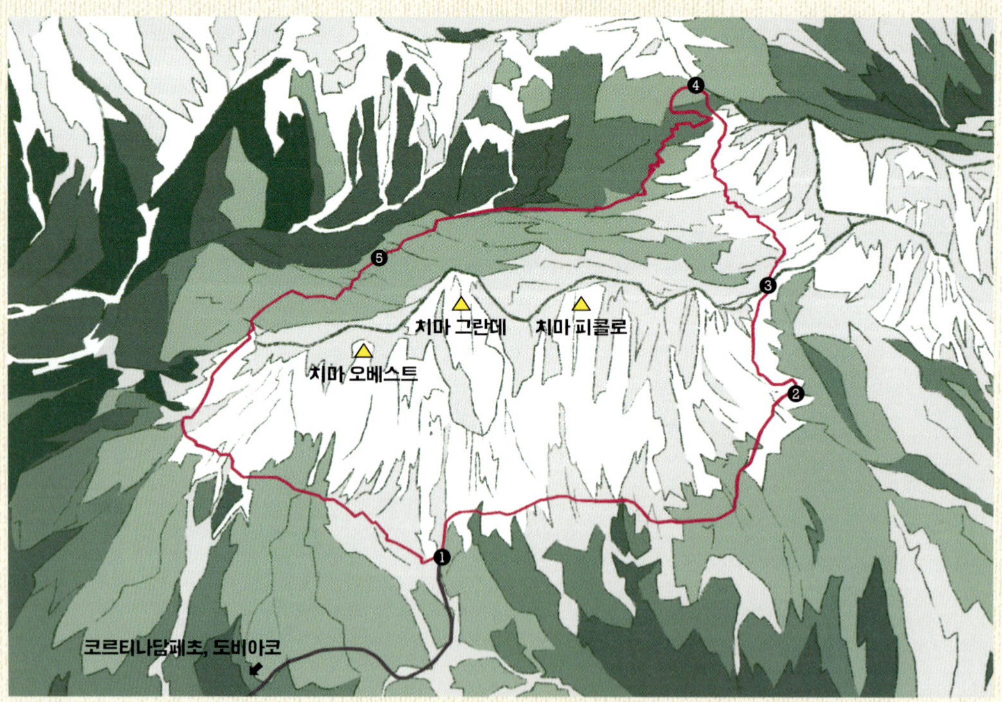

돌로미티가 위치한 지역은 본래 티롤 Tirol 지방에 속하며 오스트리아의 영토였다. 제1차 세계대전의 패전국인 오스트리아는 1919년 생제르맹 조약에 따라 티롤의 남쪽을 승전국인 이탈리아에 넘겼다. 이탈리아는 남티롤의 영토를 편입해 트렌티노알토아디제 Trentino-Alto Adige주를 만들었다. 덕분에 이탈리아는 남쪽의 지중해부터 북쪽의 알프스 돌로미티 산악지대까지 아름다운 자연을 두루 품게 됐다.

로카텔리 산장은 1903년 오스트리아의 저명한 산악인 제프 이너코플러 Sepp Innerkofler가 세웠다. 트레치메를 가장 아름다운 각도로 볼 수 있는 언덕에 위치해 산악인들의 사랑방으로 자리매김했다. 산악인 집안 출신의 이너코플러는 한 해에 5명만 받을 정도로 매우 힘들다는 산악 가이드 자격을 25세에 받았다. 1914년 제1차 세계대전 때엔 국경인 돌로미티에서 이탈리아 최고의 산악부대 알파니와 전투가 벌어졌는데, 이너코플러가 지휘한 오스트리아의 산악부대가 창의적인 전술로 승전을 거듭했다. 하지만 그는 1915년 절벽을 오르다 이탈리아군이 던진 돌에 맞고 전사한다. 이너코플러를 잃은 오스트리아는 전의를 상실해 돌로미티 지역에서 철수했다고 한다.

03 BOOK

『Dolomites Trekking』, Trailblazer Guides, 2006
돌로미티에서 인기 있는 코스인 알타비아1, 2, 트레치메 코스 등에 대한 정보를 담은 책이다.

04 HOW TO ENJOY

트레치메는 로카텔리 산장과 짝을 이뤄야 그 진가를 알 수 있다. 당일로 트레킹을 마칠 수 있지만 로카텔리 산장에서 하루 머무르는 게 좋다. 해가 뜨고 질 때 트레치메는 더욱 눈부시게 빛난다.

05 HOW TO PLAN

트레킹 중에 아이들을 많이 볼 수 있다. 그만큼 길이 쉽다. 트레치메 코스는 트레치메를 한 바퀴 돌면서 다양한 각도에서 풍경을 보는 것이 가장 중요하다. 아우론초 산장을 들머리로 시계 반대 방향으로 한 바퀴 돌아 회귀한다.

Traveler's Note

[여행작가의 노트]

항공 : 돌로미티의 관문 도시는 이탈리아 볼차노 Bolzano와 코르티나담페초 Cortina d'Ampezzo다. 볼차노는 독일 뮌헨 공항 Munich Airport, 코르티나담페초는 베네치아 Venezia 마르코폴로 공항 Marco polo Airport과 가장 가깝다. 대한항공, 루프트한자 등이 뮌헨 공항으로 취항하고, 아시아나항공이 베네치아 마르코폴로 공항으로 취항한다.

교통 : 베네치아 마르코폴로 공항에서 코르티나담페초행 AVTO 버스를 탄다. 코르티나담페초 버스정류장에서 아우론초 산장으로 가는 버스가 다닌다. 뮌헨 공항에서 버스를 타면 오스트리아 인스브루크 Innsbruck를 거쳐 이탈리아 볼차노까지 5시간쯤 걸린다. 볼차노에서 기차를 타고(포르테차 Fortezza에서 환승) 도비아코 Dobbiaco까지 약 2시간 소요. 도비아코 버스정류장에서 아우론초 산장까지 버스가 다닌다.

숙소 : 휴양 도시 코르티나담페초에는 다양한 숙박 시설이 있다. 도비아코역에서 가까운 도비아코 유스호스텔 Youth Hostel Dobbiaco(+39 0474 976216, dobbiaco.jugendherberge.it)이 시설도 좋고 비교적 저렴하다. 캠핑장은 수영장이 딸린 올림피아 캠핑장 Camping Olympia(+39 0474 972147, www.camping-olympia.com)이 좋다. 로카텔리 산장 Rifugio Locatelli(+39 0474 972002, http://www.dreizinnenhuette.com)은 돌로미티 지역의 오래된 산장 중에서 아름다운 곳으로 손꼽힌다. 트레치메가 웅장하게 펼쳐지며 고급 레스토랑 부럽지 않은 식사를 제공한다.

식사 : 산장에서 하프보드를 이용하면 저녁과 아침을 먹을 수 있다. 로카텔리 산장은 저녁 식사로 애피타이저, 본식, 디저트 등 고급 레스토랑급 정찬을 제공한다. 점심은 사 먹을 곳이 마땅치 않으므로 사전에 빵, 과일 등을 준비하자.

장비 : 중등산화, 스틱, 보온 의류 등 장비를 꼼꼼하게 챙겨야 한다. 가장 중요한 신발은 발수와 방수 기능이 있는 중등산화가 좋다. 산길은 오르내림이 심하므로 스틱도 필수다. 돌로미티 지역은 야영이 금지되어 있어 야영 장비를 가져갈 필요가 없다.

지도 : 타바코맵 Tabaccomap에서 돌로미티 전 구간을 48개 구간으로 나눈 1:25,000 지도를 판매하고 있다. 필자는 타바코맵 애플리케이션을 깔고 온라인 지도를 구매해서 그것을 보면서 다녔다. 48개 구간 중 필요한 부분만 구입하면 되고, GPS 기능이 있어 자신의 위치와 동선을 확인할 수 있다.

안내 표시 : 길이 단순하고 안내판이 잘 설치되어 있다. 아우론초 산장에서 로카텔리 산장으로 가는 길은 101번, 로카텔리 산장에서 아우론초 산장으로 가는 길은 105번이다.

- **일정** : 준비 10일 + 트레킹 여행 4박 5일
- **경비** : 약 300만 원
- **교통** : 항공, 버스, 기차 등
- **숙박** : 산장, 캠핑
- **장비** : 중등산화, 스틱, 보온 의류
- **비자** : 90일 무비자
- **환전** : 유로(€)
- **언어** : 이탈리아어, 영어

도비아코역 주변에 시설 좋은 숙소가 많다.

악마가 사랑한 천국, 트레치메

아우론초 산장 – 라바레도 산장 – 로카텔리 산장 – 랑가름 산장 – 아우론초 산장

'물의 도시' 베네치아에서 돌로미티의 거점 도시 코르티나담페초까지 자동차로 불과 2시간 거리다. 한국에서 분 돌로미티 열풍 덕분에 베네치아에서 돌로미티 쪽으로 가는 한국인 여행객이 제법 많다. 코르티나담페초는 프랑스 샤모니 Chamonix, 스위스 체르마트 Zermatt와 더불어 알프스의 대표적인 휴양 도시로, 배우 오드리 헵번 Audrey Hepburn이 자주 머물렀고, 헤밍웨이 Hemingway가 집필 활동을 했던 곳으로도 유명하다. 1956년에는 동계올림픽이 열렸는데, 세 개의 바위봉 그림을 올림픽 엠블럼으로 사용했다. 엠블럼 안의 봉우리가 바로 트레치메다. 트레치메의 본래 이름은 트레치메 디 라바레도. '라바레도의 세 개 바위봉'이란 뜻이다. 줄여서 트레치메라고 부르며 우리말로 삼봉산이다.

라바레도의 산장 뒤로 돌로미티의 기암들이 솟구쳐 있다.

코르티나담페초에서 버스를 타고 구불구불한 산길을 따라 오르면 출발점인 아우론초 산장에 닿는다. 산장 앞에서 만난 돌로미티의 첫인상은 매우 험악했다. 산장 뒤로 티라노사우루스의 어금니 같은 바위들이 병풍처럼 펼쳐지고, 회색빛 바위들이 그로테스크한 분위기를 물씬 풍겼다. 그 모습에서 '악마의 왕국'이 떠올랐다. 차마 발걸음이 떨어지지 않았지만 아이들과 함께 온 이탈리아 사람들의 밝은 모습을 보고 힘을 냈다. 한 걸음 한 걸음 걸으면서 트레치메의 속살로 들어서자 무서움이 조금씩 사라진다.

라바레도 산장 직전의 넓은 초원에는 야생화가 가득하다. 이미 무서움은 깡그리 사라졌고 왠지 마음을 따뜻하게 감싸는 순정이 느껴진다. 라바레도 산장에서 잠시 배낭을 내려놓았다. 커피를 마시며 느긋하게 트레치메를 바라보는 사람들이 여유롭다. 라바레도 산

동굴 안에서 본 트레치메는 더욱 멋지게 보인다.

Tre Cime di Lavaredo

1 1956년 코르티나담페초에서 열린 동계올림픽 엠블럼 안의 트레치메
2 세계 각지에서 온 트레커들과 함께 한 저녁 식사

장을 지나면 오르막길이 나오고, 트레치메의 오른쪽 허리를 타고 돈다. 묵묵히 땅만 보고 오르막길을 오르다 불현듯 '악마가 사랑한 천국'이란 단어가 떠올랐다. 트레치메는 천국을 사랑한 악마가 만든 작품이 아닐까. 돌로미티는 악마의 왕국처럼 황량하고 거칠지만, 그 안에는 천국의 따뜻함이 깃들어 있었다. '악마가 사랑한 천국'이란 말이 떠오르자 그동안 답답했던 마음이 편해지고 발걸음도 가벼워진다.

작은 언덕에 오르자 멀리 로카텔리 산장이 어서 오라고 손짓한다. 언덕에서 산장으로 가는 길은 두 가지다. 산허리를 타고 도는 윗길, 평탄한 아랫길. 동굴을 만날 수 있는 윗길을 추천한다. 산의 굴곡을 온몸으로 느끼며 걷다 보면 동굴을 만난다. 동굴 안으로 들어가자 제법 아늑한 공간이 있고, 밖을 바라보는 작은 구멍이 여럿 뚫려 있다. 구멍 안으로 펼쳐진 트레치메가 그림 같다. 이 동굴이 제1차 세계대전의 아픈 현장이다. 전쟁이 일어나자 많은 오스트리아 젊은이들이 동굴을 파고 겨울을 버티다가 얼어 죽었다고 한다. 결국 오스트리아는 패전국이 되었고, 광대한 돌로미티 땅을 승전국 이탈리아에 넘기고 만다.

산장이 가까워지자 날씨가 급변한다. 트레치메 봉우리는 구름 띠를 두르고 신비롭게 서 있다. 서둘러 로카텔리 산장 안으로 들어서자 기다렸다는 듯 비가 쏟아진다. 로카텔리 산장의 저녁 시간은 가족 분위기였다. 세계 각지에서 온 트레커들과 이야기 나누며 와인잔을 부딪치고 맛난 음식을 먹었다. 산장 안 모든 사람들이 친구처럼 느껴진다.

비가 그친 다음 날은 화창했다. 산장 밖 테라스에 앉아 트레치메를 정면으로 마주 본다. 왼쪽 봉우리는 작다는 뜻의 치마 피콜로 Cima Piccolo(2,856m), 가운데 가장 큰 봉우리는 크다는 의미의 치마 그란데 Cima Grande(3,003m), 오른쪽 봉우리는 동쪽을 뜻하는 치마 오베스트 Cima Ovest(2,972m)다. 봉우리 생김새가 두 손을 합장하는 것 같아 경건하게 느껴진다. 로카텔리 산장은 트레치메가 가장 아름답게 보이는 언덕에 세워졌다. 트레치메는 아침 빛을 받아 붉게 빛나다가 서서히 색을 바꾼다. 돌로미티의 백운석회암들은 빛에 따라 색을 바꾸는 것으로 유명하다. 베네치아 사람들은 돌로미티 바위들이 분홍빛으로 반짝인다고 자랑한다. 로카텔리 산장 뒤편에는 예쁜 호수가 숨어 있어 꼭 들러봐야 한다. 산장에서 15분쯤 내려가면 호수를 만나는데 한 바퀴 돌면서 호수에 담긴 푸른 하늘과 바위, 그리고 멀리 그림처럼 자리한 로카텔리 산장을 바라보는 맛이 짜릿하다. 나는 초원에 누워 야생화와 함께 바람에 흔들리며 하염없이 호수를 바라봤다. 그리고 그리운 사람을 떠올렸다.

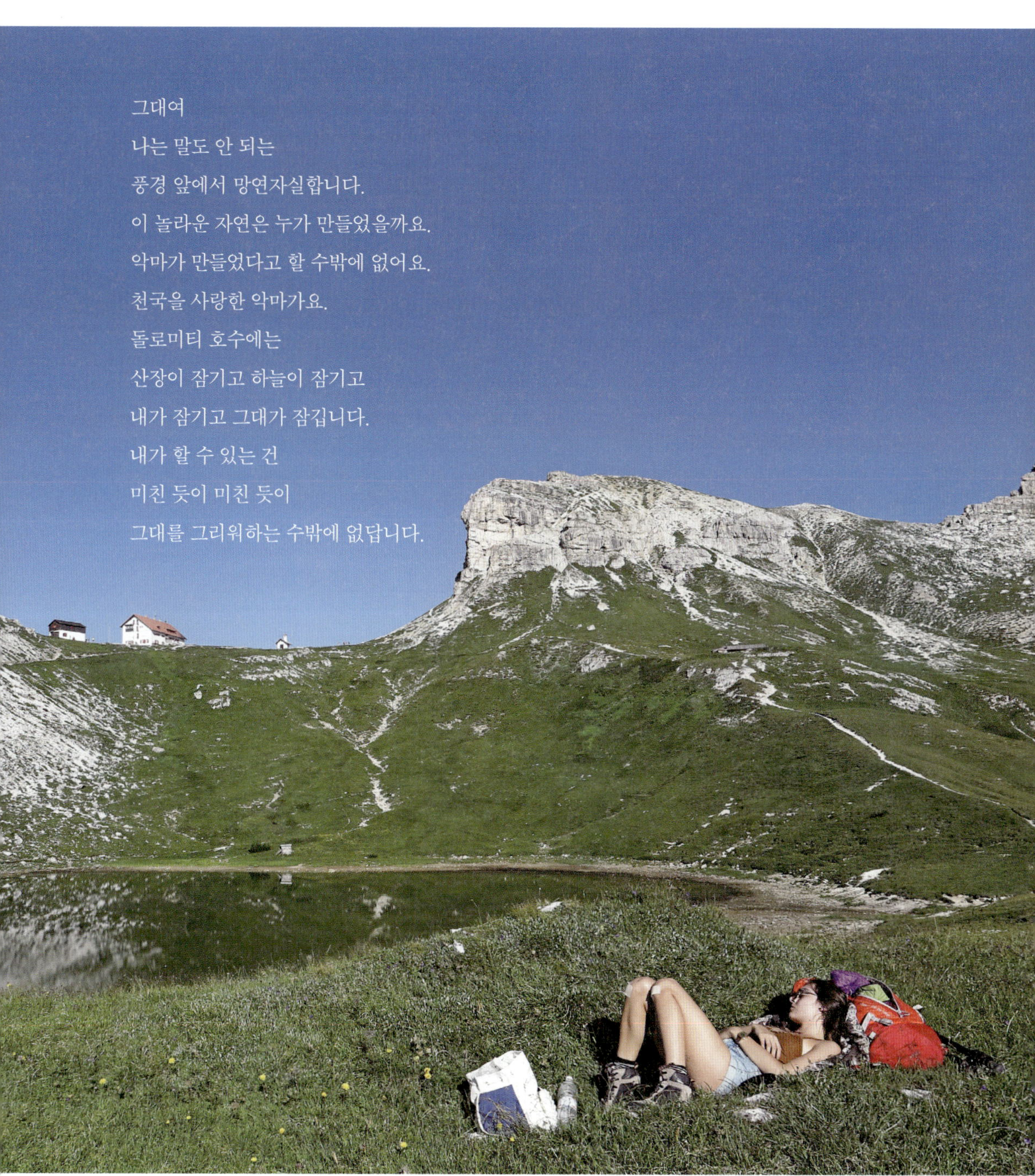

그대여
나는 말도 안 되는
풍경 앞에서 망연자실합니다.
이 놀라운 자연은 누가 만들었을까요.
악마가 만들었다고 할 수밖에 없어요.
천국을 사랑한 악마가요.
돌로미티 호수에는
산장이 잠기고 하늘이 잠기고
내가 잠기고 그대가 잠깁니다.
내가 할 수 있는 건
미친 듯이 미친 듯이
그대를 그리워하는 수밖에 없답니다.

1 전통 복장을 한 공연단이 트레치메를 배경으로 악기를 연주하고 있다.
2 로카텔리 산장 테라스에서 트레치메가 가장 아름답게 보인다.

호수를 한 바퀴 돌아 다시 산장으로 오면 이제 하산만 남았다. 마침 산장 앞에는 전통 복장을 한 사람들이 트레치메를 배경으로 악기를 연주한다. 독일의 방송국에서 촬영을 나온 덕분에 돌로미티 지역의 전통 음악을 들을 수 있었다. 투박한 음악과 해맑은 사람들, 그리고 트레치메가 잘 어울렸다.

슬슬 산장을 내려와 치마 오베스트를 오른쪽으로 돌면 랑가름 산장 Rifugio Langalm이 나온다. 이 산장은 젖소에게서 직접 젖을 짜서 파는 우유가 유명하다. 산장을 지나면 작은 호수가 나오는데, 물에 잠긴 트레치메가 환상적이다. 젊은이들은 수영을 즐긴다. 다시 언덕을 넘으면 출발했던 아우론초 산장이 나오면서 트레킹이 마무리된다.

Course Guide

1구간   트레치메 고개를 넘어 로카텔리 산장으로   [LEVEL] ★★☆☆☆

코 스 아우론초 산장~라바레도 산장~로카텔리 산장

- **거리** 4.3km **시간** 2시간
- **포인트** 서서히 드러나는 트레치메의 진면목
- **식사** 아우론초 · 라바레도 · 로카텔리 산장
- **숙소** 로카텔리 산장

아우론초 산장을 출발하면 라바레도 산장까지 임도가 이어진다. 라바레도 산장에서 작은 고개를 넘으면 윗길과 아랫길이 나뉜다. 산허리길인 윗길이 조금 힘들지만 풍경이 좋다. 로카텔리 산장에 거의 다 온 지점에 제1차 세계대전의 현장인 동굴이 있다. 로카텔리 산장에서 트레치메를 배경으로 한 황홀한 일출과 일몰을 만나 보자.

2구간   호수에 잠긴 트레치메를 떠나 아우론초 산장으로   [LEVEL] ★★☆☆☆

코 스 로카텔리 산장~랑가름 산장~아우론초 산장

- **거리** 5.43km **시간** 2시간 30분
- **포인트** 호수에 담긴 트레치메 찾아보기
- **식사** 아우론초 산장

산장 뒤편 아래에 로카텔리 호수가 있으니 꼭 들러보자. 호수에 담긴 봉우리와 산장의 모습이 환상적이다. 산장에서 내려오면 치마 오베스트의 오른쪽을 도는데, 그 지점에도 예쁜 호수가 있다. 호수를 지나 작은 언덕을 넘으면 출발점인 아우론초 산장에 닿는다.

— 02 —
The Dolomite Alta Via 1
알타비아1
the dol

mite alta via 1

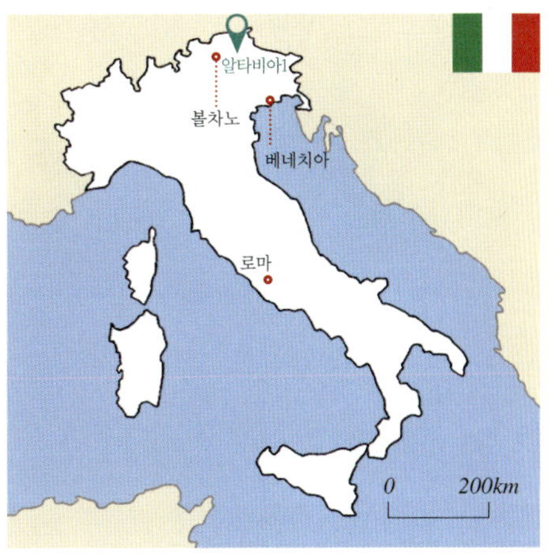

돌로미티를 남북으로 꿰뚫는 클래식 루트

알타비아1 The Dolomite Alta Via 1

장소 이탈리아 돌로미티산맥

난이도 ▲▲▲▲△   풍경 ▲▲▲▲▲   편의성 ▲▲▲▲△

'이탈리아의 알프스' 돌로미티는 기암괴석이 오묘한 매력을 내뿜는 것으로 유명하다. 세계자연유산으로 선정된 돌로미티에는 90~190km에 이르는 알타비아 코스가 10개 있다. 알타비아는 영어로 하이루트 High route, 우리말로는 '높은 길'이란 뜻이다. 루트 이름은 알타비아1, 알타비아2, 알타비아3 등 숫자를 붙여 지어졌다. 일반적으로 숫자가 높을수록 난이도도 높아지는데, 대표적인 클래식 루트가 알타비아1이다.

Information

[기본 정보]

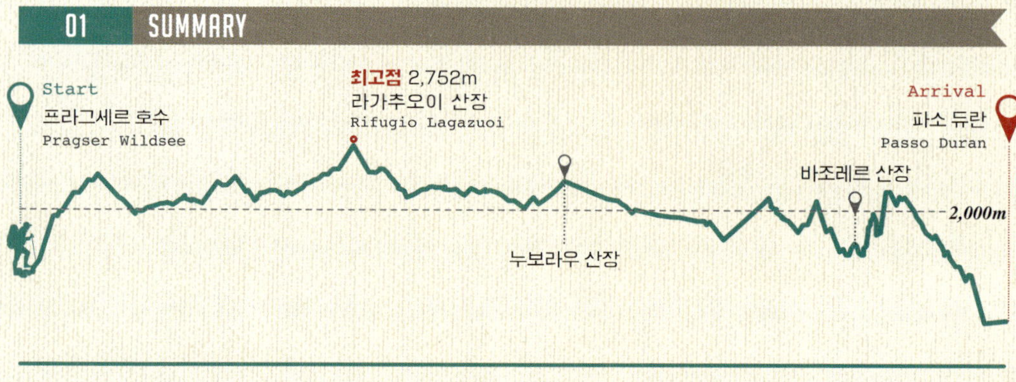

일정 : 7일 **시즌** : 6월~9월(베스트 시즌 7~8월)

베스트 뷰포인트 : 산꼭대기에 위치한 라가추오이 산장, 돌로미티에서 가장 극적인 위치에 있는 누보라우 산장 Rifugio Nuvolau 등

코스 : ❶ 프라그세르 호수 ❷ 세네스 산장 ❸ 라바렐라 산장 ❹ 라가추오이 산장 ❺ 누보라우 산장 ❻ 지아우 고개 ❼ 스타우렌자 산장 ❽ 바조레르 산장 ❾ 파소 듀란 ❿ 코르티나담페초

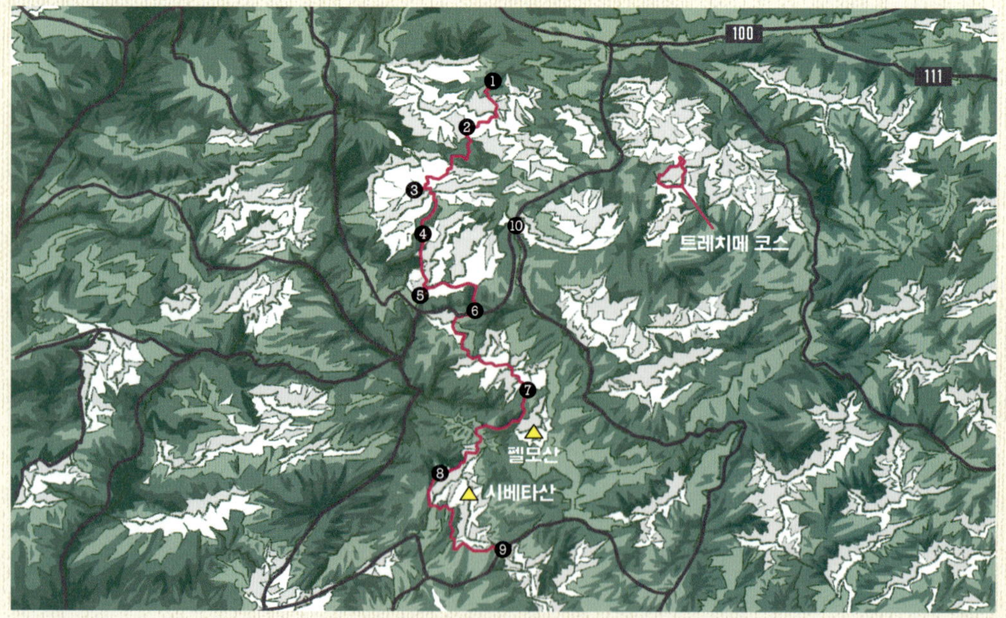

The Dolomite Alta Via1

"돌로미티는 숭고하고 장엄하며, 그 아름다운 색채는 여행객의 발길을 사로잡는다." 유네스코는 2009년 돌로미티를 세계자연유산으로 지정하면서 이렇게 극찬했다. 돌로미티의 암석들은 산사태·눈사태·홍수 등과 같은 동적인 과정과 침식 과정을 겪으면서 기묘한 형상을 갖게 되었다. 여러 종류의 봉우리와 수직으로 쭉쭉 뻗은 기암절벽 등 다양한 석회암 지형이 한곳에 모두 모인 곳은 세계 어디에서도 찾아보기 어렵다. '돌로미티'란 이름은 돌로마이트 dolomite(석회석)에서 유래한 것이 아니라 18세기 프랑스 지질학자인 디외도네 돌로미외 Dieudonné Dolomieu의 이름에서 따왔다.

BOOK 『Dolomites Trekking』, Traiblazer Publications, 2005
돌로미티에서 인기 있는 코스인 알타비아1, 2 그리고 트레치메 코스 등에 대한 정보를 담은 책이다.
MOVIE 〈클리프행어 Cliffhanger〉, 1993
배경은 로키산맥이지만 실제 촬영지는 돌로미티 산군.

산장에서 전망을 즐기며 사진을 찍어보자. 코스 내 대부분의 산장은 조망이 탁 트인 곳에 있어 전망을 즐기기에 좋다. 특히 라가추오이 산장과 누보라우 산장은 돌로미티 중심 지역 중에서도 꼭대기에 있어 풍경이 기가 막히니 꼭 들러보는 것이 좋다.

알타비아1은 돌로미티산맥의 중심 지역을 북쪽에서 남쪽으로 종주하는 루트로 전체 거리는 약 150km이며 9~10일쯤 걸린다. 루트의 출발점은 프라그세르 호수, 종착점은 벨루노 Belluno가 된다. 하지만 7일 일정으로 파소 듀란에서 마무리하는 것이 일반적이다. 시간 여유가 없으면 5일 일정도 괜찮다. 5일째 지아우 산장 Rifugio Giau에서 2시간쯤 가면 나오는 포르첼라 암브리졸라 Forcella Ambrizola 고갯마루에서 코르티나담페초 Cortina d'Ampezzo로 내려가는 길이 있다. 코르티나담페초 시내까지 3시간쯤 걸린다.

1 DAY	프라그세르 호수 ➡ 비엘라 산장 ➡ 세네스 산장
2 DAY	세네스 산장 ➡ 포다라 산장 ➡ 페데루 산장 ➡ 라바렐라 산장
3 DAY	라바렐라 산장 ➡ 그랑 파네스 산장 ➡ 포르첼라 고개 ➡ 라가추오이 호수 ➡ 라가추오이 산장
4 DAY	라가추오이 산장 ➡ 디보나 산장 ➡ 친퀘토리 ➡ 누보라우 산장
5 DAY	누보라우 산장 ➡ 지아우 산장 ➡ 포르첼라 지아우 고개 ➡ 시타디피우메 산장 ➡ 스타우렌자 산장
6 DAY	스타우렌자 산장 ➡ 콜다이 산장 ➡ 콜다이 호수 ➡ 티시 산장 ➡ 바조레르 산장
7 DAY	바조레르 산장 ➡ 카레스티아토 산장 ➡ 파소 듀란

✈️ **항공** : 돌로미티의 관문 도시는 이탈리아 볼차노 Bolzano와 코르티나담페초다. 볼차노는 독일 뮌헨 공항 Munich Airport, 코르티나담페초는 베네치아 Venezia 마르코폴로 공항 Marco polo Airport과 가장 가깝다. 대한항공, 루프트한자 등이 뮌헨 공항으로 취항하고, 아시아나항공이 베네치아 마르코폴로 공항으로 취항한다.

🚗 **교통** : 뮌헨 공항에서 버스를 타면 오스트리아 인스부르크 Innsbruck를 거쳐 볼차노까지 5시간쯤 걸린다. 볼차노에서 기차를 타면(포르테차 Fortezza에서 환승) 2시간쯤 후에 도비아코 Dobbiaco에 도착한다. 다시 도비아코 버스정류장에서 버스를 타고 코스 시작점인 프라그세르 호수까지 30분 정도 더 이동해야 한다. 루트의 종착점인 파소 듀란에서는 아고르도 Agordo행 버스가 다닌다(약 30분 소요). 아고르도에서 벨루노까지는 기차를 이용한다.

☑️ **check list**

- **일정** : 준비 1개월 + 트레킹 여행 10박 11일
- **경비** : 약 400만 원
- **교통** : 항공, 버스, 기차 등
- **숙박** : 산장, 캠핑
- **장비** : 중등산화, 스틱, 보온 의류
- **비자** : 90일 무비자
- **환전** : 유로(€)
- **언어** : 이탈리아어, 영어

⟍ TIP ⟋

렌터카 여행자를 위한 케이블카 정보

케이블카를 이용하면 알타 비아1의 스펙터클한 풍경을 쉽게 즐길 수 있다. 팔차레고 고개 Falzarego Pass(2,105m) 정상에서 케이블카를 타고 라가추오이 산장 바로 아래까지 올라갈 수 있다. 팔차레고 고개에서 코르티나담페초 방향으로 조금 내려오면 바이타 바이 데 도네스 Baita Bai de Dones 리프트 정류장이 있는데, 친퀘토리 Cinque Torri에 가려면 여기서 리프트를 타고 스코야톨리 산장 Rifugio Scoiattoli에서 내리면 된다. 친퀘토리에서 미니 트레킹을 즐기거나 누보라우 꼭대기에 다녀오는 것도 좋다. 지아우 고개 아래의 페다레 산장 Rifugio Pedare에서 아베라우 산장 Rifugio Averau으로 가는 리프트도 있으니 참고하자. 코르티나담페초의 지역 카드인 하이킹 패스 Hiking Pass를 구매하면 3일 동안 리프트를 모두 이용할 수 있다.

숙소 : 돌로미티 지역은 야영이 금지되어 있다. 대신 멋진 경관이 펼쳐진 곳에 시설 좋은 산장들이 있다. 침구도 깨끗해 침낭을 따로 가져가지 않아도 된다. 샤워는 유료이며 2~3분 정도 이용할 수 있다. 7월 말~8월 중순은 방문객이 몰려 예약이 필수다. 돌로미티 산장 예약 사이트(www.rifuginrete.com)나 각 산장의 홈페이지에서 예약하며 대부분 예약금을 요구한다. 도비아코역에서 가까운 도비아코 유스호스텔 Youth Hostel Dobbiaco(+39 0474 976216, dobbiaco.jugendherberge.it)이 시설도 좋고 비교적 저렴하다. 캠핑장은 수영장이 딸린 올림피아 캠핑장 Camping Olympia(+39 0474 972147, www.camping-olympia.com)이 좋다.

멋진 수영장이 딸린 올림피아 캠핑장

식사 : 아침과 저녁 식사는 산장의 하프보드를 이용하면 좋다. 점심을 사 먹을 수 있는 곳이 마땅치 않으므로 빵, 과일, 과자 등을 미리 준비하자.

장비 : 가장 중요한 신발은 발수와 방수 기능이 있는 중등산화가 좋다. 산길은 오르내림이 심하므로 스틱도 필수다. 야영이 금지돼 있어 야영 장비는 가져갈 필요가 없고, 온도 차가 크므로 보온을 위한 옷가지를 준비해 가자.

1, 2 라바렐라 산장에서의 저녁 식사

지도 : 돌로미티를 48개 구간으로 나눈 타바코맵 Tabaccomap의 1:25,000 지도가 좋다. 타바코맵 애플리케이션을 통해 48개 구간 중 필요한 구간만 구입하면 되고, GPS 기능이 있어 자신의 위치와 동선까지 확인할 수 있다.

안내 표시 : 알타비아1 시그널은 삼각형 안에 숫자 1이 적혀 있다. 나무, 바위, 산장 등 곳곳에 표시되어 있으며, 산장을 가리키는 이정표와 지도를 참고하면 길 찾기는 어렵지 않다.

알타비아1의 안내 표시

#1st Day: 세상에서 가장 아름다운 산장, 세네스

프라그세르 호수 – 비엘라 산장 – 세네스 산장

알타비아1의 출발점이 프라그세르 호수인 것은 가히 신의 한 수다. 호수 앞에 위치한 브라이에스 호텔 앞에 서자 에메랄드빛 호수가 오묘한 빛을 내뿜는다. 과연! 돌로미티의 자연호수 중 가장 아름답다는 명성이 헛되지 않다. 호수는 거대한 절벽과 푸른 침엽수림으로 둘러싸여 있는데, 마치 캐나다의 로키 산맥 Rocky Mts.을 연상시킨다. 호수 오른쪽 길을 따라 걷는다. 수영하는 아이들, 유유자적 배를 타고 노 젓는 사람들, 누워서 호젓하게 일광욕하는 사람들…. 눈부신 호수와 사람들의 모습이 평화롭고 여유롭다.

호수의 반대편에서 알타비아1을 알리는 이정표를 따라 산길을 걸어가면 전혀 다른 느낌의 풍경이 이어진다. 험악한 산길이 나올수록 아쉬운 마음에 자꾸 뒤를 돌아보지만, 이미 호수는 잘 보이지 않는다. 산사태가 났었는지 길이 끊어지고 이어지기를 수차례 반복한다. 급경사가 끝나는 지점부터는 주변이 온통 거친 돌산이다. 마치 악마가 바위산을 이빨로 씹어 부숴버린 듯 거대한 돌덩이들이 어지럽게 흩어져 있다.

오르막의 끄트머리에 올라서니 반대편 조망이 시원하게 열린다. 앞쪽으로 비엘라 산장 Rifugio Biella이 있고, 뒤쪽으로 돌로미티의 웅장한 산들이 펼쳐진다. 그 광활한 영역을 걸어서 남쪽으로 내려가게 된다. 고갯마루와 연결된 오른쪽 돌산이 크로다 델 베코 Croda del Becco(2,812m)다. 생김새가 독특한 걸로 치면 돌로미티 봉우리 중에서도 단연 손꼽히는 곳이다.

1 돌로미티의 가장 아름다운 호수이자 트레킹 출발점인 프라그세르 호수
2 코스 중 처음 만나는 비엘라 산장. 유서 깊은 역사가 건물에서 배어난다.
3 크로다 델 베코산. 판자처럼 얇은 바위를 첩첩 붙여놓은 듯하다.

　슬슬 고갯마루를 내려오면 비엘라 산장에 닿는다. 돌과 흙으로 지은 3층짜리 건물이 고풍스럽다. 앞마당에는 빨래가 바람에 날리고, 트레킹을 끝낸 사람들이 한가로이 맥주를 마시고 있다. 그 모습이 부러워 한참을 바라보다 다시 길을 재촉한다. 길은 임도처럼 널찍하다. 여기서 보는 크로다 델 베코산은 얇은 판자를 첩첩 쌓아놓은 듯하다. 임도와 초원을 가로질러 모퉁이를 돌자 드디어 첫날의 최종 목적지인 세네스 산장 Rifugio Sennes 이 나타났다. 넓은 초원에 홀로 선 산장의 모습은 돌로미티의 돌산만큼이나 신비롭다.

평화롭고 아름다운 세네스 산장. 알타비아1 코스 중 가장 기억에 남는 산장이다.

세네스 산장의 4인용 도미토리에선 옥탑방 분위기가 난다. 목조 침대와 하늘색 이불은 보기만 해도 꿀잠에 빠져들 것 같다. 식사도 기대 이상이다. 칼질하며 와인까지 한 잔 곁들이는 호사를 누릴 수 있었다. 처음에는 2유로를 넣으면 3분 남짓 뜨거운 물이 나오는 코인 샤워를 보고 매정하다고 생각했지만, 호들갑을 떨며 씻다 보면 나중에는 그마저도 시간이 남았다. 베란다에 나가 깨끗하게 빨아서 꼭 짠 양말을 탈탈 털어 널고, 까칠까칠한 바람에 옷깃을 여민다.

빨래를 하고 나니 기분도 개운해져 해 질 녘 산장 밖을 서성거린다. 덩덩~ 주변 방목지에서 소들이 울리는 종소리가 은은하게 들려온다. 이미 봐두었던 언덕 위 나무 의자에는 백발노인이 앉아 저무는 풍경을 바라보고 있었다. 그의 흰머리는 노을을 받아 빛나는 돌로미티의 암봉들과 잘 어울렸다. 훗날 흰머리를 하고 이곳에 앉아 있을 내 모습도 상상해 본다. 스멀스멀 일어난 땅거미가 산장을 집어삼키고 나서야 산장 안으로 들어와 침대 안 이불 속으로 살금살금 기어들어 갔다. 벌써 다른 침대에서는 코 고는 소리가 요란하다. 잠시 죽은 듯 누워 있다가 일기장을 꺼내 '이 세상에서 가장 아름다운 산장' 목록에 세네스 산장을 적었다.

#2~3rd Day: 돌로미티 특급 전망대를 오르다

포다라 산장 - 페데루 산장 - 그랑 파네스 산장 - 포르첼라 고개 - 라가추오이 호수 - 라가추오이 산장

이튿날 아침. 사람들은 약속이라도 한 듯 길을 놔두고 초원 위를 걷는다. 어제 오가며 얼굴을 익혔던 미국인 7명도 나란히 서서 사이좋게 걷는다. 앞에 펼쳐진 돌로미티의 봉우리들과 어우러져 그야말로 한 폭의 그림이다. 초원은 탄력이 있어 발을 내딛으면 자꾸 뛰어오르고 싶다. 초원을 지나면 울창한 침엽수림 지대가 나온다. 숲의 끝에 다다르면 포다라 산장

세네스 산장을 지나면 그림 같은 초원지대가 펼쳐진다.

Rifugio Fodara이 있다. 산장 옆에서 아이들이 그네를 타며 깔깔거린다. 산장 앞에서 우회전해 급경사 지대를 한참 내려가면 페데루 산장 Rifugio Pederù을 만난다. 이곳은 도로가 연결된 곳이라 버스도 다니고 산장 건물도 현대적이다.

페데루 산장부터 다시 오르막이다. 세네스 산장에서 내려온 사람들과 페데루 산장에서 새로 시작하는 사람들이 섞여 출발한다. 그동안 올라온 고도를 다 까먹은 셈이라 더 힘들게 느껴진다. 산사태가 난 황량한 오르막이 끝나면 길은 휘휘 산허리를 돈다. 그리고 이어지는 갈림길에서 왼쪽은 파네스 산장 Rifugio Fanes, 오른쪽은 라바렐라 산장 Rifugio Lavarella 방향으로 나뉜다. 대부분 파네스 산장에서 묵지만, 예약에 실패한 나는 어쩔 수 없이 라바렐라 산장을 찾았다. 산장을 코앞에 두고 빗방울이 후두두 떨어진다. 절묘한 타이밍이다. 산장 앞 호수에 동그라미가 수없이 그려진다. 갑작스러운 비에 서둘러 산장 안으로 몸을 피하면서도 얼굴은 함박웃음이다.

　　밤비가 내린 덕분에 셋째 날 아침은 더욱 맑았다. 호수에서 해가 떠오르는 듯 호수에서 빛이 뿜어져 나온다. 이른 아침에 길을 걷는 것만큼 행복한 것이 또 있을까. 호숫가를 따라 걷다가 숲길로 올라서면 파네스 산장이 지척으로 보인다. 언덕 위에서 내려다보니 느릿느릿 걸어온 구름이 호수를 덮었다가 사라지고 다시 몰려오면서 황홀한 풍경을 보여준다. 오늘은 왠지 판타스틱한 날이 되리란 걸 예감한다.

포르첼라 고개를 내려오면 상상할 수 없었던 돌로미티의 속살이 펼쳐진다.

고갯마루에서 다시 구름을 만났다. 구름은 우리가 가야 할 길을 야금야금 집어삼킨다. 잠시 구름 위를 걷는다. 구름이 사라지자 산중 호수가 나타난다. 구름이 토해낸 길은 구불구불 부드럽게 이어지고, 조망 좋은 곳에 그랑 파네스 산장이 자리한다. 나무로 지은 아담한 산장이 왠지 정겹다. 차 한 잔 마시며 다음에는 이곳에 머물겠다고 다짐한다. 산장을 나와서 구렁이 담 넘듯 고개를 넘고 드넓은 초원에 닿는다. 잘생긴 말들이 쉬는 자리 옆에 배낭을 내려놓고 드러누웠다. 돌로미티의 바람이 불어와 머리칼을 어루만진다. 이전 생이 있다면 말을 키우는 목동이었을까. 고향처럼 마음이 편한 게 마치 이곳에 머물렀던 것 같다.

초원이 끝나자 두 바위봉 사이로 길이 이어진다. 걸어오면서 두 봉우리가 인상적이어서 자꾸 쳐다봤었다. 설마 했는데, 넘어야 할 포르첼라 고개 Passo di Forcella(2,486m)가 두 봉우리 사이의 V자 안부였다. 돌로미티에서는 가야 할 길을 전혀 감도 못 잡을 때가 많다. 설마 저곳을 넘어가겠나 싶은 곳으로 길이 이어진다.

라가추오이 산장으로 가는 길에 보이는 거대한 암벽들

황량한 포르첼라 고개를 넘자 엄청난 급경사 내리막이다. 조심조심 내려가느라 발걸음에만 신경 쓰다가 앞에 펼쳐진 풍경에 눈이 휘둥그레진다. 라가추오이 호수가 거대한 생명체의 눈처럼 반짝이고, 호수 위로 실오라기 같은 길이 산꼭대기에 위치한 라가추오이 산장까지 이어진다. 호수 옆을 스치듯 지나며 오르다가 뒤를 돌아봤다. 어마어마한 라가추오이 암봉이 우뚝하다. 맙소사! 넘어왔던 포르첼라 고개는 이 바위 중 가장 낮은 지점이었다.

황량한 오르막은 끝없이 이어진다. 지구를 걷는 건지 화성을 걷는 건지 몽롱하다. 파김치가 되어 라가추오이 산장에 도착해 맥주부터 찾았다. 맥주잔이 비워지면서 축 늘어진 몸은 살아나고, 조금씩 풍경이 눈에 들어온다. 산장 앞 드넓은 테라스에는 돌로미티의 기이한 바위봉들이 부챗살처럼 펼쳐졌다. 라가추오이 산장은 돌로미티 최고의 전망대다. 이곳에서 가장 독보적인 봉우리는 산장 오른쪽에 우뚝 솟은 토파네 Tofane(3,244m)다. 제1차 세계대전의 현장이기도 하고, 지금은 암벽 등반의 메카로 통한다. 멀리 보이는 봉우리 중에서는 톱날 능선인 크로다 다 라고 Croda da Lago(2,716m), 산의 한자 모양(山)처럼 생긴 봉우리인 펠모 Pelmo(3,169m), 거벽이 우뚝한 시베타 Civetta(3,220m) 봉우리가 압도적이다. 알타비아1은 펠모와 시베타의 산허리를 타고 이어진다. 테라스에서 조망을 즐기던 사람들이 자꾸 손가락으로 무언가를 가리킨다. 그 손가락 끝을 따라가 보니 침봉과 침봉 사이에 작은 무지개가 걸려 있다. 무지개 옆의 봉우리 꼭대기에는 내일 가야 할 누보라우 산장이 자리한다.

저녁 식사를 마치고 다시 밖을 서성거린다. 산장 위쪽으로 이어진 길을 따르는데, 시나브로 붉은 노을이 퍼진다. 돌로미티에서 이토록 붉은 노을을 만난 건 처음이다. 노을은 돌로미티의 암봉들을 붉게 물들인다. 토파네는 태양을 삼킨 듯 신비롭게 빛을 뿜는다. 그 빛에 매혹되어 십자가가 세워진 정상까지 걸었다. 제1차 세계대전에서 전사한 오스트리아 군인들의 영령을 위로하기 위해 세운 십자가도 붉게 빛난다.

#4th Day: 산정에 자리한 마녀의 산장

넷째 날, 산장 앞의 테라스에서 가야 할 봉우리들을 굽어보고 다시 길을 나선다. 내리막길에는 여러 개의 동굴이 있다. 이곳이 제1차 세계대전 노천박물관 Air Museum of the Great War 이다. 어떤 동굴에는 당시 사용하던 기관총 하나가 남아 있어 치열했던 오스트리아와 이탈리아의 전투를 짐작하게 한다. 암벽 등반을 쉽게 즐길 수 있는 레포츠인 비아 페라타 Via Ferrata가 탄생한 곳이 바로 돌로미티다. 전쟁 중 오스트리아 군인들이 험준한 돌로미티 암벽에 케이블, 발판, 사다리 등을 고정해 편하게 이동했고 암벽 동굴에 진지를 구축한 것이 그 기원이 되었다.

제1차 세계대전 노천박물관 동굴에서 본 돌로미티

마녀의 산장을 떠올리게 한 누보라우 산장

길은 라가추오이 암봉의 산허리를 탄다. 그동안 보이지 않았던 파니스 ^{Fanis} 암봉들은 마치 파키스탄 카라코람의 날카로운 봉우리들을 보는 듯하다. 설상가상으로 길은 토파네의 허리를 휘감는다. 이 길의 고도는 대략 2,300m이고, 머리 위로는 1,000m쯤 되는 토파네 직벽이 솟구쳐 있다. 낭떠러지 같은 길에서 머리칼이 쭈뼛 선다. 짜릿하지만 매혹적인 길이다. 토파네 산허리에서 슬슬 내려오면 디보나 산장 ^{Rifugio Dibona}에 닿고, 울창한 침엽수 사이를 통과하면 도로를 만난다. 마침 사이클 경기가 한창이다. 선수들은 인상을 잔뜩 쓰며 페달을 굴리다가도 사진을 찍으면 웃으면서 포즈를 취해준다. 사람들이 참 여유롭다.

친퀘토리는 5개 암봉이 우뚝 서 있는 제법 유명한 봉우리다. 친퀘토리 산장 Rifugio Cinque Torri을 지나 한참 올라야 비로소 그 모습이 한눈에 들어온다. 친퀘토리는 토파네와 라가추오이 암봉들에 비하면 규모가 작아 귀엽게 보인다. 하지만 가까이 가서 보면 규모가 엄청나고, 곳곳에 제1차 세계대전의 흔적이 많이 남아 있다. 건너편으로 라가추오이 산장이 성냥갑만 하게 보인다. 다시 가파른 길을 오르면 돌로미티에서 가장 극적인 위치에 있다는 누보라우 산장에 닿는다. 산장은 누보라우 봉우리 꼭대기에 제비집처럼 붙어 있다.

산장 앞 야외 테이블에서 짙은 선글라스를 낀 여주인과 산장 스태프들이 식사하고 있다. 직원들의 주눅 든 얼굴에 비해 여주인의 능글능글한 모습에서 왠지 그녀가 마녀 같다는 생각이 들었다. 식당에서 저녁 식사를 하다가 천장을 보고 깜짝 놀랐다. 천장에는 마녀의 인형이 매달려 있었다. 예감이 맞았다. 누보라우 산장은 '마녀의 성'이다. 그날 밤 일기장을 마녀 이야기로 가득 채웠다.

"돌로미티에는 악마가 득실거리지만 마녀도 살고 있다. 밤이면 빗자루 타고 돌로미티에 돌을 쌓는 마녀가 산다…."

저무는 빛을 받아 붉게 빛나는 토파네 봉우리

The Dolomite Alta Via1

누보라우 산장 오르는 길에 뒤를 돌아보면 돌로미티의 명풍경이 펼쳐진다.
오른쪽이 친퀘토리, 왼쪽 둥근 봉우리가 토파네다.

#5~7th Day: 네 눈은 참 깊고 아름다워

지아우 고개 - 포르첼라 지아우 고개 - 스타우렌자 산장 - 콜다이 호수 - 바조레르 산장 - 파소 듀란

아침에 산장 앞으로 나와 뒤를 돌아보니 날개를 접고 앉아 있는 독수리같이 거대한 누보라우 봉우리가 우뚝하다. 누보라우 산장에서 하산하는 길은 험준한 암릉길이다. 알타비아1을 통틀어 가장 난코스다. 조심조심 암릉을 타고 돌면 지아우 고개 Passo di Giau가 나온다. 이 고개는 돌로미티의 드라이브 코스로도 제법 유명하다. 사이클과 오토바이를 즐기는 라이더들이 많이 찾아온다. 고개에서 간만에 사람들을 구경하다 다시 산길로 올라붙었다.

한동안 초원길을 걸어 포르첼라 지아우 고개 Passo di Forcella Giau(2,360m)에 올라서자 대평원이 펼쳐진다. 오른쪽으로는 제주의 차귀도처럼 생긴 산이 버티고 있고, 그 뒤로 거대한 펠모 암봉이 우뚝하다. 고산 초원은 트레커에게 축복이다. 푸른 초원과 하늘이 내 마음속에 오래 머물도록 일부러 발걸음을 늦춰본다.

초원이 끝나는 지점의 갈림길에서 코르티나담페초 시내가 보인다. '저곳으로 내려가 트레킹을 마무리할까?' 딱 10초 망설이다가 다시 길을 잇는다. 몸은 지쳤지만 돌로미티가 어떤 풍경을 더 보여줄지 궁금했다. 거대한 펠모 봉우리 옆구리를 타고 돌아 스타우렌자 산장 Rifugio Staulanza에서 하루를 마감한다.

다음 날 라가추오이 산장에서 만났던 이스라엘인 남 고흐를 콜다이 산장 Rifugio Coldai에서 다시 만났다. 키가 훤칠하고 착한 눈을 가진, 인상이 좋은 친구다. 반가운 마음에 함께 점심을 먹으며 이런저런 이야기를 나눴다. 그는 좀 더 긴 루트를 따르다가 이곳에 도착했다고 한다. 두 아들을 둔 남 고흐는 25일의 휴가 중 12일은 자신만을 위해서 돌로미티를 걷는다고 했다. 남 고흐와 함께 바조레르 산장 Rifugio Vazzoler에 가기로 했다.

누보라우 산장에서 지아우 고개로 내려가는 길. 알타비아1 중 가장 험난하다.

콜다이 고개 아래에 자리한 콜다이 호수는 신비로운 물빛으로 트레커들을 유혹한다.

콜다이 고개를 넘으면 드넓은 콜다이 호수가 나타난다. 오묘한 빛을 뿜는 호숫가를 지나 남 고흐의 꽁무니를 따라서 시베타의 험준한 고개를 넘었다. 누보라우 산장처럼 산꼭대기에 자리한 티시 산장 앞을 지나 울창한 전나무 숲을 통과하니 바조레르 산장이다. 숲속에 자리해 포근한 산장에서 돌로미티의 마지막 밤을 맞는다. 야외 테라스에 앉아 와인 1병을 비우고 남 고흐를 불러 다시 1병을 마셨다. 그는 나만큼 트레킹 마니아였다. 페루와 알래스카의 좋은 길을 추천해줘 노트에 적었다. 술에 취했는지, 별에 취했는지 그에게 "네 눈은 참 깊고 아름다워"라고 말했다. 그가 알려준 페루와 알래스카의 트레킹 코스를 걸으면 남 고흐가 많이 생각날 것 같다.

마지막 날. 산장에서 가장 늦게 출발했다. 술 때문에 몸은 힘들었지만 돌로미티의 마지막 밤을 술 없이 보내기엔 아쉬웠다. 며칠 동안 걸어 익숙해질 법한 길이지만 마지막 날이라고 봐주지 않는다. 다시 시베타의 산허리를 타고 돌아 카레스티아토 산장 Rifugio Carestiato 앞에서 거센 소나기를 만났다. 이렇게 큰 장대비는 처음이다. 산장 안으로 들어가 점심으로 파스타를 먹으며 비를 피한다. 천장을 줄기차게 때리는 빗소리를 박자 삼아 그동안 걸어온 길을 하나씩 하나씩 되새겨본다. 비가 그친 뒤 싱그러운 길을 걸어 대망의 종착점 파소 듀란에 도착했다. 약간은 감격스러운 마음에 눈물이 날 거라고 생각했지만 의외로 담담했다. 산장에 들어가 돌로미티 맥주 한 잔을 들고 나왔다. 벨루노 방향의 봉우리들을 술잔에 담아 돌로미티를 단숨에 들이켠다.

Course Guide

1구간 고생 끝에 낙이 온다. 세네스 산장에서 만나는 평화

[LEVEL] ★★★★☆

코스 프라그세르 호수~비엘라 산장~세네스 산장

거리 10㎞ **시간** 5시간
포인트 세네스 산장에서 노을 감상
식사 비엘라 · 세네스 산장
숙소 세네스 산장

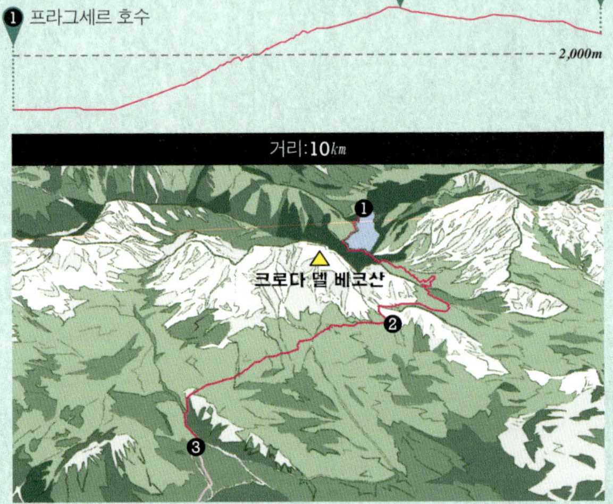

루트의 신고식을 톡톡히 치르는 코스다. 제법 난이도가 있지만 코스 종착지인 세네스 산장에서 깊은 환희와 평화를 느낄 수 있다. 물빛이 아름다운 프라그세르 호수에서 비엘라 산장까지는 된비알이 3시간쯤 이어진다. 비엘라 산장에서 세네스 산장까지는 휘파람 소리가 절로 나는 초원길이다. 세네스 산장은 알타비아1의 산장 중 가장 좋았다. 숙박비가 저렴하고 시설이 깔끔하며 식사도 훌륭하다.

2구간 전망 포인트인 산장을 잇는 구간

[LEVEL] ★★★★☆

코스 세네스 산장~포다라 산장~ 페데루 산장~
라바렐라 산장(또는 파네스 산장)

거리 10㎞ **시간** 5시간
포인트 롤러코스터같은 오르막길과 내리막길
식사·숙소 라바렐라 · 파네스 산장

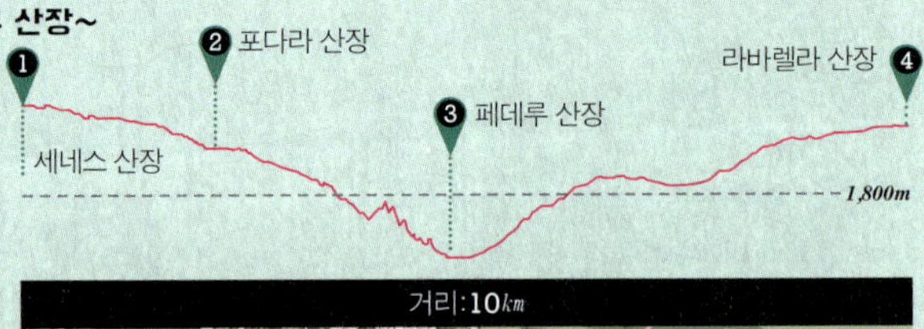

600m쯤 내리막과 오르막이 이어지는 코스다. 세네스 산장 앞 넓은 초원을 가로지르면 포다라 산장에 닿고, 여기서 급경사를 내려오면 페데루 산장을 만난다. 페데루 산장에서 다시 급경사를 올라 라바렐라 산장 또는 파네스 산장에 묵는다. 파네스 산장 앞에서 462번 버스가 비질리오 Vigilio까지 다닌다.

Course Guide

3구간 · 호수와 초원, 암봉이 어우러진 구간　[LEVEL] ★★★★★

코 스 라바렐라 산장~그랑 파네스 산장~포르첼라 고개~
라가추오이 호수~라가추오이 산장

거리 12km　**시간** 7시간
포인트 거대한 생명체의 눈처럼 반짝이는 라가추오이 호수
식사 그랑 파네스 산장
숙소 라가추오이 산장

꽤 힘들지만 알타비아1의 속살을 만날 수 있는 환상적인 코스다. 라바렐라 산장에서 고갯마루를 오르면 작은 산정호수가 나오고, 산정에서 내려오면 아담한 목조 건물이 매력적인 그랑 파네스 산장이 있다. 여기서부터 광활한 초원이 펼쳐진다. 험준한 포르첼라 고갯마루를 내려와 신비로운 라가추오이 호수를 찍고 다시 된비알을 오르면 구간 종착지인 라가추오이 산장에 닿는다. 라가추오이 산장에서 돌로미티 최고의 조망을 감상할 수 있다.

4구간 · 돌로미티의 심장을 통과하다　[LEVEL] ★★★★★

코 스 라가추오이 산장~디보나 산장~친퀘토리 산장~
누보라우 산장(또는 아베라우 산장)

거 리 16km　**시간** 8시간
포인트 친퀘토리의 다섯 봉우리
식사·숙소 아베라우 · 누보라우 산장

라가추오이 산장에서 건너편 봉우리 꼭대기의 누보라우 산장까지 가는 길이다. 라가추오이 산장에서 케이블카와 스코야톨리 산장까지 가는 리프트를 이용하면 쉽게 누보라우 산장에 갈 수 있다. 스코야톨리 산장 옆에 자리한 친퀘토리는 다섯 봉우리가 장관이다. 누보라우 산장 아래에 자리한 아베라우 산장에서 누보라우 봉우리를 우회해 지아우 고개에 자리한 지아우 산장에 묵는 것도 괜찮다. 숙소는 시설과 음식이 열악한 누보라우 산장보다 그 아래에 있는 아베라우 산장을 추천한다.

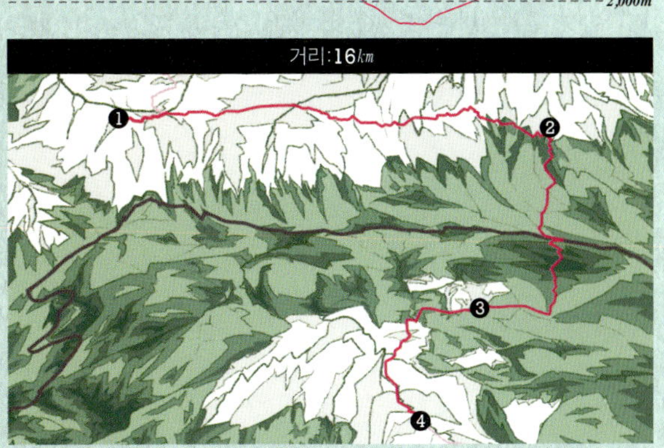

Course Guide

5구간　알타비아1 중 가장 험준한 하강 구간　[LEVEL] ★★★★★

코 스　누보라우 산장~지아우 고개~ 시타디피우메 산장~
스타우렌자 산장

거리　15km　**시간**　7시간

포인트　포르첼라 지아우 고개에 올라서 보는
대평원

식사·숙소　스타우렌자 산장

알타비아1에서 가장 험준한 길을 통과해 거봉 펠
모로 가는 코스다. 누보라우 봉우리를 온몸으로 타
고 내려오면 지아우 산장에 닿는다. 포르첼라 지아
우 고개에 올라서면 대평원이 펼쳐진다. 지아우 산
장에서 2시간쯤 가면 나오는 포르첼라 암브리졸라
Forcella Ambrizola 고갯마루에서 코르티나담페
초로 내려가는 길이 있다. 코르티나담페초까지는
3시간쯤 걸린다. 이어 펠모 봉우리 옆구리를 타고
돌면 스타우렌자 산장이 나온다.

6구간　오르막길의 어려움을 달래주는 호수의 빛깔　[LEVEL] ★★★★☆

코 스　스타우렌자 산장~콜다이 산장~콜다이 호수~
티시 산장~바조레르 산장

거리　16km　**시간**　7시간

포인트　콜다이 호수의 오묘한 빛

식사　콜다이 산장

숙소　바조레르 산장

신비로운 콜다이 호수를 지나 거봉 시베타의 품으
로 들어가는 코스다. 스타우렌자 산장에서 콜다이
산장까지는 300m 정도 고도가 상승하는 오르막
이다. 이 코스에서는 가족 단위로 산을 찾은 이탈
리아 사람들을 많이 볼 수 있어 반갑다. 콜다이 호
수를 지나 험한 시베타를 타고 돌면 바조레르 산장
에 닿는다.

Course Guide

7구간 | 험준한 시베타 허리를 지나 휘파람 불며 마무리 [LEVEL] ★★★☆☆

코 스 바조레르 산장~카레스티아토 산장~
파소 듀란

거리 11km **시간** 4시간
포인트 전나무 숲길
식사 카레스티아토 · 파소 듀란 산장

바조레르 산장에서 마지막 밤을 보내고 파소 듀란
에서 마침표를 찍는 코스다. 시베타의 험준한 산허
리를 타고 고개를 넘으면 카레스티아토 산장에 닿
는다. 울창한 전나무 숲길을 휘파람 불며 내려오면
대망의 종착점 파소 듀란에 닿는다.

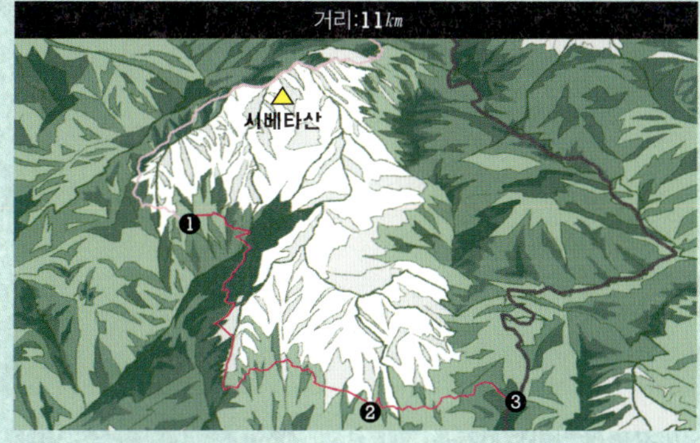

Special page

'물의 도시' 베네치아 둘러보기

베네치아는 도시 전체가 세계문화유산으로 지정된 세계적인 관광 명소로, 돌로미티가 속한 베네토주의 주도다. 돌로미티 지역의 중심 도시인 코르티나담페초에서 가깝다. 자동차로 2시간 정도 걸리며 150km쯤 떨어져 있다. 따라서 베네치아를 여행 코스에 넣었다면 돌로미티를 걸어야 하고, 돌로미티를 걸었으면 베네치아를 둘러보는 것을 추천한다. 베네치아의 미로 같은 골목을 구석구석 둘러보는 건 돌로미티를 걷는 것만큼 흥미롭다.

척박한 섬에서 찬란한 문명을 이룬 '물의 도시' 베네치아

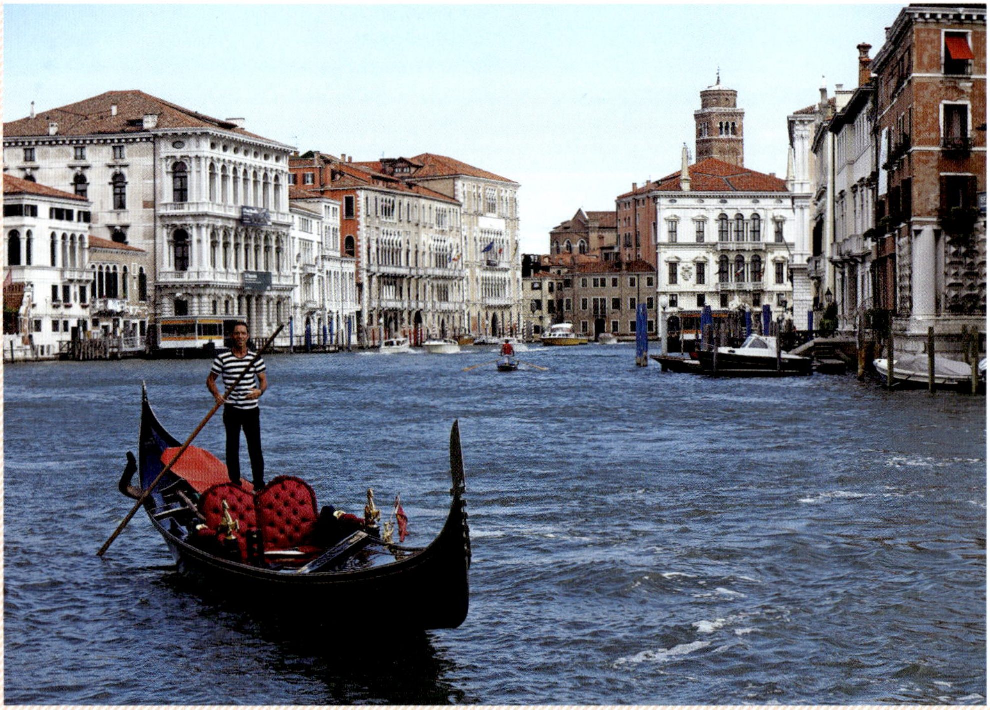

베네치아의 상징인
산마르코 광장. 종탑
왼쪽으로 산마르코
성당이 보인다.

#SCENE1: ‘세계에서 가장 아름다운 응접실’ 산마르코 광장

아드리아해 Adriatic Sea의 서쪽 해안에 자리한 베네치아는 탄생 자체가 경이롭
다. 지도를 보면 3~4개 섬으로 구성된 것 같지만, 실제로 베네치아만의 석호 안에
118개 섬이 흩어져 있다. 섬과 섬 사이에는 400여 개의 다리가 놓여 있고, 도시 전
체에 177개의 크고 작은 운하가 모세혈관처럼 뻗어 있다. 운하가 주요한 교통로가
되면서 베네치아의 상징인 ‘곤돌라’가 탄생했다.

베네치아의 상징 산마르코 광장 Piazza San Marco은 베네치아 정치, 행정, 경제, 관
광의 중심지다. 일찍이 베네치아를 정복했던 나폴레옹 Napoleon은 이 광장을 가리
켜 ‘세계에서 가장 아름다운 응접실’이라고 했다. 고풍스러운 대리석 기둥들이 늘
어선 건물들이 ㄷ자 모양으로 광장을 둘러싸고 있다.

산마르코 성당 Basilica di San Marco은 비잔틴 양식을 대표하는 건축물로 꼽힌다.
828년 베네치아 상인 2명이 이집트에서 가져온 성 마르코 성인의 유골을 안치하
기 위한 납골당으로 세워졌고, 당대 최고 건축가들이 1063년부터 1094년까지 무
려 30여 년 동안의 대역사 끝에 완공했다. 성당에는 예술품과 장식품, 조각상 등

화려하게 치장한
산마르코 성당의 외벽.
오른쪽 위로 고대
그리스의 유물인
말 브론즈가 보인다.

이 가득하다. 대표적인 것이 성당 전면 테라스에 놓인 말 브론즈(청동 조각상) 4점이다. 고대 그리스 유물로, 제4차 십자군전쟁에 참여한 베네치아 도제(최고 지도자)가 전리품으로 가져온 것이다. 말 브론즈는 우여곡절 끝에 마르치아노 미술관 Museo Marciano에 옮겨졌고, 지금 있는 것은 복제품이다.

#SCENE2: 리알토 다리

베네치아 골목 여행의 중심은 리알토 다리 Ponte di Rialto다. 예로부터 리알토 다리 주변은 상권의 중심가였다. 하지만 16세기까지 제대로 된 다리가 없어 나무다리를 임시로 사용했다. 16세기 말 안토니오 다 폰테 Antonio da Ponte가 돌로 된 리알토 다리를 만들었다. 다리 길이는 48m고 다리 위에는 귀금속과 가죽 제품 등을 파는 화려한 아케이드 점포들이 즐비하다. 리알토 다리를 건너면 미로 같은 골목이 끝없이 이어지고, 골목이 보여주는 풍경을 즐기다 보면 길을 잃기 십상이다. 그렇다고 걱정할 필요는 없다. 걷다 보면 골목길 곳곳에 '산마르코 광장'을 알리는 글씨나 이정표가 많이 있다. 적당히 골목을 헤매며 구경하다가 이정표를 보고 산마르코 광장으로 돌아오면 된다.

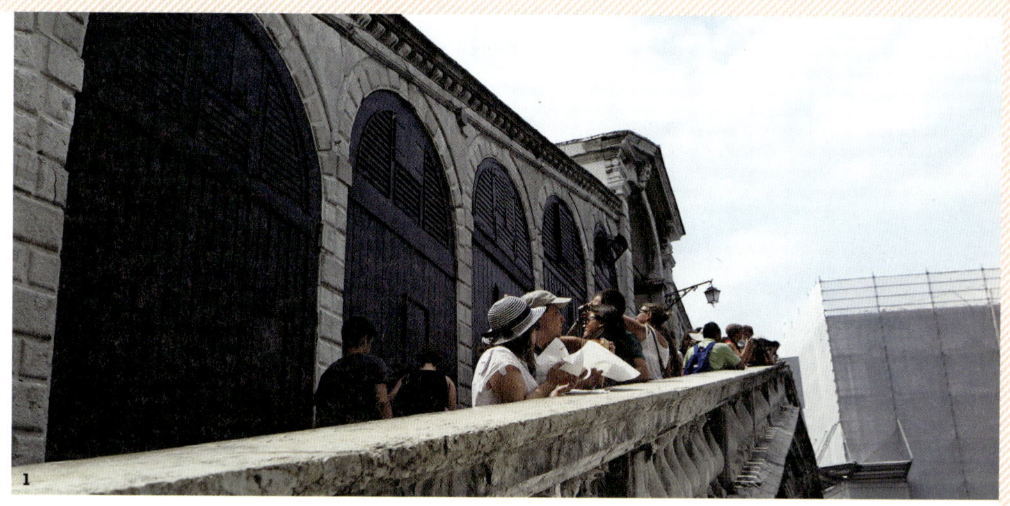

— TIP —

교통 : 베네치아는 리베르타교 Ponte della Libertà를 통해 육지와 연결된다. 자동차는 베네치아 초입의 로마 광장까지만 진입할 수 있다. 광장 주변 주차장에 차를 세우고 구경해야 한다. 베네치아에선 웬만하면 걸어서 주요 명소를 둘러볼 수 있다. 명소를 찾아 골목골목 누비는 것이 묘미다. 대중교통으로는 수상 버스가 있다. 바포레토 Vaporetto 수상 버스는 빈번하게 운행한다. 11세기부터 운항한 베네치아의 명물인 곤돌라는 값이 매우 비싸다.

캠핑 : 베네치아를 마주 보는 육지에 캠핑장이 여러 개 있다. 그중 시설 좋은 푸지나 캠핑장 Fusina Camping이 베네치아의 베이스캠프로 좋다. 캠핑장 앞에서 베네치아 차테레 Zattere 선착장을 오가는 16번 페리가 다닌다. 2·4·6인용 방갈로, 캠핑장 등 다양한 숙소와 레스토랑, 편의점을 두루 갖췄다.

맛집 : 크레아 Crea 수상 버스 승강장 근처의 트레 아치 Tre Archi는 베네치아 전통을 따르는 해산물 전문 레스토랑이다. 현지인들도 줄 서서 먹을 정도로 인기가 높다.

1 베네치아 골목 여행의 기점인 리알토 다리
2 베네치아와 가까운 육지에 자리한 푸지나 캠핑장
3 트레 아치 레스토랑의 해산물 요리

— 03 —
Haute Route
오트루트

고산 초원과 설산이 어우러진 알프스 최고의 길

오트루트 Haute Route

장소 프랑스 몽블랑 산군, 스위스 페닌 알프스

난이도 ▲▲▲▲▲ 풍경 ▲▲▲▲▲ 편의성 ▲▲▲△△

오트루트는 알프스에서 가장 고전적이며 모험적인 트레킹 코스로 꼽힌다. 알프스 최고봉인 몽블랑 Mont Blanc(4,810m)을 바라보는 프랑스 샤모니 Chamonix에서 출발해 알프스의 심장 격인 페닌 알프스 Pennines Alps를 관통하고, 마터호른 Matterhorn(4,478m)을 품은 스위스 체르마트 Zermatt에서 끝나는 드라마틱한 루트다. 2,500~3,000m의 고개를 최소 11개 넘어야 하기에 난이도가 높은 편이다.

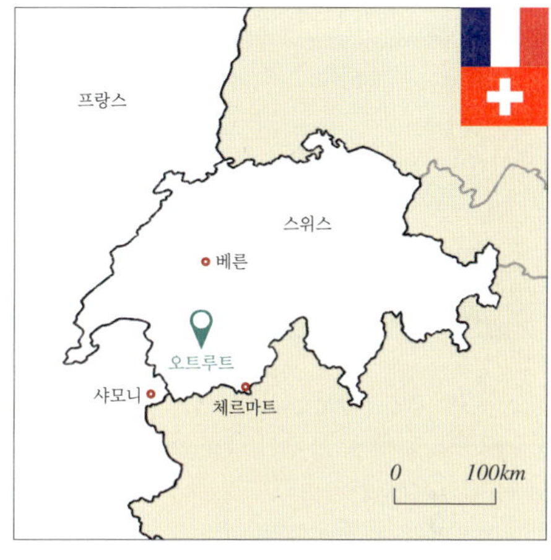

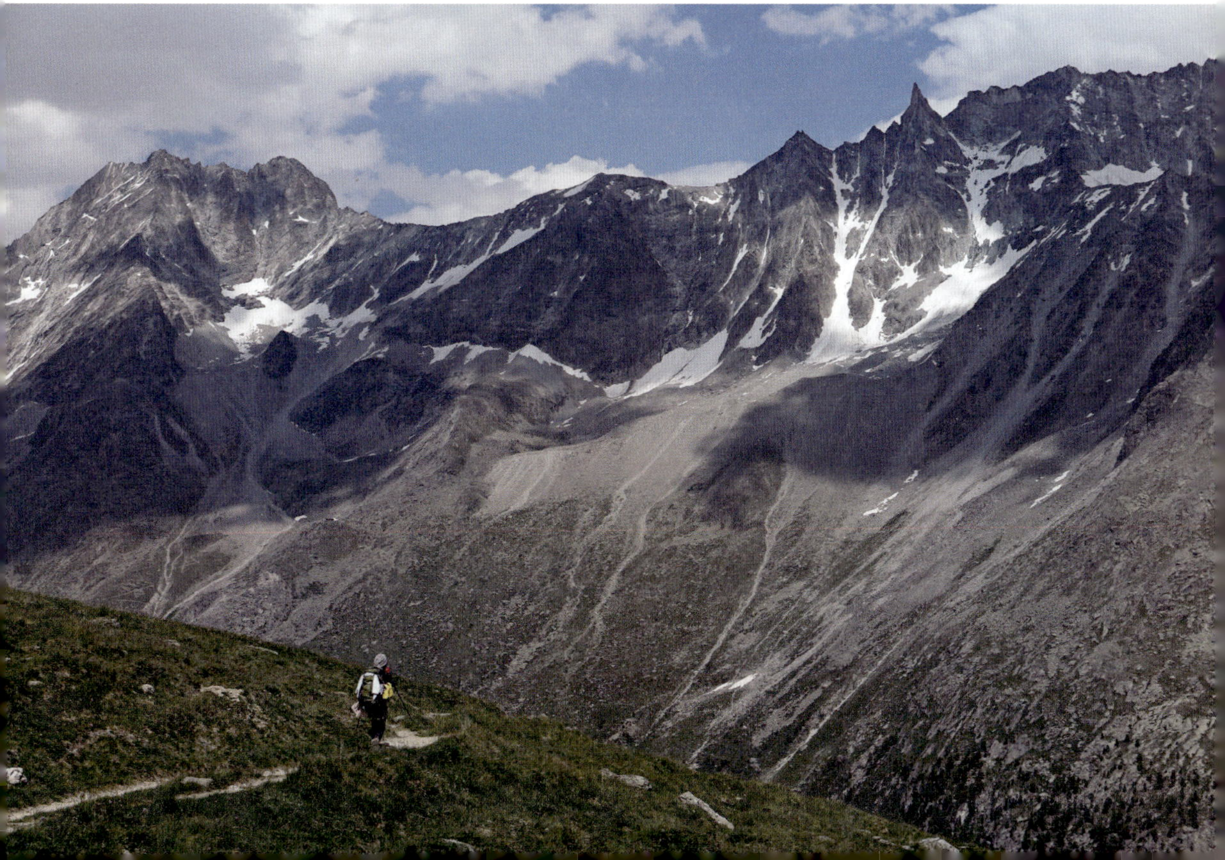

Information

[기본 정보]

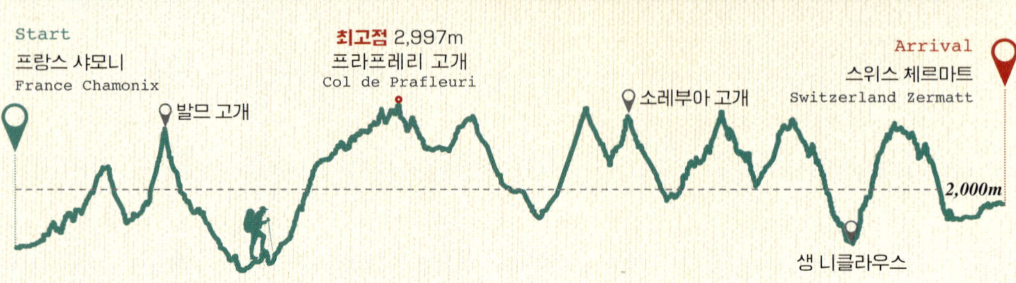

일정 : 13일(7~15일) **시즌** : 6~9월(베스트 시즌 7~8월)

베스트 뷰포인트 : 프랑스와 스위스의 국경 발므 고개 Col de Balme, 몽블랑 산군을 한눈에 조망하는 몽포트 산장 Cabane du Mont Fort, 체르마트를 바라보는 유로파 산장 Rifugio Europahutte

코스 : ❶ 샤모니 ❷ 트레러샹 ❸ 트리앙 ❹ 샹페 ❺ 러 샤블 ❻ 몽포트 산장 ❼ 프라프레리 산장 ❽ 아롤라 ❾ 라 사저 ❿ 지날 ⓫ 그루번 ⓬ 생 니클라우스 ⓭ 유로파 산장 ⓮ 체르마트

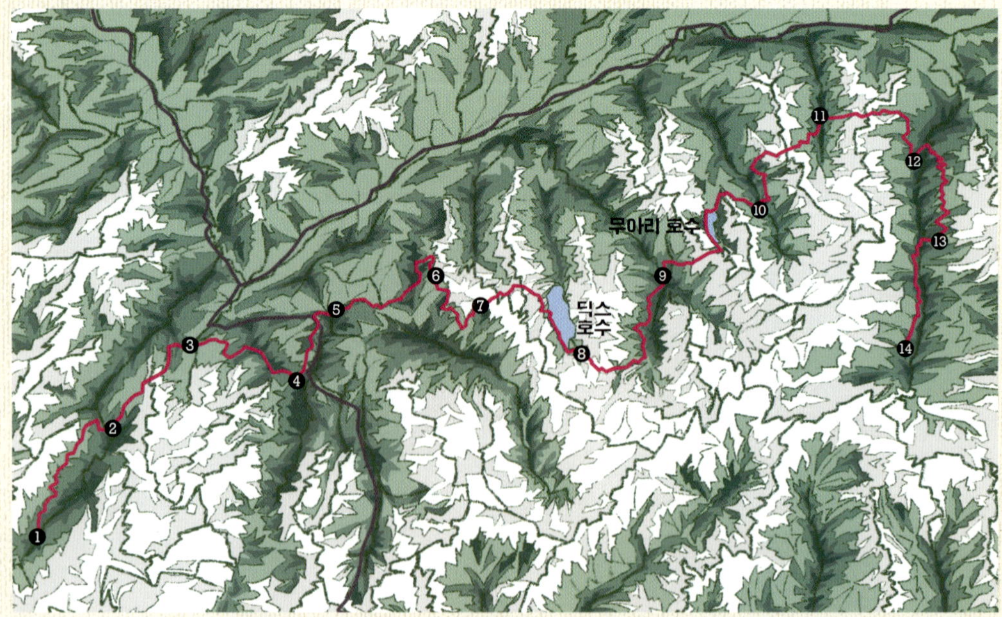

오트루트는 프랑스어로 '높은 길'이란 뜻이다. 알프스에서 '높은 길'이란 일부 전문가들만 즐길 수 있는 고난이도 루트를 말한다. 알프스 등반의 황금시대(몽블랑과 체르마트 등이 등정되는 시기) 이후 험준한 알프스의 서쪽과 동쪽을 연결하는 것이 산악계의 과제였다. 1861년 영국 등반대가 처음으로 완주하면서 '하이 루트 High Route'라고 이름 붙였다. 이후 스키가 도입되면서 프랑스 원정대가 스키로 횡단에 성공해 '오트루트 Haute Route'라고 불리게 됐다. 이 길은 해발 3,000m 이하의 산길을 통해 샤모니에서 체르마트까지 일반인도 걸어갈 수 있는 워킹 코스로 발전했다. 이 책에서 소개하는 오트루트도 정확히는 걸어갈 수 있는 '샤모니–체르마트 오트루트'를 말한다.

오트루트의 출발점인 샤모니는 프랑스 북쪽의 작은 마을이다. 이곳은 1786년 몽블랑이 초등되면서 알려졌고, 알피니즘 alpinism의 중심지로 떠올랐다. 1924년에는 제1회 동계올림픽이 열리며 세계적인 관광도시로 자리매김했고, 현재는 알프스 등산과 트레킹의 메카로 통한다.

샤모니우체국 앞 발마 광장 Place Balmat에는 소쉬르 Saussure와 자크 발마 Jaques Balmat의 동상이 있다. 자연과학자인 소쉬르(1740~1799)는 근대 등산의 아버지로 불린다. 그가 등장하기 전까지 사람들은 알프스에 악마가 살고, 용이 불을 뿜고 있을 것이라고 믿었다. 소쉬르는 몽블랑 등정에 현상금을 걸었고, 1786년 샤모니의 마을 의사 파카르 Paccard와 수정 채취업자 자크 발마가 마침내 등정에 성공한다. 이것이 근대적인 스포츠 등산인 알피니즘의 시작이다. 알피니즘은 알프스에서 나온 말이며 그 중심에 몽블랑이 있다.

BOOK 『알프스 트레킹2』, 허긍열, 몽블랑, 2013
오트루트 트레킹에 관한 정보가 나와 있다.

MOVIE 〈하이디〉, 2015
소설 하이디를 바탕으로 한 독일 영화. 당시 모습을 생생하게 고증해 사실감을 높였다.

● 자신만의 오트루트를 만들어야 한다.
오트루트는 하나의 길이 아니다. 마을과 마을을 연결하는 여러 산길을 모두 오트루트라고 할 수 있다. 실제로 가이드북마다 오트루트 코스가 조금씩 다르다. 일정, 체력, 케이블카 이동 등을 고려해 자신만의 오트루트를 만들어 보자.

● 오트루트는 명실공히 알프스를 대표하는 길이다.
알프스의 유명 트레킹은 오트루트를 일부 공유한다. 오트루트의 초반부는 몽블랑 산군을 한 바퀴 도는 투르 드 몽블랑 Tour du Mont Blanc(TMB)과 겹치고, 후반부는 마터호른 일주 코스 Tour of the Matterhorn와 몬테로사 일주 코스 Tour of Monte Rosa를 공유한다.

05　HOW TO PLAN

【 13일 완주 코스는 p.107 참고 】

오트루트를 모두 즐기려면 13일 완주 코스가 가장 좋지만 일정과 체력을 고려해 7~10일로 줄여도 괜찮다. 필자가 이상적으로 추천하는 핵심 코스는 8일 일정이다. 케이블카를 최대한 이용해 이동하는 것이 포인트다. 체력 좋은 트레킹 마니아라면 오트루트의 가장 어려우면서도 황홀한 구간을 3일 일정으로 화끈하게 주파하는 것도 방법이다.

1 DAY 　샤모니 ➡ 케이블카 ➡ 라 플레제르 ➡ 트레러샹 ➡ 투르(샤모니)

2 DAY 　투르 ➡ 케이블카 ➡ 발므 고개 ➡ 케이블카 ➡ 투르(샤모니)
(• 발므 고개 ➡ 페티 ➡ 트리앙 ➡ 샹페 생략)

3 DAY 　샤모니 ➡ 버스 ➡ 상브랑쉬 ➡ 러 샤블 ➡ 케이블카 ➡ 몽포트 산장

4 DAY 　몽포트 산장 ➡ 프라프레리 산장

5 DAY 　프라프레리 산장 ➡ 쉐브르 고개 ➡ 아롤라
(• 아롤라 ➡ 라 사저 생략)

6 DAY 　라 사저 ➡ 사티 고개 ➡ 무아리 댐 ➡ 버스 ➡ 지날
(• 지날 ➡ 생 니클라우스 생략)

7 DAY 　생 니클라우스 ➡ 유로파 산장

8 DAY 　유로파 산장 ➡ 태쉬 ➡ 체르마트

TIP

3일 집중 코스
1 DAY : 샤모니 ➡ 버스 ➡ 상브랑쉬 ➡ 러 샤블 ➡ 케이블카 ➡ 몽포트 산장
2 DAY : 몽포트 산장 ➡ 프라프레리 산장
3 DAY : 프라프레리 산장 ➡ 쉐브르 고개 ➡ 아롤라

Traveler's Note

[여행작가의 노트]

 **항공** : 프랑스 샤모니에서 가장 가까운 공항은 스위스 제네바 공항 Geneva Airport이다. 우리나라에서 제네바로 가는 국적기는 없고 KLM, 에어프랑스 등이 제네바까지 운항한다. 얼리버드를 이용하면 좀 더 저렴하게 티켓을 구입할 수 있다.

 **교통** : 제네바 공항에서 샤모니까지 'ALPY 버스(www.alpybus.com)'를 이용하는 것이 편하다.

TIP

몽블랑 멀티패스 Mont Blanc Multipass

샤모니의 단거리 기차, 버스, 케이블카(에귀뒤미디 Aiguille du midi, 브레방 Brevent행 등) 등을 모두 탈 수 있다. 개인 일정에 따라 1~15일 패스를 끊으면 교통비와 케이블카 요금을 줄일 수 있다. 패스는 에귀뒤미디 로프웨이 매표소 등에서 구입할 수 있다. 몽블랑 무제한 패스 Mont-Blanc Unlimited를 구입하면 샤모니, 이탈리아의 쿠르마유르 Courmayeur, 스위스 베르비에 Verbier 등 3개국의 케이블카와 스키 슬로프를 이용할 수 있다. 자세한 내용은 홈페이지(www.compagniedumontblanc.co.uk/en) 참고.

숙소 : 샤모니에서는 호텔, 캠핑장 등 다양한 숙소를 선택할 수 있다. 캠핑 온 더 아일랜드 데 바라츠 Camping on the island des barrats(+33 450 535144, http://www.chalets-chamonix.com/fr)는 베이스캠프로 이용하기 좋은 캠핑장으로, 시내와 가까운 편이고 몽블랑과 에귀뒤미디 조망이 멋지다. 트레킹 중에는 몽포트 산장 Cabane du Mont Fort(+41 277 781384), 프라프레리 산장 Cabane du Prafleuri(+41 272 811780, refuges-montagne.info), 유로파 산장 Rifugio Europahutte(+39 0472 646076, europahuette.it)을 이용하며, 이 산장들은 전화로 예약할 수 있다.

캠핑 온 더 아일랜드 데 바라츠

☑ check list

- **일정** : 준비 1개월 + 트레킹 여행 15박 17일
- **경비** : 약 400만 원
- **교통** : 항공, 버스, 기차 케이블카 등
- **숙박** : 호텔, 산장, 캠핑장
- **장비** : 야영장비(텐트 + 침낭 + 코펠 등), 중등산화, 스틱, 의류 등
- **비자** : 90일 무비자
- **환전** : 유로(€), 스위스 프랑(CHF)

TIP 스위스에서도 유로를 사용할 수 있지만, 스위스 프랑을 쓰는 것이 절대적으로 유리하다. 물가는 스위스 〉 프랑스 〉 이탈리아 순이다.

- **언어** : 프랑스어, 영어

1 하프보드를 이용한 식사
2 하루 걷기를 마치고 마시는 맥주

캠핑 : 캠핑장을 이용할 때는 1인당 입장료, 캠핑 사이트 비용, 주차료를 모두 내야 한다. 입장료는 보통 €5~10. 캠핑 사이트 비용은 텐트 크기에 따라 €10~20. 주차료는 €5~10다. 호텔에 비해 저렴하고, 시설도 훌륭하며 알프스의 자연을 만끽할 수 있다. 캠핑장이 도처에 많아 성수기에도 예약 없이 이용할 수 있다. 캠핑에 필요한 모든 장비를 가져가야 한다.

식사 : 산장에서 묵는다면 하프보드를 이용해 아침과 저녁을 해결하는 것이 좋다. 점심은 사 먹을 곳이 마땅치 않으므로 사전에 빵, 과일, 과자 등을 준비하자. 하루 걷기를 마치고 산장이나 마을에서 마시는 맥주와 와인을 빼놓을 수 없다. 스위스에서는 저렴한 슈퍼마켓인 쿱 coop을 주로 이용한다.

장비 : 가장 중요한 신발은 발수와 방수 기능이 있는 중등산화가 좋다. 산길은 오르내림이 심하므로 스틱도 필수다. 야영을 하려면 텐트와 침낭, 취사 장비를 가져가야 한다. 부탄가스는 샤모니 시내의 대형 장비점에서 구할 수 있다.

지도 : 샤모니의 서점에서 구입할 수 있다. 1:50,000의 스위스 지도로, 몽 블랑 그랑 콤방 Mont Blanc Grand combin과 마터호른 미차벨 Matterhorn Mischabel이 있다.

마을을 알리는 안내판

안내 표시 : 오트루트가 프랑스와 스위스 두 나라에 걸쳐 있어서 'Haute Route'라고 써 있는 안내판이 없다. 따라서 마을과 고개 등을 알리는 안내판을 보며 오트루트 트레킹을 이어가야 한다. 스위스의 트레킹 난이도는 색으로 구분한다. 쉬운 길은 노란색(하이킹), 중급 코스는 흰색+빨간색+흰색(마운틴 하이킹), 고급 코스는 흰색+파란색+흰색(알파인 하이킹)이다. 오트루트는 대부분 흰색+빨간색으로, 알프스 트레킹 코스 중 중급 난이도다.

#1st Day: 알피니즘 성지 샤모니에서 출발

샤모니 우체국 앞에서 몽블랑을 바라본다. 옆에는 소쉬르와 자크 발마의 동상이 서 있다. 그동안 이 장면을 얼마나 상상했던가. 20여 년 만에 꿈이 이뤄지는 순간이다. 학창 시절부터 가장 가보고 싶었던 곳은 사실 알프스였다. 하지만 히말라야를 먼저 만났고 먼 길을 돌아 늦게 찾아왔다. 늦은 만큼 광대한 알프스 중에서도 '이것이 알프스다'라고 말할 수 있는 핵심 루트를 걷고 싶었다. 오랜 고민 끝에 알프스 최고의 클래식 코스인 오트루트를 선택했다.

근대 등산의 아버지 소쉬르가 하염없이 바라보고, 몽블랑 초등자인 자크 발마가 오른손을 들어 가리키는 곳. 알프스 최고봉인 몽블랑이다. 그리고 몽블랑을 더욱 돋보이게 하는 에귀뒤미디(3,842m)를 비롯해 여러 화강암 봉우리들이 칼날처럼 솟구쳐 마치 몽블랑을 지키는 수문장처럼 보인다.

1 손을 들어 몽블랑을 가리키는 자크 발마와 함께 선 이가 근대 등산의 아버지인 드 소쉬르다.
2 오트루트는 샤모니 교회 앞에서 출발한다.

1 화분에 물을 주는 플로리아 샬레의 주인장
2 빙하를 바라보고 있는 노부부
3 라 플레제르 산장 앞의 테이블은 몽블랑 일대를 정면으로 보고 있다.

몽블랑 산군을 거침없이 조망하는 코스가 오트루트의 첫길이다. 길에 들어서면 내가 몽블랑을 보는 것이 아니라 몽블랑이 나를 바라보고 있는 듯한 느낌을 받는다. 샤모니 교회를 출발해 마을을 지나면 '라 플로리아 La Floria' 이정표를 따라 산길로 들어선다. 한동안 임도 숲길을 따르면 플로리아 샬레 Chalet la Floria에 닿는다. 샬레는 간단한 식사가 가능한 작은 찻집을 말한다. 울긋불긋 꽃 화분으로 꾸며진 플로리아 샬레는 마치 동화 속 오두막집 같다. 주인장으로 보이는 할아버지가 콧노래를 부르며 화분에 물을 주고, 곱게 늙은 안주인이 서빙을 한다. 왠지 시골 외갓집에 온 기분이다. 꽃향기 가득한 마당에서 차 한 잔 마시며 건너편 몽블랑을 조망하는 맛이 일품이다.

플로리아 샬레를 출발하면 그윽한 전나무 숲길이 이어진다. 길은 갈지(之)자를 크게 그리며 급경사를 오른다. 중간중간 스키장 슬로프가 나오는데, 급경사이므로 좀 돌아가더라도 오솔길을 따라 오르는 것이 좋다. 라 플레제르 산장 Rifugio La Flégère 앞의 테이블은 몽블랑을 정면으로 보고 있다. 사람들 모두 식사를 하면서도 몽블랑에서 눈을 떼지 않는다.

산장 앞에서 길이 갈린다. 락 블랑 Lac Blanc 호수 방향은 왼쪽 오르막길이고, 내가 가야 할 레 쉐저리 Les Cheserys는 직진 방향으로 산허리를 부드럽게 타고 돈다. 돌아가는 길섶에는 빨갛게 핀 알핀로제 alpine rose가 설산과 어우러져 알프스 풍경에 화룡점정을 찍는다. 왼쪽 화강암 봉우리에 걸린 폭포는 시원하게 떨어진다. 그 앞으로 너른 꽃밭에 손바닥만 한 쉐즈리 샬레 Chalet les Cheserys(1,998m)가 자리한다. 벽에 그려진 돼지 그림이 귀엽다.

쉐즈리 샬레에서 20분쯤 더 오르면 테트오방 Tete aux Vents 돌탑이 있는 언덕이 나온다. 첫날 코스에서 가장 전망이 아름다운 지점이다. 정면으로 화강암 봉우리들의 품이 활짝 열려 있고 그 품에서 3개의 빙하가 흘러나온다. 왼쪽부터 투르 빙하 Glacier du Tour, 아르장티에르 빙하 Glacier Argentière, 메르 빙하 Mer de Glacier다. 메르 빙하 옆으로 몽블랑의 심장에서 펑펑 쏟아져 나오는 보송 빙하 Glacier des Bossons도 보인다. 한 노부부가 풀밭에 앉아 하염없이 빙하를 바라보고 있다. 바람에 날리는 흰 머리카락과 알프스 초원이 잘 어울린다. 할아버지가 손을 흔들어 인사를 건넨다. 여유로운 두 사람의 모습이 참 보기 좋다. 언젠가 나도 설산처럼 머리가 하얗게 되는 때에 아내와 함께 이 자리에 앉아 몽블랑을 바라보리라.

　다시 길을 나서면 풀이 무성한 작은 호수를 만난다. 주변에는 붉은 알핀로제와 노란 미나리아재비꽃이 가득하다. 건너편으로 발므 고개가 보인다. 여기부터는 입이 쩍 벌어지는 급경사 하산길이다. 관절이 후끈후끈해질 무렵이면 차가 다니는 고갯마루인 몽테 고개 Col des Montets에 닿는다. 이곳의 작은 산장에 잠시 머물며 차가운 맥주 한 잔으로 뜨거워진 몸과 마음을 식힌다.

　도로를 건너 숲길을 따라 트레러샹 Trelechamp에 닿고, 투르 Tour 마을길을 지나면 케이블카 정류장이다. 케이블카와 스키 리프트를 번갈아 타고 발므 고개 앞 레 조탄느(2,195m)까지 올라갔다. 산악자전거를 싣고 온 아빠와 아들은 임도를 타고 바람처럼 사라진다. 아웃도어를 마음껏 즐길 수 있는 환경과 시설이 참 부럽다. 여기서 발므 고개까지는 누워서 떡 먹기다. 거리도 짧고 길도 평탄하다. 너른 고산 평원인 발므 고개는 프랑스와 스위스의 국경이다. 작은 비석을 가운데 두고 프랑스와 스위스 영토로 나뉜다. 이처럼 소박하고 아름다운 국경을 본 적이 없다. 간단하게 국경을 넘어 꽃밭에 드러누웠다. 꽃과 눈을 맞추자 풍경은 더욱 웅장하게 다가온다. 거친 바람이 일어나 야생화들을 흔든다. 흔들리는 꽃 뒤로 스위스의 산들을 바라보는 맛을 어떻게 설명할까.

　발므 고개에는 제법 트레커들이 많다. 대부분 투르 드 몽블랑(TMB)을 걷는 사람들이다. 가파른 내리막을 휘휘 둘러 내려오면 작은 시골마을 페티 Peuty에 닿는다. 마을에서 관리하는 캠핑장 풀밭에 배낭을 내려놓고 양말부터 벗었다. 토끼풀이 발바닥을 간지럽힌다. 하룻밤 머물 텐트를 치면서 알프스의 길고 위대했던 하루를 마감한다.

광활한 고산 평원이 펼쳐진 발므 고개

#2~3rd Day: 상브랑쉬 전통마을을 지나 몽포트 산장까지

알프스의 둘째 날이 밝았다. 일정상 트리앙 Trient ~ 샹페 Champex 구간은 건너뛰었다. 샹페의 조그만 야영장에 베이스캠프를 마련하고, 다시 오트루트를 걷는다. 아랫마을 상브랑쉬로 가는 쉬운 길이라 발걸음이 가볍다. 샹페는 아름다운 에메랄드빛 호수가 있는 산골마을이다. 호수를 지나 산비탈을 타고 돌면서 조금씩 고도를 내린다. 민가 옆의 큰 나무 아래서 길이 갈린다. 오트루트는 상브랑쉬 이정표를, 트루 드 몽블랑은 오르지에르 이정표를 따라야 한다. 이 역사적 갈림길을 앞두고 나무 그늘 아래에서 한참 쉬었다. 나무에 흰 꽃이 만개해 향기롭다.

투르 드 몽블랑이 사라지자 인적이 뚝 끊긴다. 길은 평탄한 산허리를 타고 구불구불 이어진다. 상브랑쉬로 내려가는 길을 못 찾아 잠시 헤맸다. 길은 잃어봐야 소중함을 안다. 상브랑쉬는 건물과 골목이 예쁜 스위스 전통마을이다. 수돗가에선 엄마가 아이를 세수시킨다. 사람도 마을도 앙증맞다. 상브랑쉬에서 샹페로 돌아와 둘째 날을 마무리하고, 셋째 날은 몽포트 산장 Cabane du Mont Fort의 들머리인 러 샤블에서 시작한다.

몽포트(3,330m)는 3,000m급 여러 봉우리를 거느린 산군 중 최고봉이다. 셋째 날과 넷째 날에 몽포트 산장(2,457m)과 프라프레리 산장 Cabane de Prafleuri (2,624m)에 묵으면서 오트루트 중 가장 스펙터클한 구간을 통과한다. 러 샤블 케이블카 정류장에서 몽포트 산장까지 걸어가는 게 정석이지만 과감하게 케이블카를 탔다. 급경사를 오르는 것보다 경치 좋은 곳을 보기 위해서다.

1 건물과 골목이 예쁜 스위스의 전통마을, 상브랑쉬
2 에메랄드빛 브우 호수
3 샹페의 민가 옆 큰 나무 아래 갈림길에서 오트루트와 투르 드 몽블랑이 갈린다.

저녁 식사 후에 몽포트 산장 테라스에서 바라보는 해 저무는 모습이 아름답다.

　레 뤼네뜨(2,195m)에 도착해 케이블카에서 내리면 몽포트 산장까지 불과 1시간 10분 거리다. 하지만 산장으로 가지 않고 반대 방향으로 길을 잡아 브우 호수 Lacs des Vaux를 만났다. 알프스에는 호수가 많다. 빙하가 흘러 들어간 덕분에 대개 에메랄드빛을 띤다. 호수는 알프스의 눈처럼 맑고 고요하다. 알프스가 세상을 구경하고 싶으면 호수를 통해 볼 것 같다. 호수에 발 담그며 한참 쳐다봤으니 알프스와 눈을 맞춘 셈이다. 호수 뒤의 가파른 고개를 넘자 몽포트 산장이 보인다. 산장은 몽포트와 로세 Rosses (3,223m) 봉우리를 병풍처럼 두르고, 앞쪽으로 시야가 트인 기막힌 언덕에 자리 잡았다. 돌로 만든 산장 건물은 마치 북한산 백운 산장처럼 정겹다. 산장 앞 넓은 테라스에 서면 멀리 몽블랑 산군이 반가운 듯 손을 흔들어준다. 등산화를 벽에 걸어놓고 들어간 4인용 침대방은 생각보다 아늑했다. 하지만 코인샤워기는 3분 동안만 물이 나와 달리기하듯 빠르게 씻어야 해 아쉬웠다. 저녁 식사 후 사람들은 약속이나 한 듯 테라스에 앉아 도란도란 이야기를 나누며 해 저무는 풍경을 바라본다. 몽블랑 쪽 하늘이 잠시 붉게 물들다가 사라졌다. 땅거미가 산과 하늘, 그리고 산장을 야금야금 집어삼키는 모습을 지켜보고 나서야 산장 안으로 들어왔다.

#4th Day: 프라프레리 고개, 오트루트 최고점을 넘다

넷째 날도 맑았다. 오늘은 세 개의 고개를 넘어 무조건 프라프레리 산장에 묵어야 한다. 8시간 이상 걸리는 멀고 험한 길이다. 몽포트 산장지기 그라티앙은 날이 좋아 어렵지 않게 프라프레리 산장에 갈 수 있을 거라며 덕담을 건넨다. 그에게는 산꾼 특유의 순박한 모습이 있어 정이 간다. 산장 앞으로 두 가지 길이 훤히 보인다. 하나는 스키 슬로프를 따라 오르다가 로세산 왼쪽의 험준한 쇼 고개 Col de la Chaux(2,940m)를 넘는 길이고, 다른 하나는 로세산의 남쪽 산허리를 크게 도는 벼랑길이다. 벼랑길은 로세산의 7부 능선에 위태롭게 걸려 있는데, 돌아가는 길이지만 쇼 고개보다 난이도는 낮다.

그라티앙과 기념촬영을 하고 헤어져 벼랑길에 붙는다. 멀리서 실오라기처럼 보이던 길에 닿으니 한 사람 겨우 지날 공간을 허락해준다. 이런 길이 좋다. 길의 자연스러운 굴곡

1 험준한 로세산 아래 있는 몽포트 산장은 돌로 지은 유서 깊은 산장이다.
2 몽포트 산장지기, 그라티앙

이 살아 있고, 조망이 짜릿하다. 길은 완만하게 7부 능선까지 올라간다. 바위를 깨뜨려 만든 천길 벼랑에 서자 오금이 저린다. 발을 잘못 디디면 1,000m 이상 자유낙하다. 모퉁이를 돌 때마다 조금씩 풍경이 바뀌고, 길섶에서는 야생화가 가득하다. 몽포트 산장에서 만난 싱가 포르에서 온 여자가 전망 좋은 꽃밭에서 쉬고 있다.

"바람 속에서 아빠 냄새가 나."

싱가포르에서 온 여자는 아리송한 말을 남기고 바람처럼 사라진다. 그녀가 있던 자 리에 앉아 꽃향기를 맡자 불현듯 어린 딸내미가 생각났다. 보고 싶은 사람은 무언가를 통해 어떻게든 나타나는가 보다. 다시 모퉁이를 돌자 웅장한 그랑 콤방 Grand Combin(4,314m)이 눈에 들어온다. 이 산은 몽블랑 산군과 떨어져 독야청청하다. 앞서 간 사람의 뒷모습을 보 면 마치 그랑 콤방의 품으로 걸어 들어가는 것처럼 보인다.

테르민 고개를 오르는 길에 웅장한 그랑 콤방 봉우리가 나타난다.

테르민 고개 Col Termin(2,648m)는 넷째 날 처음 만나는 고갯마루로, 로세산 긴 남릉의 끝 지점에 자리한다. 여기서 길은 왼쪽으로 방향을 틀어 로세산의 동쪽 허리를 타고 돈다. 오른쪽 아래로 드넓은 루비에 호수 Lac de Louvie가 보이고, 그 옆으로 호수에 바투 붙어 있는 루비에 산장도 보인다. 쇼 고개에서 내려온 길과 만나는 삼거리를 지나 거친 돌길을 1시간 넘게 오르면 두 번째 고갯마루인 루비에 고개 Col de Louvie(2,921m)에 닿는다. 고도가 높아질수록 눈길을 걷는 구간이 점점 늘어난다.

루비에 고개를 내려오면 거대한 그랑 데저트 호수 Lac du Grand Désert가 펼쳐진다. 탁한 호수에서 개울이 흘러내려온다. 주변은 풀 한 포기 없는 거친 모레인 morain 지대다. 흔히 머릿속에 그려지는 알프스의 모습이 아닌 히말라야 빙하 지대 같다. 3,000m가 넘지 않는 곳에서도 이런 풍경이 펼쳐지다니 상상도 못했다. 시커먼 개울 앞에서 잠시 고민하다가 등산화를 벗었다. 물이 얼음처럼 차갑다. 조심조심 발을 더 깊이 담가 물속에 놓인 돌을 밟는다. 잠시 발에도 휴식 시간을 주고 다시 등산화 끈을 묶는다.

프라프레리 고개를 오르는 힘준하면서도 황홀한 길

별이 빛나는 프라프레리 산장의 밤. 랜턴이 밤하늘에 긴 선을 그리고 있다.

　　작은 고개를 넘으면 앞쪽으로 작은 호수 두 개가 보인다. 앞쪽 호수에는 깨진 얼음이 둥둥 떠다닌다. 이곳은 아무리 봐도 지구의 풍경 같지 않다. 호수를 끼고 한동안 모레인 지대를 오르는데 저 멀리서 무언가가 움직인다. 뿔이 긴 것으로 보아 야생 염소 아이벡스 ibex 다. 황량한 땅에서 묵묵히 살아가는 모습이 감동적이다. 슬그머니 사라지는 아이벡스를 바라보며 세 번째 고갯마루인 프라프레리 고개 Col de Prafleuri(2,965m)에 올라선다. 배낭을 내려놓고 그대로 드러누웠다. 몸은 녹초가 됐지만 희열이 솟구친다. 프라프레리 고개는 오트루트에서 가장 높은 지점이다. 그동안 볼 수 없었던 반대편 풍경이 시원하게 펼쳐지고, 그 속에 숨은 그림 찾기처럼 프라프레리 산장이 숨어 있다.

　　산장에 도착하니 사람들로 가득하다. 저녁 식사는 파장 분위기였다. 산장지기가 내 몫의 고기와 와인을 가져왔다. 식사 후 밖으로 나와 별이 가득한 알프스의 밤을 만끽한다. 머리 위로 흐르는 은하수는 고이 잠든 산장을 몰래 싣고 미지의 세계로 데려갈 것 같다.

#5th Day: 험준한 쉐브르 고개를 넘어 평화로운 아롤라 마을로

프라프레리 산장 – 루 고개 – 딕스 호수 – 쉐브르 고개 – 아롤라 마을

찬란한 다섯째 날의 아침빛이 프라프레리 산장을 따뜻하게 비춘다. 몽포트 2박 3일 코스의 마지막 날이다. 오늘은 두 개의 고개를 넘어 아롤라 Arolla 마을로 가는 일정이다. 산장 앞의 루 고개 Col des Roux(2,804m)를 오르자 거대한 딕스 호수 Lac des Dix가 펼쳐진다. 호수를 바라보며 내려서면 바르마 산장 Cabane de la Barma(2,458m)에 닿는다. 산장 앞에 맑은 식수가 콸콸 쏟아진다. 볕이 잘 드는 산장 앞의 잔디밭이 포근하게 느껴진다. 그곳에 텐트를 치고 자면 얼마나 좋을까.

산장을 나와 한가롭게 풀을 뜯는 소들 사이를 지나 딕스 호수를 따른다. 초원의 구멍에서 마모트가 나왔다가 인기척에 놀라 후다닥 몸을 숨긴다. 털이 복슬복슬한 것이 귀엽다. 건너편에 폭포가 호수로 쏟아지는 것이 아스라이 보인다. 호수는 가도 가도 끝이 없다. 1시

1 쉐브르 고개 정상에서 바라본 풍경
2 험준한 쉐브르 고개에는 철다리가 설치되어 있어 안전하게 오를 수 있다.

거대한 딕스 호수 옆을 지나는 길은 야생화로 가득하다.

간이 지나서야 폭포 앞에 다다른다. 인공동굴 같은 곳에서 센 물줄기가 쏟아져 폭포를 만들었다. 폭포 앞에서 다시 오르막길. 풍요로운 꽃밭은 신기루처럼 사라지고 다시 황량한 모레인 지대가 나타난다.

딕스 산장과 아롤라 갈림길에서 아롤라 방향을 택하면 급류 지대가 나오고 최근에 설치된 철다리를 건너게 된다. 이후 바위에 중간 난이도를 나타내는 빨간색과 흰색 표시가 이정표 역할을 한다. 최근에 길을 정비하고 이정표를 만든 덕분에 길 잃을 염려는 없다. 앞쪽으로 실롱 Mont Blanc de Cheilon(3,870m)이 우뚝하고, 그 품에서 거대한 실롱 빙하가 쏟아져 나온다. 조심조심 돌들이 무너져 내리는 구간을 통과하면 리에드마텡 고개 Col de Riedmatten(2,919m)와 쉐브르 고개 Pas de Chèvres(2,855m)로 갈린다. 어느 곳을 통과해도 상관없다. 철다리 3개를 연속으로 타고 오르면 쉐브르 고개 정상이다.

고갯마루에서 다소곳이 앉아 있는 싱가포르 여자를 다시 만났다. 그녀의 복장은 잠시 동네 마실 나온 것 같았다. 배낭도 등산용이 아니다. 이런 차림으로 혼자 온 것이 놀랍다. 고개를 내려오면 알프스 특유의 야생화 가득한 꽃길이 이어진다. 잠시 배낭을 내려놓고 맑은 빙하수를 떠 마신다. 차갑고 투명한 맛이다. 휘파람을 불며 설렁설렁 내려오면 예쁜 아롤라 마을이다. 마을의 소박한 캠핑장에서 트레킹을 마무리한다.

#6~8th Day: 몽환적인 무아리 호수의 물빛

아롤라 마을 - 블루 호수 - 라 사저 마을 - 무아리 댐 - 소레부아 고개 - 지날 - 그루번

서늘한 기운에 잠이 깼다. 벌써 여섯째 날이다. 아롤라 마을에서 종착점 체르마트까지는 사실 멀지 않다. 동쪽으로 직선을 그리면 20km가 안 된다. 하지만 험준한 산과 빙하 지대 때문에 북동쪽으로 크게 우회해 체르마트로 가야한다. 아롤라에서 체르마트까지 이어진 길은 마터호른 일주와 겹친다. 체르마트에서 출발한 마터호른 일주 코스는 아롤라에서 북쪽 콜롱 고개를 넘어 이탈리아 땅으로 넘어간다.

아롤라에서 라 사저까지 이어진 길은 쉽다. 아롤라 마을의 하나뿐인 등산 장비점에서 들머리를 물어보니 주인아주머니는 친절하게 지도를 복사해가며 알려준다. 아름다운 블루 호수 Lac Bleu에서 점심 먹으라는 말을 잊지 않는다. 길은 아롤라 마을 위의 산비탈을 타고 돈다. 길섶에는 가득한 야생화가 손을 흔들어준다. 험준한 산을 넘어온 나를 위로해주는 듯하다.

투명한 에메랄드빛의 블루 호수는 보석처럼 예쁘다. 호숫가 언덕에 앉아 샌드위치를 맛나게 먹는데 갑자기 왁자지껄하다. 인근의 초등학교에서 소풍을 왔다. 아이들의 얼굴은 하나같이 밝다. 알프스에 사는 아이들이 누리는 행복이다. 호수를 내려오면 도로를 만나고, 도로 오른쪽 산비탈을 따라 레 조데르(1,452m) 마을까지 이어진다. 우체국 앞을 지나면 전통가옥 골목길을 지난다. 옛 알프스의 가옥들을 구경하는 재미가 쏠쏠하다. 마을 뒤의 숲길을 따르면 라 사저 마을에 닿는다.

라 사저에서 하루 묵고 다시 출발한다. 그윽한 침엽수 지대를 통과하면 초원지대가 펼쳐진다. 한가로이 풀을 뜯는 소들을 이리저리 피해 한동안 오르면, 옛 축사로 보이는 빨

간 지붕의 건물을 만난다. 여기서 사티 고개(2,868m)까지 1시간 거리다. 오르는 길에 인근 학교에서 소풍 온 아이들과 교사를 만났다. 초록색 전통 모자를 쓴 교장선생님은 이방인을 보자 "욜러러욜러레이~" 요들송 한 자락을 멋지게 뽑는다. 제법 높은 곳이지만 아이들은 힘든 기색이 없다.

사티 고개에 도착해 쉬고 있는데, 아이들이 무서운 속도로 올라와 그대로 고개를 내려간다. 교장선생님은 우리를 보더니 다시 한 번 요들송을 불러준다. 그들의 꽁무니를 따라 내려가다가 뒤에서 인솔하는 교사에게 오늘 종착지가 어디냐고 물으니, 지날 zinal(1,675m)이라고 한다. 그 말을 듣고 급하게 일정을 수정한다. 원래는 가이드북에 나온 대로 무아리 산장에서 묵으려고 했다. 그러려면 산장까지 다시 오르막을 올라야 한다. 결정적으로는 일정에 여유가 없어 지날까지 가기로 한 것이다. 그러면 하루를 줄일 수 있다.

요들송을 멋지게 불러주는 교장선생님과 일행이 기념사진을 찍었다.

1 평화로운 라 사저 마을로 가는 호젓한 길
2 에메랄드빛에 우유를 섞은 듯한 빛깔을 가진 무아리 호수
3 투명한 에메랄드빛의 블루 호수

거친 돌길을 내려오자 드넓은 초원지대가 펼쳐진다. 오른쪽으로 숨어 있던 그랑 코르니에르 Grand Cornier(3,962m) 봉우리가 느닷없이 나타나 화들짝 놀란다. 그 품에서 무아리 빙하가 콸콸 쏟아져 나오는 것 같다. 학생들이 긴 줄을 그리며 빙하 녹은 물이 흘러내리는 곳으로 걷는다. 그곳에 넓은 주차장이 있는데, 노란색 우체국 버스가 대기하고 있었다. 아뿔사! 그들은 지날행 버스를 타려고 서둘러 내려갔던 것이다. 정보가 부족한 탓에 버스가 다니는 줄도 몰랐다.

닭 쫓던 개처럼 멍하니 버스를 보내고, 다시 터벅터벅 걷는다. 돌탑이 서 있는 언덕에서 조망이 활짝 열린다. 무아리 호수가 펼쳐져 있다. 호수의 빛깔은 에메랄드빛에 우유를 섞은 것 같다. 무아리를 바라보며 야생화 군락지를 헤쳐 가는 멋진 길이다. 슬슬 고도를 낮추면 왼쪽에 작은 호수가 숨어 있다. 수영하는 사람들도 몇몇 보인다. 호수 옆의 목장 지대를 통과하면 무아리 댐 위로 올라선다. 댐 아래는 천 길 낭떠러지다. 댐 반대편 휴게소 주차장에서 버스시간표를 보니 지날행 막차도 떠났다. 설상가상으로 휴게소 위의 언덕에 자리한 무아리 바라저 Moiry Barrage 도미토리 숙소도 문을 닫았다.

주차장 바닥에 주저앉아 머리를 굴린다. 여기서 지날로 가려면 소레부아 고개 Col de Sorebois(2,835m)를 넘어야 한다. 하지만 이미 체력도 바닥나고 시간도 모자란다. 급한 마음에 히치하이킹을 시도하지만 차가 뜸하다. 휴게소에서 물어보니 숙소가 있는 그리망스 Grimentz까지 걸어서 1시간 30분 거리라고 한다. 이전보다 더 무거워진 듯한 배낭과 곧 허물어질 것 같은 몸을 이끌고 미련 없이 팍팍한 도로를 걷는다.

여덟째 날 발걸음이 가볍다. 간밤에는 그리망스의 별 3개짜리 호텔에서 묵었다. 간만에 욕조에 몸을 담그며 피로를 풀었다. 산장과 캠핑에서 벗어나 나에게 이런 선물을 주는 것도 괜찮다. 호텔에서 무료 교통카드를 나눠준다. 그리망스에서 소레부아 고개로 가는 케이블카를 50% 할인받을 수 있다. 덕분에 수월하게 케이블카를 타고 소레부아 고개 입구에 내리자 조망이 활짝 열린다. 건너편에 가야 할 포르크레타 고개 Col de la Forcletta(2,874m)를 어림짐작해 본다. 산 넘어 산. 오늘도 험준한 고개를 넘어야 한다. 하루하루 넘어야 하는 알프스의 장벽에 살짝 지치기도 한다. 알프스 복이 터졌다고 위로하며 다시 길을 재촉한다.

　　케이블카 정류장에서 구불구불한 길을 내려가자 소레부아 케이블카 정류장에 닿는다. 케이블카는 구름 속을 지나 사뿐히 지날에 내려앉는다. 지날은 오랜만에 만나는 제법 큰 마을이다. 슈퍼마켓에서 점심을 준비해 다시 길을 걷는다. 교회와 호텔을 지나 전나무 숲길로 들어선다. 나바 Nava(2,523m) 목장에 이르러 한숨 돌리며 점심을 먹는다. 이곳에는 축사 건물이 있고, 주민이 거주하는 작은 집도 있다. 목장 위의 알파인 초원은 그야말로 무주공산이다. 어디선가 까마귀 떼가 날아와 알프스 창공의 자유를 만끽한다.

　　포르크레타 고개에 이르자 반대편에서 올라온 트레커 몇 명이 쉬고 있다. 걸어온 방향으로 멀리 몽블랑과 에귀뒤미디 형제들이 아스라하다. 걸어서 참 멀리도 왔다. 고개를 내려오면 넓은 초원 목장(2,488m)에 이른다. 시간이 늦어 하산을 재촉하는데, 뉘엿뉘엿 기우는 해가 내 그림자를 거인으로 만들어 놓는다. 꽃밭 가득 그림자가 가득하자 어느샌가 내가 온통 꽃이 된 것 같다. 어둑해진 그루번 Gruben(1,818m)에 도착하자 한기가 돈다. 그루번은 가게가 하나도 없는 마을이다.

1 그루번으로 가는 길에 만난 작은 호수는 알프스를 품고 있다.
2 지날은 설산들로 둘러싸인 산악 마을이다.

#9~10th Day: 별처럼 빛나는 체르마트의 불빛

아홉째 날. 그루번에서 생 니클라우스 St. Niklaus 구간은 건너뛰었다. 생 니클라우스에서 버스를 타고 그라헨 Grachen 에 이르러 오트루트를 잇는다. 사람들이 꽤 많고, 세련된 느낌을 주는 산악마을 그라헨은 몬테로사 일주 코스가 통과하는 길목이기도 하다. 산비탈에는 꽃으로 치장한 호텔들이 많이 들어서 있는데 분위기가 밝다. 사람들의 얼굴에도 화사한 미소가 가득하다.

마을의 중심인 교회를 지나면 호젓한 전나무 숲길이 나타난다. 향기를 맡으며 숲길을 통과하면 다시 마을길. 작은 교회 앞에 무릎 꿇은 어린 수사의 동상이 서 있다. 그 얼굴에 슬픔이 가득해 왠지 짠하다. 무슨 사연이 있는 것일까. 교회를 지나면 가즌리트 버스정류장이다. 생 니클라우스에서 그라헨을 지나 여기까지 버스가 다닌다. 가즌리트는 갈림길이다. 생 니클라우스에서 걸어 올라오면 이곳을 만난다. 이제 오트루트, 마터호른 일주, 몬테로사 일주가 공유하는 유로파벡 europaweg 구간을 걷는다. 그라헨~체르마트 산길을 따로 유로파벡이라고 부른다. 비교적 늦게 개발된 구간으로 험준한 산비탈을 걷는 길이다. 험하고 위험한 구간이 많지만 조망이 좋아 많은 트레커들이 애용한다.

가즌리트를 지나면 급경사가 끝없이 이어진다. 길가에 퍼질러 앉아 쉬는데 반가운 한국말이 들린다. 청주에서 온 산악회 회원들이다. 유로파 산장에서 자고 내려오는 길이라고 한다. 그들은 스위스인 가이드를 고용해 마터호른 일주 중이었다. "산장까지 언제 갈까~" 우리를 지나치며 걱정해 준다. 그때만 해도 우리 앞에 펼쳐질 길이 그토록 험난하리라는 걸 알지 못했다.

유로파벡 구간을 걷다 보면 마터호른이 살짝 고개를 내민다.

급경사가 끝나고 언덕에 올라서자 체르마트 방향 조망이 열린다. 멀리 마터호른이 눈에 들어온다. 손가락만 하게 보이지만 여러 산들 위로 우뚝 솟은 모습이 예사롭지 않다. 털썩 잔디밭에 주저앉아 감상에 빠진다. 그동안 마터호른을 만나기 위해 먼 길을 걸은 것처럼 느껴진다.

드넓은 알파인 초원 위에 동상 하나가 유독 눈에 띈다. 사람들의 안녕을 기원하기 위해 세운 성자상이다. 성자는 오른손으로 지팡이를 들어 괴물의 머리를 누르고, 왼손으로는 방향을 가리키고 있다. 성자상 뒤로 그라헨 마을과 첩첩의 알프스 산줄기가 시원하게 펼쳐진다. 성자상을 지나면 유로파벡의 난코스가 본격적으로 나타난다. 곧 무너져 내릴 것 같은 바위산의 허리를 타고 도는 길이다. 곳곳의 위험 구간은 로프를 잡고, 나무 널빤지 등을 밟으면서 통과한다. 대부분 팍팍한 너덜길이지만 전망만은 일품이다. 오른쪽 건너편으로 바이스호른 Weisshorn(4,506m)이 우뚝하며 그 위로 마터호른이 수시로 고개를 내민다. 그 풍경이 끝나는 지점에 종착점 체르마트가 숨어 있다. 너덜길이 잠시 푸른 초원길로 바뀌면 출렁다리가 나온다. 4명 이상은 건너지 말라는 경고판이 붙어 있다. 다리를 건너 서너 번 더 모퉁이를 돌자 나무로 만든 예쁜 유로파 산장이 눈에 들어온다. 여기서 오트루트의 마지막 밤을 맞는다. 식사와 샤워 후에 다시 산장 밖을 어슬렁거린다. 별처럼 빛나는 체르마트의 불빛을 바라보다가 늦게 잠자리에 들었다.

열흘째. 오트루트의 마지막 날이 밝았다. 길은 두 가지다. 유로파벡을 계속 따르는 험한 길과 란다 마을로 내려가 계곡길을 따르는 쉬운 길이다. 산장지기는 유로파벡 구간의 긴 철다리가 끊어졌다며 쉬운 길로 가라고 한다. 그의 조언대로 슬슬 고도를 내린다. 바이스호른을 바라보면서 울창한 숲길이 이어지고, 숲이 끝나면 란다 마을로 들어선다. 전통 가옥과 현대식 건물들이 어울린 소박한 마을이다.

1 유로파 산장에서 체르마트의 불빛이 보인다.
2 4명 이상은 건너지 말라는 경고판이 붙어 있는 출렁다리
3 사람들의 안녕을 기원하기 위해 세운 성자상

1 오트루트의 마지막 밤, 유로파 산장
2 체르마트 기차역을 만나면 오트루트가 끝난다.

　　마을길을 내려오면 메인 도로를 만나고 길은 계곡으로 이어진다. 옥빛 계곡 옆의 오솔길은 호젓하다. 골프장과 호수를 지나면 태쉬 기차역이 보인다. 태쉬 마을을 지나면 기차길 옆을 따른다. 빨간색 헬기들이 드나드는 헬기장을 지나면 대망의 체르마트 기차역을 만나면서 오트루트는 마침표를 찍는다. 시내 입구의 마트에서 맥주를 사와 기차역 앞에서 나의 오트루트 완주를 자축한다. 얼굴이 발그스레해지면서 그동안 걸어온 길이 주마등처럼 스친다. 오트루트를 걷기 전에는 이 길이 알프스의 전부처럼 생각됐다. 하지만 막상 걷고 나니 알겠다. 오트루트는 광대한 알프스의 길 중 하나였다. 광대한 알프스에는 길이 무궁무진하게 많고, 그 길 하나 하나가 모두 알프스다.

험준한 바위산의 허리를 타고 도는 유로파벡

Course Guide

1구간 브레방 산허리에서 몽블랑을 조망하는 길

[LEVEL] Ⓐ ★★★☆ Ⓑ ★★☆☆☆

코 스
Ⓐ 샤모니~플로리아 샬레~라 플레제르 산장~트레러샹
Ⓑ 샤모니~레 프라~아르장티에르

거리 Ⓐ 13.7㎞ Ⓑ 9㎞
시간 Ⓐ 7시간 Ⓑ 3시간
케이블카 레 프라~ 라 플레제르 산장
포인트 몽블랑과 3개의 빙하(투르 빙하, 아르장티에르 빙하, 메르 빙하) 감상
식사 플로리아 샬레, 라 플레제르 산장
숙소 트레러샹의 호텔, 아르장티에르의 캠핑장

몽블랑의 맞은편 봉우리인 브레방 산허리를 따르며 몽블랑 산군을 조망하는 멋진 길이다. 시간 여유가 있으면, 락 블랑 호수를 들렀다 가자. 오후에 출발한다면 샤모니에서 평탄한 계곡길을 따라 아르장티에르까지가 적당하다.

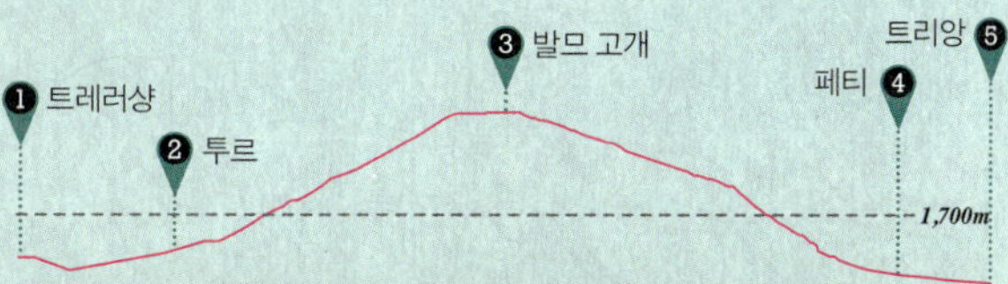

2구간 프랑스에서 스위스로, 걸어서 국경 넘기

[LEVEL] ★★★☆☆ / ★★☆☆☆ (케이블카)

코 스 트레러샹(아르장티에르)~투르~발므 고개~트리앙(페티)

거리 11.7㎞
시간 6시간/3시간(케이블카)
케이블카 투르~발므 고개 앞
포인트 발므 고개에서 펼쳐지는 장쾌한 조망과 야생화 군락
식사 투르
숙소 페티 산장, 페티 캠핑장

프랑스와 스위스의 국경인 발므 고개를 넘어 스위스로 들어간다. 투르에서 발므 고개까지는 가파른 오르막이다. 하지만 케이블카를 이용하면 발므 고개 앞 레 조탄느까지 올라갈 수 있다. 발므 고개는 꽃밭이 넓게 펼쳐진 고원이다. 발므 고개를 내려오면 트리앙이다.

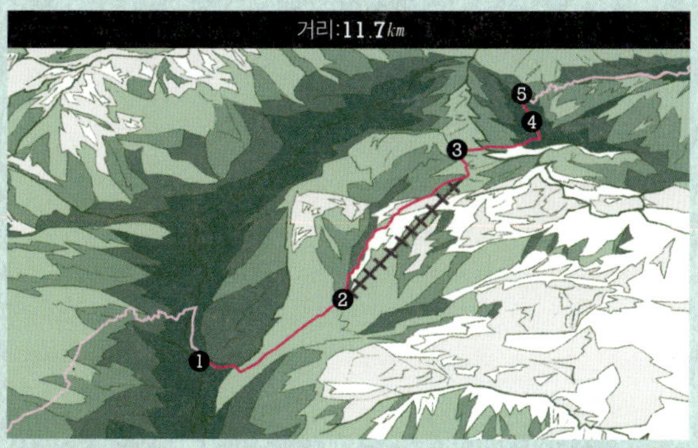

Course Guide

3구간 험준한 고개를 넘어 만나는 호수 마을

[LEVEL] Ⓐ ★★★★☆ Ⓑ ★★★★★

코 스
Ⓐ 트리앙~포르크라 고개~보빈 산장~샹페
Ⓑ 페티~다르페트 고개~샹페

거리 Ⓐ 14.8km Ⓑ 16km
시간 Ⓐ 7시간 Ⓑ 8시간
포인트 고개에서 펼쳐지는 알프스 조망, 예쁜 샹페 호수
식사 보빈 산장
숙소 샹페의 호텔, 샹페 캠핑장

험준한 고개를 넘어 샹페로 가는 길이다. 두 개의 루트가 있는데, 수월한 길은 투르 드 몽블랑(TMB)이 이용하는 포르크라 고개~보빈 산장 코스다. 다른 길은 험준한 다르페트 고개(2,665m)를 넘어 샹페에 도착하는 코스로, 힘들지만 트리앙 빙하를 볼 수 있다. 종착지인 샹페는 호수가 아름다운 마을로 호텔, 캠핑장 등을 잘 갖추었다.

4구간 산에서 내려와 전통마을을 지나는 구간

[LEVEL] ★★★☆☆

코 스 샹페~상브랑쉬~러 샤블

거 리 15.5km **시간** 5시간
포인트 상브랑쉬 전통마을의 아름다움
식사 상브랑쉬의 식당
숙소 러 샤블의 호텔

험준한 고개를 넘지 않는 쉬운 구간으로 매력적인 상브랑쉬 전통마을을 들른다. 시간이 없다면 이 구간을 생략한다. 러 샤블에 도착해 케이블카를 이용해 몽포트 산장까지 가면 하루를 줄일 수 있다.

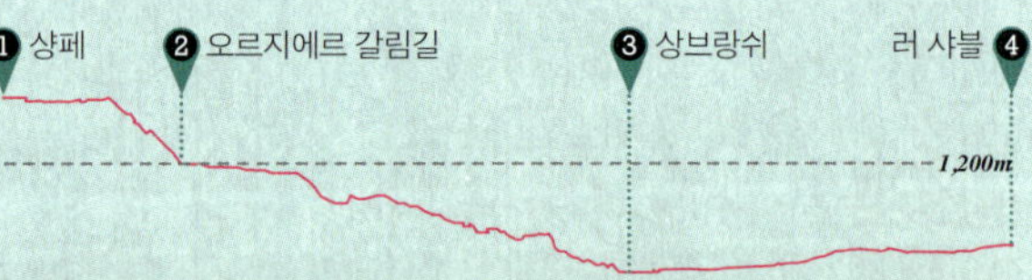

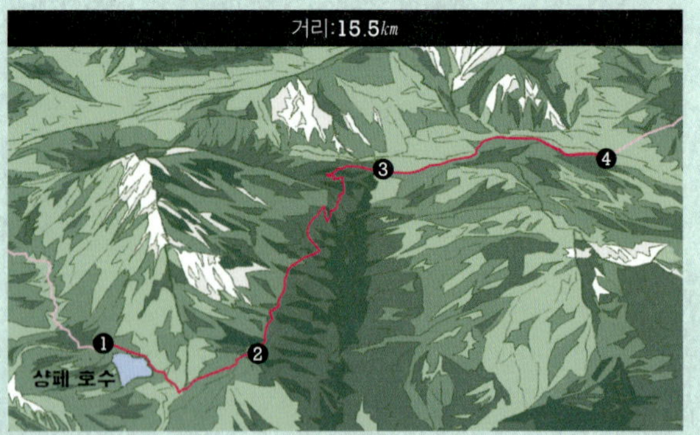

Course Guide

[코스별 가이드]

5구간　　**산장 숙박이 주는 감동의 물결**　　　　[LEVEL] Ⓐ ★★★☆☆ Ⓑ ★★★★☆

코 스　Ⓐ 러 샤블~레 뤼네뜨~브우 호수~몽포트 산장
　　　　Ⓑ 러 샤블~몽포트 산장

거리　Ⓐ 12.3㎞ Ⓑ 10.2㎞
시간　Ⓐ 6시간 Ⓑ 6시간
케이블카　러 샤블~레 뤼네뜨
포인트　알프스에서 가장 고풍스러운 몽포트 산장을 즐기자
식사·숙소　몽포트 산장

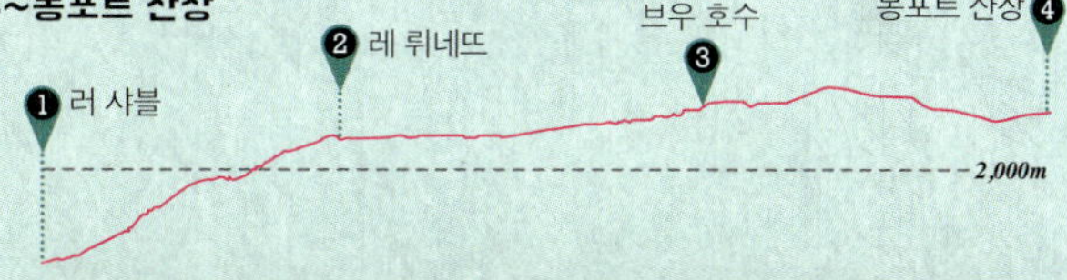

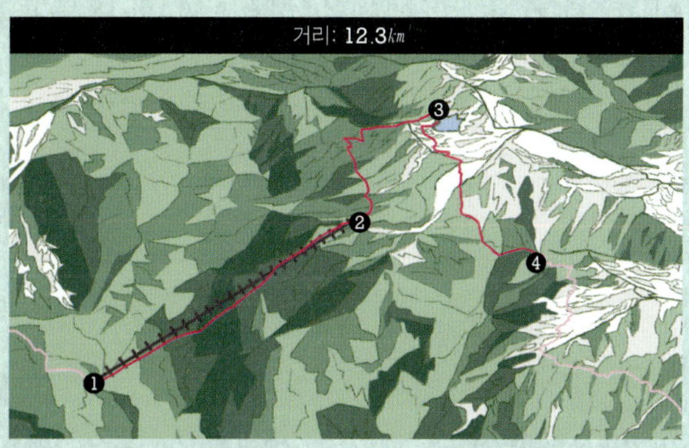

러 샤블에서 몽포트 산장으로 가려면 가파른 오르막을 올라야 한다. 러 샤블에서 케이블카와 스키 리프트를 갈아타면 레 뤼네뜨까지 갈 수 있다. 여기서 몽포트 산장까지 1시간 10분 거리다. 레 뤼네트에서 곧장 산장으로 가지 않고, 아름다운 브우 호수를 들른 다음 가는 게 좋다.

6구간　　**3개의 고개를 넘는 가장 힘든 구간**　　　　[LEVEL] ★★★★★

코 스　몽포트 산장~테르민 고개~루비에 고개~
　　　　프라프레리 고개~프라프레리 산장

거 리　14.5㎞　　**시간**　8시간
포인트　알프스의 거친 속살을 만나다
식사·숙소　프라프레리 산장

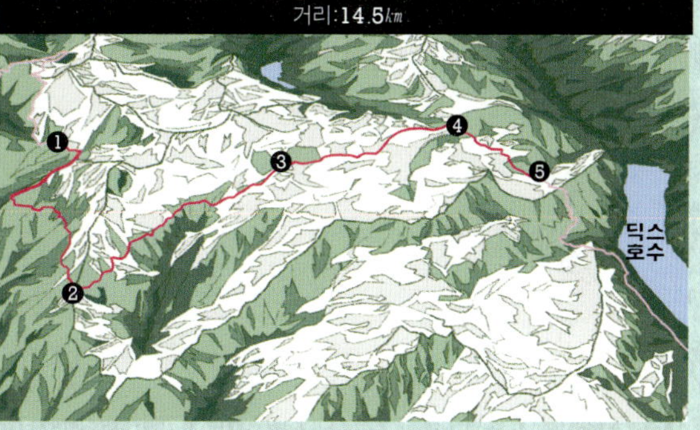

오트루트를 통틀어 가장 스펙터클하며 힘든 코스다. 세 개의 고개를 넘어 프라프레리 산장까지 이어진다. 산허리를 타고 테르민 고개를 넘는 길과 쇼 고개를 넘는 길이 있는데, 항상 변수가 있으므로 산장지기에게 물어본 뒤 선택하는 것이 좋다. 보통 거리는 멀지만 상대적으로 쉬운 테르민 고개를 넘는다. 테르민 고개까지는 황홀한 알파인 꽃밭이지만, 루비에 고개와 프라프레리 고개는 거친 모레인 지대다. 프라프레리 산장은 많은 사람이 이용하므로 단체의 경우 꼭 예약해야 한다.

Course Guide

[코스별 가이드]

7구간 거칠고 풍요로운 알프스를 만끽하는 구간   [LEVEL] ★★★★☆

코 스   프라프레리 산장~루 고개~딕스 호수~ 쉐브르 고개
(리에드마텡 고개)~아롤라

거 리 15km   **시간** 7시간

포인트 광활한 딕스 호수와 험난한 리에드마텡 고개

식사 아롤라의 식당

숙소 아롤라 빙하 호텔, 아롤라의 호텔과 캠핑장

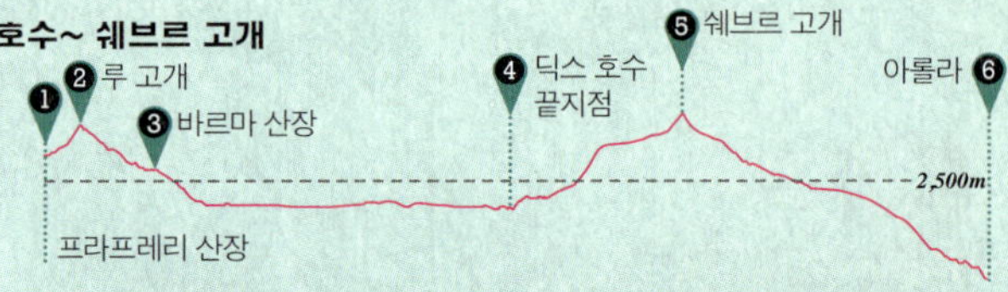

길고 힘들지만 황홀한 코스다. 루 고개에 오르면 수려한 알프스 봉우리들을 배경으로 거대한 딕스 호수가 펼쳐진다. 아롤라로 가려면 쉐브르 고개 또는 리에드마텡 고개를 넘어야 하는데, 어느 고개를 넘어도 상관없다. 아롤라는 호젓한 알프스 산간마을로 호텔과 캠핑장이 있다.

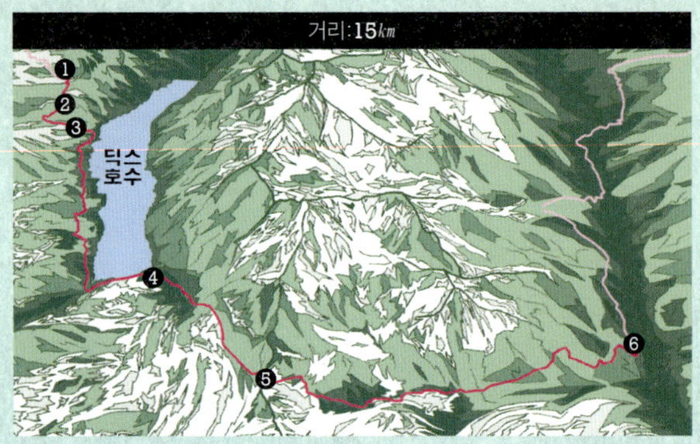

8구간 꽃밭과 호수가 어우러진 선물 같은 구간   [LEVEL] ★★★☆☆

코 스   아롤라~블루 호수~레 조데르~라 사저

거 리 11.3km   **시간** 4시간

포인트 부드러운 길에 가득한 야생화, 에메랄드빛 블루 호수

식사 레 조데르, 라 사저의 식당

숙소 라 사저의 호텔

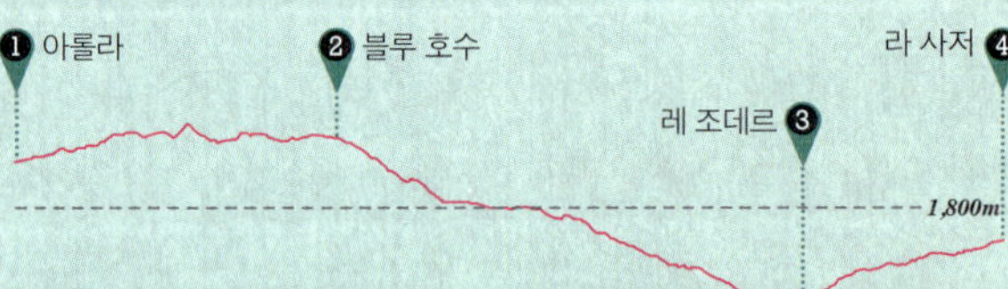

그동안 험준한 길을 걸어온 데 대한 보답처럼 쉽고 예쁜 길이다. 초반 산허리길에는 야생화가 가득하고, 블루 호수는 보석처럼 예쁘다. 일정에 여유가 없는 사람들은 이 구간을 생략해도 된다.

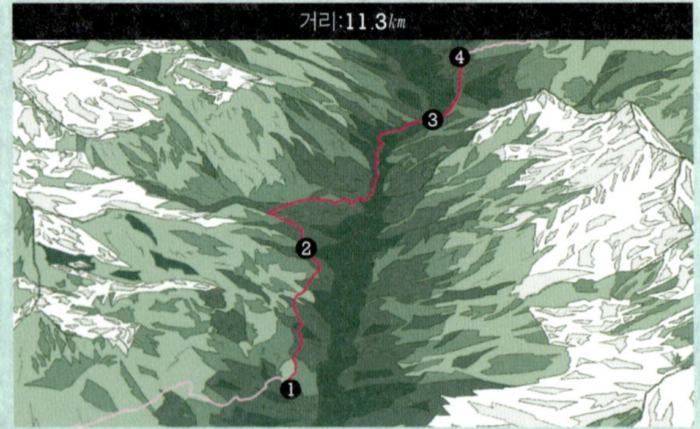

Course Guide

9구간 버스 또는 케이블카로 지날까지

[LEVEL] Ⓐ ★★★★★ Ⓑ ★★★☆

코 스
Ⓐ 라 사저~사티 고개~무아리 댐~소레부아 고개~지날
Ⓑ 라 사저~토랑 고개~무아리 댐~소레부아 고개~지날

- **거리** Ⓐ 18.3km Ⓑ 17km
- **시간** Ⓐ 10시간 Ⓑ 9시간
- **케이블카** 소레부아 고개~지날
- **포인트** 무아리 댐의 장대한 스케일
- **식사** 무아리 댐 휴게소, 지날의 식당
- **숙소** 지날의 호텔

에메랄드빛이 장관인 무아리 호수와 무아리 빙하의 거친 모습이 일품이다. 가이드북에서는 무아리 산장 1박을 권하는데, 하루에 끝내는 것이 좋다. 다른 코스와 달리 버스가 다니고, 케이블카도 있기 때문이다. 라 사저에서 사티 고개 대신 토랑 고개를 넘으면 좀 더 가깝다. 무아리 댐에서 지날 가는 버스가 다닌다.

10구간 먼 길 걸어 만나는 알프스 깊은 산골

[LEVEL] ★★★★☆

코 스 지날~포르크레타 고개~그루번

- **거리** 16.8km **시간** 8시간
- **포인트** 스위스 사람도 잘 모르는 알프스의 오지
- **식사** 그루번의 식당
- **숙소** 그루번의 슈바르츠호른 호텔

지날에서 포르크레타 고개를 넘어 그루번에 이르는 단순하면서 힘준한 길이다. 시간 없는 트레커들은 대개 이 구간을 건너 뛴다.

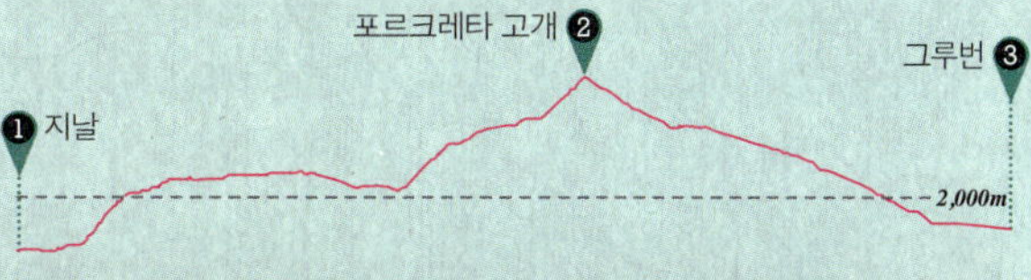

Course Guide

11구간　종착점 체르마트를 내려다보는 구간　　　[LEVEL] ★★★★☆

코 스　그루번~아우그스트보드패스~융겐~생 니클라우스

- **거 리**　14.9km　**시간**　7시간
- **케이블카**　융겐~생 니클라우스
- **포인트**　아우그스트보드패스의 조망과 융겐 전통 가옥
- **식사**　생 니클라우스의 식당
- **숙소**　생 니클라우스의 호텔

험준한 고개를 넘어 대망의 체르마트를 바라보며 내려오는 코스다. 융겐에서 케이블카를 이용해 생 니클라우스로 내려올 수 있다.

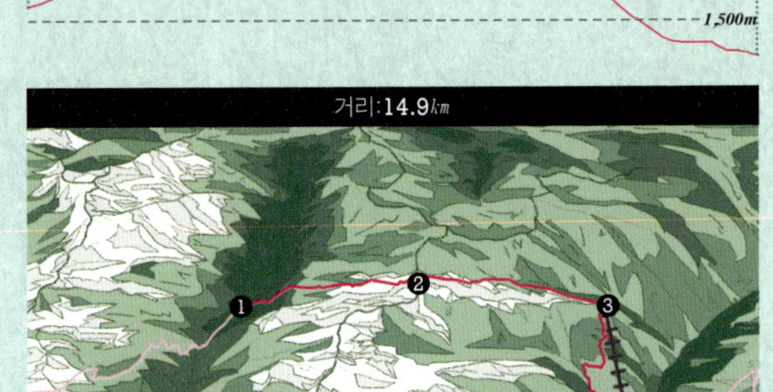

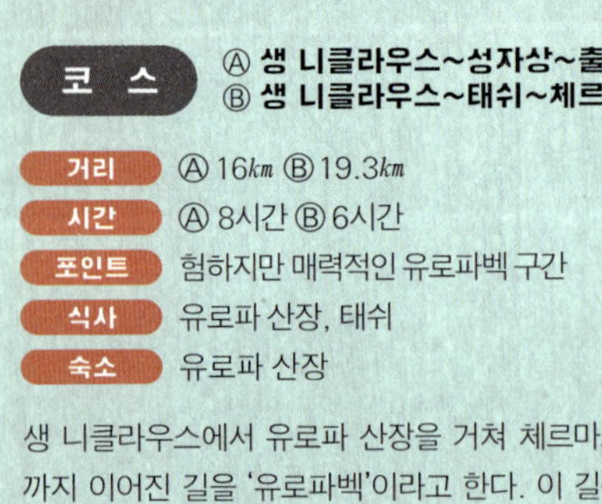

12구간　체르마트 직전의 마지막 고비　　　[LEVEL] Ⓐ ★★★★★ Ⓑ ★★☆☆☆

코 스　Ⓐ 생 니클라우스~성자상~출렁다리~유로파 산장
　　　　Ⓑ 생 니클라우스~태쉬~체르마트

- **거리**　Ⓐ 16km Ⓑ 19.3km
- **시간**　Ⓐ 8시간 Ⓑ 6시간
- **포인트**　험하지만 매력적인 유로파벡 구간
- **식사**　유로파 산장, 태쉬
- **숙소**　유로파 산장

생 니클라우스에서 유로파 산장을 거쳐 체르마트까지 이어진 길을 '유로파벡'이라고 한다. 이 길은 조망과 풍경이 탁월하지만, 거칠기 짝이 없는 너덜길이 이어진다. 비가 오거나 날씨가 궂을 때는 위험하므로 가지 않는 것이 좋다. 유로파 산장은 이용자가 많으므로 단체의 경우 예약하는 것이 좋다.

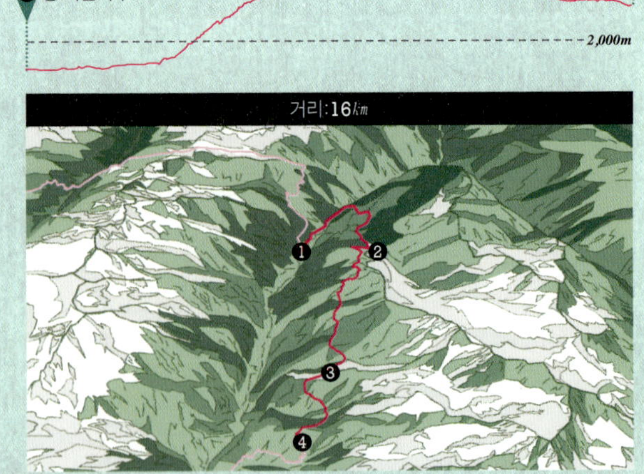

Course Guide

13구간 대망의 체르마트를 밟다

[LEVEL] ★★ ☆☆☆

코 스 유로파 산장~란다~
태쉬~체르마트

거 리 13.6㎞ **시 간** 4시간
포인트 기찻길 따라 체르마트로 가는 호젓한 길
식 사 태쉬, 체르마트
숙 소 체르마트의 호텔, 마터호른 캠핑장

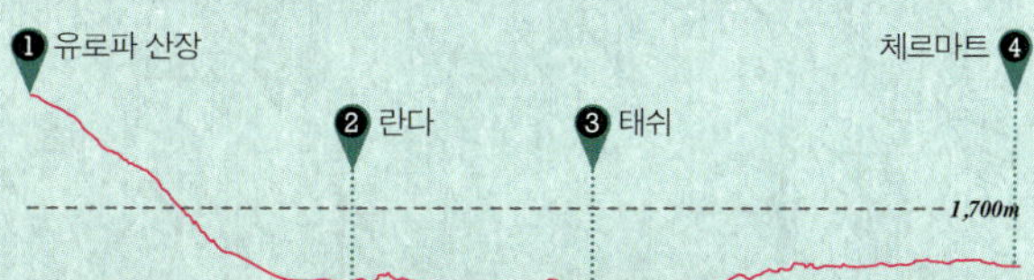

유로파벡 구간 중 유로파 산장을 지나면 나오는 긴
철다리가 있다. 이 다리는 몇 년 전부터 끊겼고, 유
로파벡을 이으려면 아주 먼 길을 돌아야 한다. 유
로파 산장의 산장지기는 란다 마을로 내려와 계곡
길을 따라 체르마트로 가는 길을 권한다.

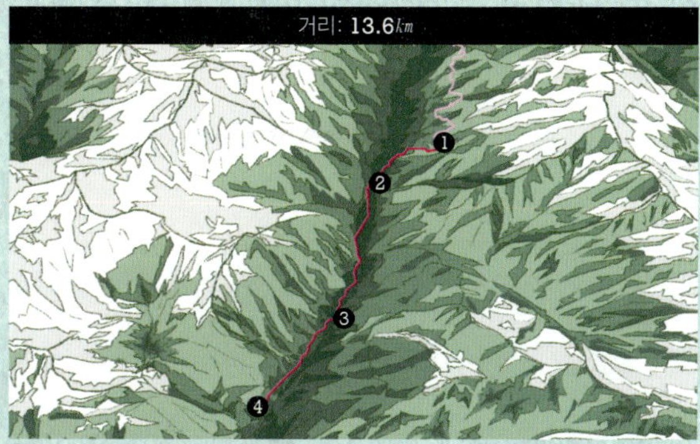

Special page

알프스의 베이스캠프, 샤모니와 체르마트 둘러보기

알프스를 대표하는 마을은 프랑스의 샤모니 Chamonix와 스위스의 체르마트 Zermatt다. 샤모니에 '알프스의 최고봉'인 몽블랑이 버티고 있다면, 체르마트에는 '유럽에서 가장 우아한 봉우리'로 불리는 마터호른 Matterhorn이 우뚝하다. 두 마을은 알프스 여행, 트레킹, 등반의 베이스캠프 역할을 한다.

거대한 바위산 속에 있는 에귀뒤미디 전망대

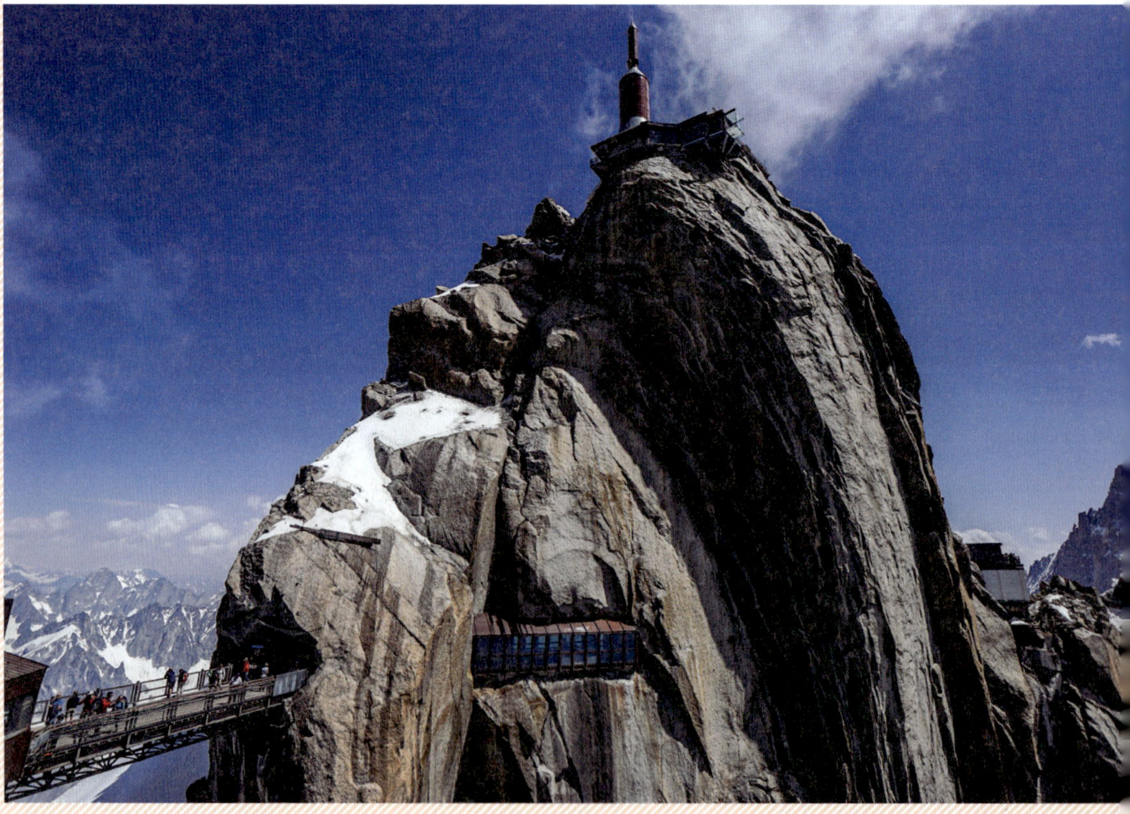

알프스의 허공을 걷는
듯한 느낌을 주는 3482
테라스의 유리 전망대

#SCENE1: 알프스 최고 전망대, 샤모니 에귀뒤미디 전망대

에귀뒤미디 Aiguille du Midi 는 몽블랑 바로 옆에 있는 화강암 봉우리다. 우리말로 '정오의 바늘'이란 뜻으로 이름처럼 매우 뾰족하다. 1955년 완공한 케이블카 덕분에 누구나 전망대에 올라 몽블랑 일대의 장대한 풍경을 즐길 수 있다.

에귀뒤미디 전망대에 가려면 케이블카를 두 번 타야 한다. 샤모니 승강장 (1,030m)에서 케이블카를 타면 플랑드레귀 Plan de l'Aiguille (2,317m)에서 갈아타 에귀뒤미디 상부 승강장까지 오를 수 있다. 차창 밖으로 에귀뒤미디 주변의 설릉을 오르는 산악인들을 보면 가슴이 콩닥콩닥 뛴다. 알프스의 심장부에 들어왔음을 실감할 수 있다.

에귀뒤미디 승강장에 도착하면 3,777m 높이 때문에 가벼운 호흡곤란이나 두통을 느낄 수 있다. 따라서 천천히 걸으며 고도에 적응하는 것이 좋다. 고속 엘리베이터를 타고 65m쯤 올라가면 2013년에 설치된 유리 전망대 Step into the void 가 있다. 유리 전망대는 입구를 제외한 모든 면이 유리로 되어 있다. 실내화로 갈아 신고 유리 위에 서면 마치 알프스의 허공을 걷고 있는 듯한 착각과 전율이 일어난다.

전망대를 나오면 에귀뒤미디의 하이라이트가 기다리고 있다. 파노라믹 몽블랑 곤돌라는 최대 4명까지 탈 수 있으며 3량씩 짝을 지어 거대한 빌레 블랑슈 빙하를 가로지른다. 이탈리아에 속하는 헬브레너(3,466m) 전망대까지 왕복하는 데 1시간이 걸린다. 곤돌라에서 내려다보는 빙하의 모습이 압도적이다. 빙하를 가로지르는 산악인들의 모습이 경이롭다.

🚗 **교통** : 샤모니를 제대로 구경하려면 몽블랑 멀티패스(http://www.compagniedumontblanc.fr)를 끊는 게 저렴하다. 샤모니의 단거리 기차, 버스, 케이블카(에귀뒤미디, 브레방 등) 등을 모두 탈 수 있다. 에귀뒤미디 로프웨이 매표소에서 구입할 수 있고, 홈페이지에서 가격, 설비와 운영 여부, 웹캠 등 다양한 정보를 얻을 수 있다. 에귀뒤미디 전망대~헬브레너 구간은 별도의 티켓을 구매해야 한다.

#SCENE2: 페나인 알프스 전망대, 체르마트 고르너그라트

체르마트는 알프스의 중심부인 페나인 알프스 봉우리들에 둘러싸인 산악마을이다. 설산과 스위스 전통 가옥이 어우러져 체르마트만의 독특한 풍경이 아름답다. 몽블랑이 에귀디미디 등의 화강암 봉우리들과 어우러져 있다면, 마터호른은 홀로 독야청청하다. 피라미드 형태의 경이로운 자태는 몽블랑과 비교해도 뒤떨어지지 않는다. '유럽에서 가장 우아한 봉우리'란 산악인들의 찬사에 고개가 절로 끄덕여진다.

샤모니에 에귀뒤미디 전망대가 있다면, 체르마트에는 고르너그라트 Gornergrat 전망대가 있다. 체르마트에서 고르너그라트반 Gornergrat bahn 산악열차를 타면 몇 개의 역을 거쳐 고르너그라트역(3,089m)에 도착한다. 고르너그라트 전망대

1 체르마트는 스위스
  전통가옥과 마터호른이
  어우러져 있는 마을이다.
2 고르너그라트 전망대에서
  바라본 마터호른

는 호텔 뒤쪽에 자리한다. 스위스에 있는 34개의 4,000m급 봉우리 중에서 29개
가 보인다고 한다. 알프스 2위봉 몬테로사, 마터호른, 당블랑슈 등이 병풍처럼 둘
러싸고 있다. 사람들은 하염없이 마터호른을 바라본다. 그만큼 늠름하고 당당한 자
태가 눈길을 사로잡는다. 고르너그라트에서는 가벼운 트레킹 코스를 걸어보는 것
도 좋다. 1.9km의 전망길(고르너그라트~로텐보덴)과 3km의 리펠 호수길(로텐보
덴~리펠베르크)을 이어서 걷는 길은 아름다운 마터호른을 볼 수 있어 환상적이다.

TIP

교통 : 고르너그라트반 열차 승강장은 체르마트역 바로 앞에 있다.
고르너그라트행 첫차는 07:00에 출발하고 08:00~19:24 사이에는
24분 간격으로 운행한다. 운행 시간은 상행선 33분, 하행선 44분이다. 스위
스 트래블 패스가 있으면 요금이 50% 할인된다. 일부 구간은 트레킹을 즐길
수 있으므로 왕복표보다는 필요한 구간만 구입하는 게 좋다.

캠핑 : 마터호른 캠핑장은 체르마트에서 가장 저렴한 캠핑장이다.
체르마트 기차역에서 가까워 편리하다.

04
Sils Maria
실스마리아

ilsivara

영화 '클라우즈 오브 실스마리아'를 찾아서

실스마리아 Sils Maria

장소　스위스 생 모리츠(장크트 모리츠)·실스마리아

난이도 ▲▲△△△　　풍경 ▲▲▲▲△　　편의성 ▲▲▲▲△

2014년 개봉한 줄리엣 비노쉬 주연의 영화 '클라우즈 오브 실스마리아'를 감동적으로 봤다. 무엇보다 영화의 배경이 된 실스마리아의 풍광에 홀딱 반해버렸다. 알고 보니 실스마리아는 철학자 니체가 요양하면서 『차라투스트라는 이렇게 말했다』 등의 저작을 남긴 평화롭고 아름다운 마을이었다. 영화 주인공이 산책하던 멋진 트레킹 코스가 코르바치와 수를레이의 산허리를 타고 도는 '센다 수를레이'다.

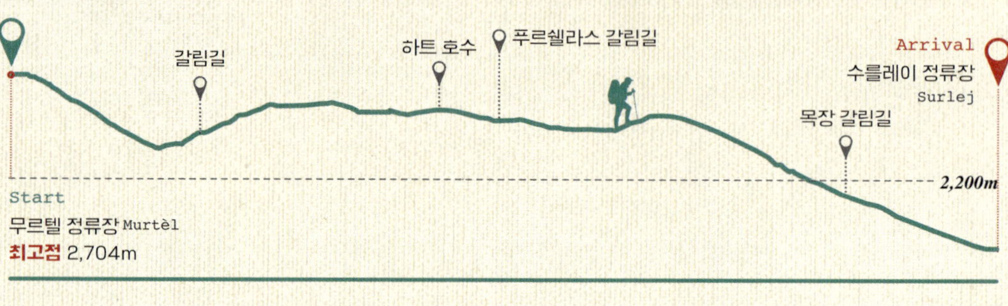

일정 : 1일 **시즌** : 5~10월(베스트 시즌 6~7월)

베스트 뷰포인트 : 실스 호수와 실바플라나 Silvaplana 호수, 두 호수 사이의 실스마리아, 알프스 봉우리들이 어우러진 모습 등

코스 : ❶ 무르텔 정류장 ❷ 갈림길 ❸ 하트 호수 ❹ 푸르쉘라스 갈림길 ❺ 갈림길 ❻ 목장 갈림길 ❼ 수를레이 정류장 ❽ 코르바치 정류장 ❾ 실바플라나 ❿ 실바플라나 캠핑장 ⓫ 실스마리아 ⓬ 니체하우스

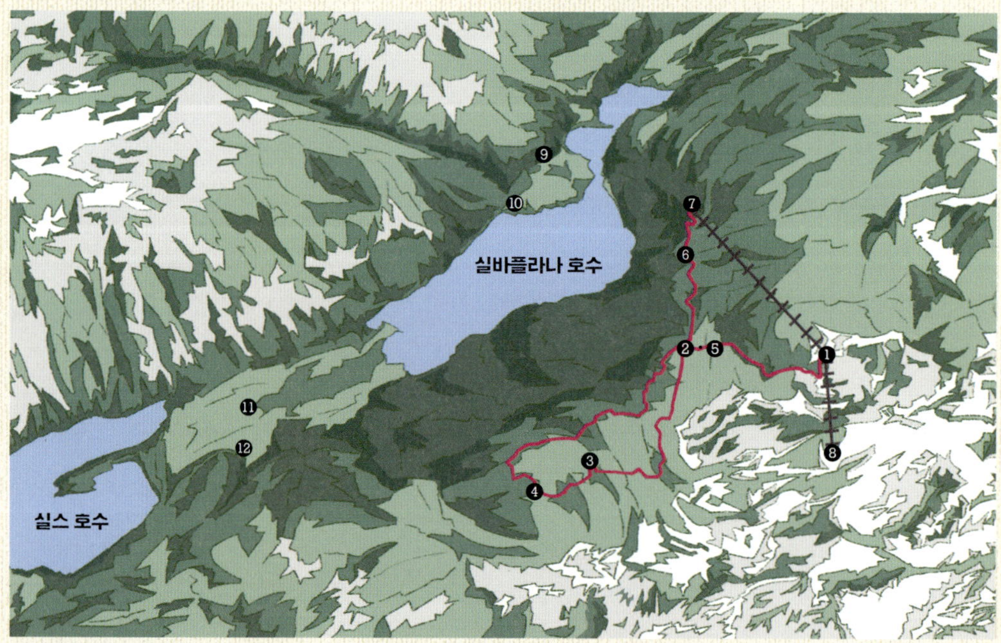

02 STORY

스위스 그라우뷘덴 Graubünden주의 엥가딘 고원 Upper Engadine은 크고 작은 호수와 알프스 동부 봉우리가 어우러진 명소다. 스위스 및 유럽 사람들의 고급 휴양지이며 '알프스 지역 축제의 장'으로 일컬어진다. 엥가딘 고원 위에 생 모리츠와 실스마리아가 자리한다. 생 모리츠에서는 동계올림픽이 열리기도 했다(제2회, 제5회). 동부 알프스에서 가장 높은 베르니나 Bernina(4,049m) 봉우리를 필두로 코르바치, 피츠 팔뤼 Piz Palü 등이 베르니나 알프스를 구성한다.

03 BOOK & MOVIE

BOOK 『Lonely Planet Discover Switzerland』 안그라픽스, 2015
스위스의 다양한 여행 스폿을 설명한 책. 실스마리아 일대 정보가 잘 나와 있다.
MOVIE 〈클라우즈 오브 실스마리아 Clouds of Sils Maria〉, 2014
스위스 실스마리아를 배경으로, 한 인간의 늙어감과 욕망에 관한 이야기를 담고 있다.

04 HOW TO ENJOY

코르바치 전망대에 올라 엥가딘 고원의 풍경을 먼저 즐기자. 트레킹에 앞서 케이블카를 타고 가장 높은 코르바치 전망대까지 올라가 장대한 엥가딘 고원의 풍경을 즐기는 것이 순서다. 실스 호수와 실스마리아, 동부 알프스 봉우리가 어우러진 모습이 환상적이다. 트레킹을 마치면 실스마리아로 이동해 평화로운 풍경과 니체하우스 등을 감상하자.

05 HOW TO PLAN

영화 주인공이 산책한 길을 통과하는 '센다 수를레이' 코스다. 이 길은 그라우뷘덴주 49개 로컬 루트 중 하나인 719번 코스다. 루트는 폰트레시나 Pontresina(1,775m)에서 출발해 푸오클라 수를레이 Fuorcla Surlej(2,755m) 고개를 넘어 실스마리아까지 21㎞ 가량 이어진다. 하지만 코르바치 케이블카를 이용하면 쉽고 편하게 걸을 수 있다. 추천하는 코스는 무르텔 정류장에서 출발해 꽃밭 가득한 6개 호수를 둘러보고 수를레이 정류장으로 내려가는 길이다.

Traveler's Note
[여행작가의 노트]

항공 : 스위스의 취리히 공항 Zurich Airport 또는 제네바 공항 Geneva Airport을 이용한다. 대한항공은 취리히 공항으로 취항한다. KLM, 에어프랑스 등은 제네바 공항으로 취항한다.

교통 : 빙하 특급열차, 베르니나 특급열차가 정차하는 장크트모리츠역 앞 버스정류장에서 매시 4분, 34분에 출발하는 1번 버스를 타면 수를레이 정류장 앞에 도착한다. 소요 시간은 18분. 실스마리아로 가려면 매시 8분에 출발하는 4번 버스를 타면 된다. 소요 시간은 21분. 스위스 트래블 패스 소지자는 케이블카 이용료가 50% 할인된다.

숙소 : 실바플라나 호숫가에 자리한 실바플라나 캠핑장 Campingplatz Silvaplana(+41 818 288492, http://www. campingsilvaplana.ch)은 스위스에서 아름답고 시설 좋은 캠핑장으로 손꼽힌다.

아름답고 시설 좋은 실바플라나 캠핑장

식사 : 식사는 수를레이 · 무르텔 · 코르바치 정류장의 레스토랑을 이용한다. 미리 샌드위치 등의 점심을 준비해 꽃밭에서 먹는 것이 좋다.

장비 : 중등산화가 좋지만 트레킹화도 무리가 없다. 날씨가 변화무쌍해 우비와 바람막이는 챙겨야 한다. 스틱이 있으면 걷기가 편하다.

지도 : 스위스모빌리티 홈페이지(www.schweizmobil.ch)와 앱에서 지도와 정보를 얻을 수 있다. 하이킹 Hiking → 로컬 루트 Local route → 719번 센다 수를레이 순으로 찾으면 된다.

안내 표시 : 노란색의 719번 트레킹을 알리는 입간판과 6개 호수 둘레길을 알리는 이정표가 있다.

트레킹을 알리는 입간판

☑ check list

- 일정 : 준비 10일 + 트레킹 여행 5박
- 경비 : 약 300만 원
- 교통 : 항공, 기차, 버스 등
- 숙박 : 캠핑, 산장, 호텔
- 장비 : 중등산화, 스틱, 의류 등
- 비자 : 90일 무비자
- 환전 : 스위스 프랑(CHF)

TIP 유로를 쓸 수 있지만, 스위스 프랑을 쓰는 것이 유리하다.

- 언어 : 영어

실스마리아가 한눈에 펼쳐진 코르바치 전망대

수를레이 정류장 - 무르텔 정류장 - 코르바치 전망대

영화 속 실스마리아는 늦가을이었다. 깊은 가을 풍경은 묵직한 영화의 주제를 더욱 돋보이게 해주었다. 직접 찾아온 실스마리아의 여름은 눈부시게 화창했다. 총천연색 야생화가 가득하고 크고 작은 호수들은 바다처럼 푸르렀다. 상상 이상이었다. 눈부신 생명력으로 꿈틀거리는 풍경 속에서 몸과 마음이 달떠 걷고 또 걸었다.

트레킹 기점은 케이블카가 다니는 수를레이 정류장이다. 여기서 대형 케이블카를 타고 15분쯤 가면 무르텔 중간 정류장이 나온다. 이곳 고도가 2,700m가 넘는다. 약 1,800m 높이의 엥가딘 고원 위에 자리한 탓이다. 실제 트레킹 출발은 무르텔 정류장이지만, 우선 코르바치 전망대까지 케이블카로 올라 장대한 조망을 즐기는 것이 순서다. 3,303m 높이의 코르바치 전망대는 스위스에서 세 번째로 높다고 한다.

1 수를레이 정류장에서 무르텔 정류장으로 가는 케이블카
2 3,303m 높이의 코르바치 전망대

　　케이블카 문이 열리자 갑자기 한기가 몰려온다. 주변은 온통 설산으로 가득하다. 앞쪽으로 험상궂게 생긴 무르텔(3,433m) 봉우리가 떡 버티고 있다. 그곳 설사면으로 두 명의 산악인이 한 발짝 한 발짝 우직하게 정상으로 향하고 있다. 전망대 옥상에 오르자 시야가 넓게 열린다. 무르텔봉 뒤로 주봉인 베르니나봉이 보이고, 그 뒤로 베르니나 알프스의 고봉들이 첩첩으로 산그리메를 펼쳐놓는다.

　　영화 속 풍경은 반대쪽인 북쪽이다. 실스 호수와 실바플라나 호수, 호수 가운데 자리한 실스마리아 마을, 그리고 동부 알프스 봉우리들이 어울린 모습이 환상적이다. 가야 할 트레킹 코스를 어림짐작해본다. 산허리로 크고 작은 호수가 보이는데, 길은 호수를 둘러보기 좋게 나 있다. 전망대에서 나오면 만년설 눈밭을 걸을 수 있다. 사각사각~ 눈길을 걷다가 눈밭에 드러누웠다. 하늘이 무섭도록 퍼렇다. 코르바치 전망대에서 풍경을 마음껏 즐겼으면 이제 걸을 차례다.

첩첩으로 산그리메를 펼쳐놓은 베르니나 알프스의 고봉들

6개의 호수를 지나는 길

다시 케이블카를 타고 무르텔 정류장에 내려 트레킹을 시작한다. 넓은 임도길을 따라 내려오면 꽃동산이 나타난다. 언덕 전체가 꽃으로 가득한 그야말로 꽃대궐이다. 미나리아재비와 동의나물 같은 노란 꽃들이 그득하다. 꽃과 어우러진 실스 호수와 실바플라나 호수의 풍경은 천국처럼 보였다. 꽃동산을 지나면 임도길과 오솔길이 갈린다. 임도길로 갔다가 오솔길로 돌아오는 것이 좋다. 시원한 바람을 맞으며 언덕을 오르면 겨울철에 운행하는 리프트 정류장과 서너 개의 작은 호수가 보인다. 트레킹 코스는 그곳으로 이어진다. 임도의 끝자락에 다다르면 이곳 고원에서 가장 큰 호수가 나온다. 호수가 잘 보이는 언덕에 오르자 생김새가 하트 모양이다. 내 눈에도 뿅뿅 하트가 그려진다.

트레킹 중 꽃밭에 누워 두 개의 호수를 한눈에 바라본다.

6개의 호수 중 가장 큰 하트 모양의 호수

하트 호수 옆의 작은 터널 같은 곳을 통과하면 다시 임도를 만난다. 임도를 따라가면 앞쪽으로 푸르쉘라스 케이블카 정류장이 있는데 지금은 운행하지 않는다. 정류장에서 더 내려가면 실스마리아 마을이 나온다. 하지만 경사가 가파르고, 아직 고원에서 볼 것이 많기에 반대편 오솔길을 따른다. 다시 꽃길이 이어지고 서너 개의 작은 호수를 연달아 만난다. 이 호수들이 '센다 수를레이' 트레킹의 숨은 보물이다. 마치 양탄자를 깔아놓은 듯한 초지에 누군가 빼곡하게 야생화를 수놓았다. 여러 곳의 다양한 알프스를 봤지만 이렇게 야생화가 많은 곳은 처음이다. 꽃밭에 앉아 준비해간 샌드위치를 입에 넣는다. 실스마리아의 싱그러움이 내 안으로 들어오는 느낌이다.

다시 길을 걷다 보면 누군가 쉬었다 가라고 언덕 위에 벤치를 만들어 놓았다. 벤치에 앉자 짙푸른 실스 호수가 눈에 들어온다. 영화 주인공 줄리엣 비노쉬와 크리스틴 스튜어트가 실스 호수를 바라보던 장소를 짐작해본다. 그들은 실스 호수를 바라보며 '말로야 스네이크'를 기다렸다. '말로야 스네이크'는 이탈리아 코모 호수에서 피어오른 안개가 실스마리아 서쪽 말로야 패스의 나직한 골짜기로 굽이쳐 올라오는 모양이 마치 뱀 같아서 붙은 이름이다. 영화 마지막 부분에 스멀스멀 뱀처럼 몰려와 계곡과 마을을 가득 메우는 장면이 나온다. 그 모습을 상상하니 가슴이 벅차오른다.

　　슬슬 엉덩이를 털고 일어나니 휘파람이 절로 나오는 오솔길이 펼쳐진다. 실바플라나 호수를 바라보면 덩실덩실 어깨춤이 절로 나온다. 무르텔 정류장에서 내려와 만난 갈림길을 지나면 내리막 임도가 나온다. 허공에서 빨간 케이블카가 무르텔을 향해 열심히 올라간다. 구불구불 임도를 한동안 내려오면 울창한 전나무숲을 지나 수를레이 정류장을 만난다. 이제 실스마리아로 이동해 니체를 만날 차례다.

Course Guide
[코스별 가이드]

1구간　꽃과 호수가 어우러진 고원 길　　[LEVEL] ★★☆☆☆

코　스　무르텔 정류장~갈림길~하트 호수~
갈림길~수를레이 정류장

거리 9.7km　**시간** 5시간
식사 무르텔 정류장의 레스토랑

케이블카를 이용해 무르텔 정류장까지 올라간다. 여기서 출발해 코르바치 산허리의 6개 호수 일대를 둘러본다. 호수 주변은 온통 꽃밭이고, 여기서 바라보는 실스 호수와 실바플라나 호수, 그리고 실스마리아 풍경이 장관이다. 걸어서 수를레이 정류장까지 내려오면 걷기가 마무리된다.

05
Eiger Trail
아이거 트레일

ger trail

아이거 북벽을 우러르는 천국 같은 꽃길

아이거 트레일 Eiger Trail

장소 스위스 인터라켄

난이도 ▲▲△△△   풍경 ▲▲▲▲△   편의성 ▲▲▲▲△

'유럽의 지붕'으로 불리는 스위스 융프라우 Jungfrau
지역은 세계자연유산으로 지정된 세계적인 관광 명
소다. 우리나라 사람들은 대개 철도를 타고 융프라
우요흐 Jungfraujoch역을 찍고 내려간다. 하지만 융
프라우를 제대로 보려면 철도에서 내려 걸어야 한
다. 융프라우를 즐길 수 있는 굵고 짧은 길이 '아이거
트레일'이다. 아이거 북벽 아래를 걷는 순한 길이며,
발아래로 펼쳐진 알프스 초원을 감상할 수 있다.

Information

[기본 정보]

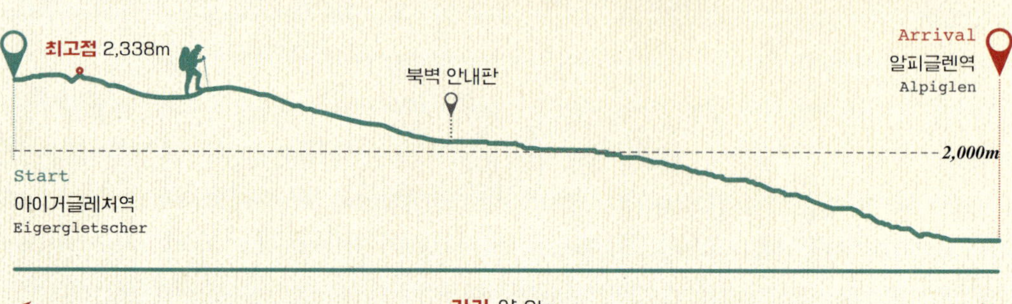

일정 : 2시간　**시즌** : 5~9월(베스트 시즌 6~7월)

베스트 뷰포인트 : 코스 내내 이어지는 아이거 북벽과 융프라우 일대의 풍경

코스 : ❶ 아이거글레쳐역 ❷ 북벽 안내판 ❸ 알피글렌역 ❹ 인터라켄 ❺ 라우터브루넨

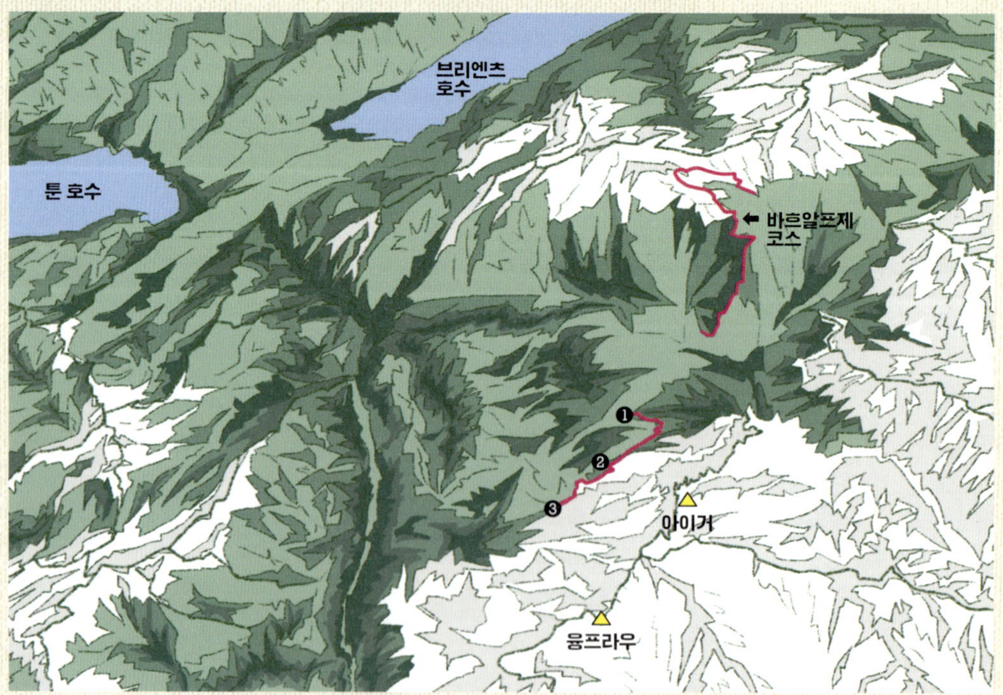

Eiger Trail

융프라우에서 가장 유명한 봉우리가 아이거다. 수직의 아이거 북벽은 '클라이머의 무덤'이란 별칭으로 알려졌다. 북벽의 비극 중 널리 회자되는 것이 1936년의 도전이다. 독일의 토니 쿠르츠 Toni Kurz와 안디 힌터슈토이서 Andi Hinterstoisser, 오스트리아의 에디 라이너 Edi Rainer와 빌리 앙게러 Willy Angerer. 두 팀은 아이거 북벽을 초등하기 위해 경쟁한다. 순조롭게 등반하던 중 악천후를 만나 3일 동안 북벽에 매달려 버텼다. 결국 세 명이 떨어져 죽고, 쿠르츠는 3m의 로프가 부족해 구조대가 보는 앞에서 줄에 매달린 채 얼어 죽고 만다. 이 모습을 클라이네 샤이데크 Kleine Scheidegg역에서 수많은 사람이 숨죽이며 지켜봤다. 이 사건을 영화로 만든 것이 〈노스페이스 Nordwand〉다. 지금은 노스페이스 아웃도어 브랜드로 유명하지만, 본래 아이거 북벽을 가리키는 말이다. 결국 1938년 독일의 하인리히 하러 Heinrich Harrer 등 4명이 아이거 북벽 등정에 성공했다.

03　BOOK & MOVIE

BOOK 『하얀거미』, 하인리히 하러, 공동문화사, 1978
하인리히 하러의 아이거 북벽 초등기. 하얀거미는 등반 루트 중 반드시 거쳐야 하는 눈이 덮인 지대를 말하는데, 생김새가 하얀거미처럼 생겼다.
MOVIE 〈노스페이스〉, 2008
1936년 아이거 북벽 등정 과정에서 발생한 비극을 사실적으로 그린 영화.

04　HOW TO ENJOY

스핑크스 전망대와 아이거 트레일을 모두 즐기자. 출발점인 아이거글레처역은 융프라우요흐역과 가깝다. 먼저 융프라우요흐역에 내려 스핑크스 전망대 등을 구경하는 것도 좋다. 다시 아이거글레처역으로 내려와 아이거 트레일을 즐기면 된다.

05　HOW TO PLAN

융프라우 지역은 트레킹 천국이다. 1번에서 74번까지 번호를 매겨 관리하고 있으며 기차와 케이블카가 구석구석 연결되어 있어 아이들도 쉽게 걸을 수 있다. 아이거 트레일은 36번이며 이정표가 잘 설치되어 있다.

Traveler's Note
[여행작가의 노트]

✈ **항공** : 스위스의 취리히 공항 Zurich Airport 또는 제네바 공항 Geneva Airport 등을 이용한다. 대한항공은 취리히 공항으로 취항하고, KLM, 에어프랑스 등은 제네바 공항으로 취항한다. 티켓은 얼리버드를 이용하면 저렴하게 구입할 수 있다. 최소 4개월 전에 구입하는 것이 좋다.

교통 : 베른 Bern, 루체른 Luzern, 취리히 Zurich, 체르마트 Zermatt 등에서 기차를 타면 쉽고 빠르게 인터라켄 Interlaken에 도착한다. 날짜에 따라 융프라우 VIP 패스, 베르너 오버란트 패스 등을 구입해 이용하는 것이 저렴하다. 융프라우 철도의 한국 총판인 동신항운(www.jungfrau.co.kr)에서 다양한 티켓 정보를 확인할 수 있다. 여기서 발급하는 쿠폰에는 요금 할인, 라면 제공 등이 있어 꼭 챙겨야 한다.

숙소 : 클라이네 샤이데크역에 자리한 벨뷔 데 알프 호텔 Hotel Bellevue des Alpes(+41 338 551212, http://www.scheidegg-hotels.ch)은 4성급 호텔로 조망과 시설이 훌륭하다.

아이거 북벽 앞에 자리한 벨뷔 데 알프 호텔

캠핑 : 라우터브루넨 Lauterbrunnen의 캠핑 융프라우 Camping Jungfrau(+41 338 562010, http://www.campingjungfrau.swiss)는 융프라우 지역에서 가장 인기 있는 캠핑장 중 하나다. 라우터브루넨역에서 도보 15분 거리이기 때문에 융프라우 관광의 베이스캠프로 제격이다. 호스텔, 오두막 등을 대여해주고 레스토랑, 편의점 등을 잘 갖추고 있다. 캠핑장에서 슈타우바흐 폭포 Staubbach Falls를 감상할 수 있다.

식사 : 출발점인 아이거글레처역의 아이거글레처 산장이나 종착점에서 가까운 클라이네 샤이데크역 주변의 레스토랑을 이용한다. 도시락을 준비해 꽃밭에서 먹는 걸 추천한다.

장비 : 중등산화가 좋지만 트레킹화도 무리가 없다. 날씨가 변화무쌍해 우비와 바람막이는 챙겨야 한다. 스틱이 있으면 걷기가 편하다.

지도 : 스위스모빌리티 홈페이지(www.schweizmobil.ch)와 앱에서 지도와 정보를 얻을 수 있다. 하이킹 Hiking → 로컬 루트 Local routes → 아이거 트레일 Eiger trail 순으로 찾으면 된다.

안내 표시 : 아이거 트레일은 융프라우 지역의 트레킹 중 36번이다. 곳곳에 안내 표시가 잘 되어 있다.

- **일정** : 준비 10일 + 트레일 여행 6박 7일 (아이거+바흐알프제)
- **경비** : 약 250만 원
- **교통** : 항공, 기차 등
- **숙박** : 캠핑, 호텔
- **장비** : 중등산화, 스틱, 의류 등
- **비자** : 90일 무비자
- **환전** : 스위스 프랑(CHF)

TIP 유로를 쓸 수 있지만, 스위스 프랑을 쓰는 것이 절대적으로 유리하다.

- **언어** : 영어

융프라우 전망대, 클라이네 샤이데크역

아이거 트레일의 출발점은 아이거글레처역이지만, 열차를 타고 가는 길에 환승역인 클라이네 샤이데크역에 내려 융프라우 일대를 조망하는 것이 순서다. 클라이네 샤이데크역은 융프라우 지역의 전망대다. 3,970m 높이의 아이거, 4,107m의 묀히 Mönch, 4,158m의 융프라우가 어깨동무하고 있는 웅장한 모습을 볼 수 있다. 자세히 보면 묀히와 융프라우 사이에 스핑크스 전망대가 성냥갑만하게 보인다. 아이거와 묀히의 암벽을 뚫고 그곳까지 기차가 들어가며, 종착점이 3,454m 높이의 융프라우요흐역이다.

클라이네 샤이데크역 뒤의 봉긋한 언덕은 온통 꽃밭이다. 여기서 아이거 북벽이 기막히게 보인다. 북벽 바로 아래를 수평으로 지나는 길이 바로 아이거 트레일이다. 걷는 중에는 한눈에 북벽을 볼 수 없기에 먼저 이곳을 찾는 것이다. 꽃밭에서는 많은 사람들이 앉아서 혹은 누워서 하염없이 아이거를 바라본다. 아이거 북벽 아래로는 노란색 기차, 융프라

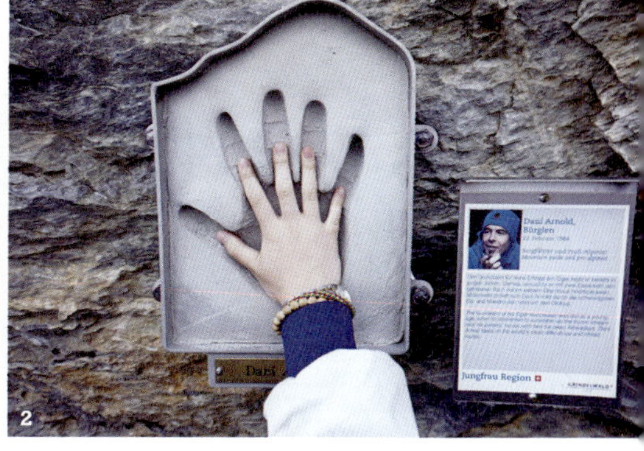

1 아이거 트레일이 시작되는 아이거클레처역
2 아이거 북벽 아래에는 이곳을 오르다 사망한 클라이머들의 사진과 손도장이 있다.

우 방향으로는 빨간색 기차가 다닌다. 코스에 따라 기차의 색을 바꾼 것이 재밌다. 원 없이 아이거와 융프라우 조망을 즐겼으면 다시 기차를 타고 아이거글레처역으로 이동한다.

아이거글레처역에 나를 내려놓은 기차는 힘차게 달려 아이거 북벽 속으로 사라진다. 암벽 구간을 통과해 융프라우요흐역으로 가는 것이다. 아이거글체처역에 내리면 '아이거 트레일'을 알리는 노란색 안내판이 보이고, 기찻길을 건너면서 트레일이 시작된다. 아이거 트레일은 아이거클레처역에서 알피글렌역까지 약 6km, 2시간쯤 걸리는 비교적 쉬운 길이다.

초입의 널따란 임도를 따르면 3층 건물의 게스트하우스를 지나 스키 로프웨이 정류장을 만난다. 겨울철에는 여기까지 올라 스키를 타고 내려갈 수 있다. 정류장을 지나면 북벽 입구에 다다른다. 이곳 바위는 어둡고 거칠다. 바위에는 아이거 북벽을 오르다 사망한 클라이머들의 사진과 손도장이 있다. 손도장에 손을 맞춰 보자 미묘한 기분이 든다. 아이거 북벽은 마터호른 Matterhorn 북벽, 그랑드조라스 Grandes Jorasses 북벽과 함께 등반이 어려운 알프스 3대 북벽으로 통한다. 알프스 등반 역사상 가장 많은 60여 명의 사망자가 발생했다. 비록 그들은 한 줌의 재가 됐지만 도전정신은 불멸로 남을 것이다.

아이거 북벽의 무시무시한 절벽이 한눈에 펼쳐지는 클라이네 샤이테크역

고개 젖혀 올려다보는 1,800m 높이의 북벽

아이거 북벽 입구를 지나면 부드러운 초원길이 펼쳐진다. 클라이네 샤이데크역과 인공호수, 묀히 봉우리 등 융프라우의 품이 잘 보인다. 완만한 오르막의 끝 지점에 비로소 아이거 북벽이 우뚝 서 있다. 고개를 뒤로 꺾어야 비로소 전체가 보인다. 높이는 무려 1,800m다. 설악산 대청봉 높이가 하나의 직벽인 셈이다. 등반루트 안내판을 보면서 아이거 북벽의 초등 루트를 눈으로 그려본다. 저 바위벽에 붙어서 내려다본 세상은 어떤 모습일까.

위는 악마의 벽이지만 아래는 꽃피는 천국이다. 길섶은 붉은색, 노란색, 파란색, 흰색 등 그야말로 울긋불긋 꽃 대궐이다. 길은 아이거의 산허리를 타고 도는 길이라 조망이 시원하다. 군데군데 새하얀 눈길을 걷는 것도 즐겁다. 눈과 초록이 어우러진 풍경은 알프스의 축복이다.

여유롭게 걷는 노부부

1 아이거 북벽의 초등 루트 안내판이 있다.
2 종착점인 알피글렌역
3 아이거 북벽 아래를 지나면 왕관처럼 생긴 베터호른 봉우리가 나타난다.

Eiger Trail

작은 언덕의 벤치에는 노부부가 앉아 샌드위치를 먹고 있다. 김광석의 '어느 60대 노부부의 이야기'가 떠오르는 정겨운 풍경이다. 슬그머니 옆에 앉아 말을 붙여봤다. 아랫마을인 인터라켄에 살면서 평생 융프라우를 바라보며 살았고, 심심하면 뒷산 산책하듯 구석구석 걷는다고 한다. 멍하니 산을 응시하는 백발의 뒷모습이 참 보기 좋다. 나도 아내와 저렇게 늙고 싶다는 생각이 들었다.

꽃밭과 눈길을 번갈아가면서 모퉁이를 돌자 왕관처럼 생긴 베터호른 ^{Wetterhorn}(3,701m) 봉우리가 우뚝하다. 베터호른에서 능선으로 이어진 곳이 피르스트 ^{First}다. 베터호른과 피르스트를 병풍처럼 두른 그린델발트 ^{Grindelwald}가 그림 같다. 베터호른이 점점 커지면 길은 급경사 내리막으로 이어진다. 암벽에서 아이거 빙하가 녹은 물이 거대한 폭포로 떨어진다. 구불구불 이어진 길을 따라 내려오면 갈림길을 만난다. 이정표를 확인하고 왼쪽으로 방향을 틀면 작은 목장 지대를 통과한다. 스위스의 소들은 거칠어서 되도록 가까이하지 않는 것이 좋다. 목장을 지나면 종착점인 알피글렌역이 나온다.

Course Guide

[코스별 가이드]

1구간 — 누구나 즐길 수 있는 짜릿한 길

[LEVEL] ★★☆☆☆

 **코 스**   아이거글레처역~아이거 북벽~알피글렌역

거리 6km   **시간** 2시간
포인트 무시무시한 아이거 북벽, 걷기 좋은 산길
식사 아이거글레처 산장

무시무시한 아이거 북벽 아래를 지나는 쉽고 황홀한 꽃길이다. 아이거의 산허리를 타고 돌기에 조망이 시원하게 열린다. 아이거 북벽의 생김새를 가장 가까이서 살펴볼 수 있다. 안내판이 잘 설치되어 있고, 특별히 어려운 구간이 없다. 아이를 데리고 온 가족이 많을 정도로 길은 쉬운 편이다.

Bachalpsee

— 06 —
Bachalpsee
바흐알프제

콧노래 부르며 찾아가는 '아름다운 베르네 산골'

바흐알프제 Bachalpsee

장소 스위스 인터라켄(융프라우)

난이도 ▲▲▲△△　　풍경 ▲▲▲▲△　　편의성 ▲▲▲▲△

'아름다운 베르네'는 우리나라에서 인기 있었던 요들 송으로, 베르네는 베르너 오버란트 Berner Oberland 산군을 말한다. 구체적으로 인터라켄 융프라우 지역의 산골마을이며, 아이거와 베터호른 Wetterhorn 등으로 둘러싸인 그린델발트 Grindelwald 마을이 대표적이다. 그린델발트 위의 호수 바흐알프제 Bachalpsee 는 베르너 오버란트 산군의 3,000~4,000m급 명봉들을 한눈에 조망할 수 있는 특급 전망대다.

Information

[기본 정보]

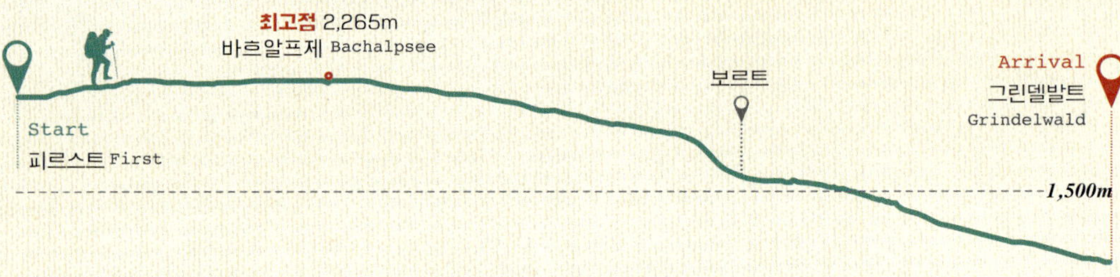

일정 : 4시간　**시즌** : 5~9월(베스트 시즌 7~8월)

베스트 뷰포인트 : 베르너 오버란트를 한눈에 보는 피르스트, 눈과 초록빛 초원이 펼쳐진 바흐알프제

코스 : ❶ 피르스트 ❷ 바흐알프제 ❸ 보르트 ❹ 그린델발트 ❺ 인터라켄 ❻ 라우터브루넨

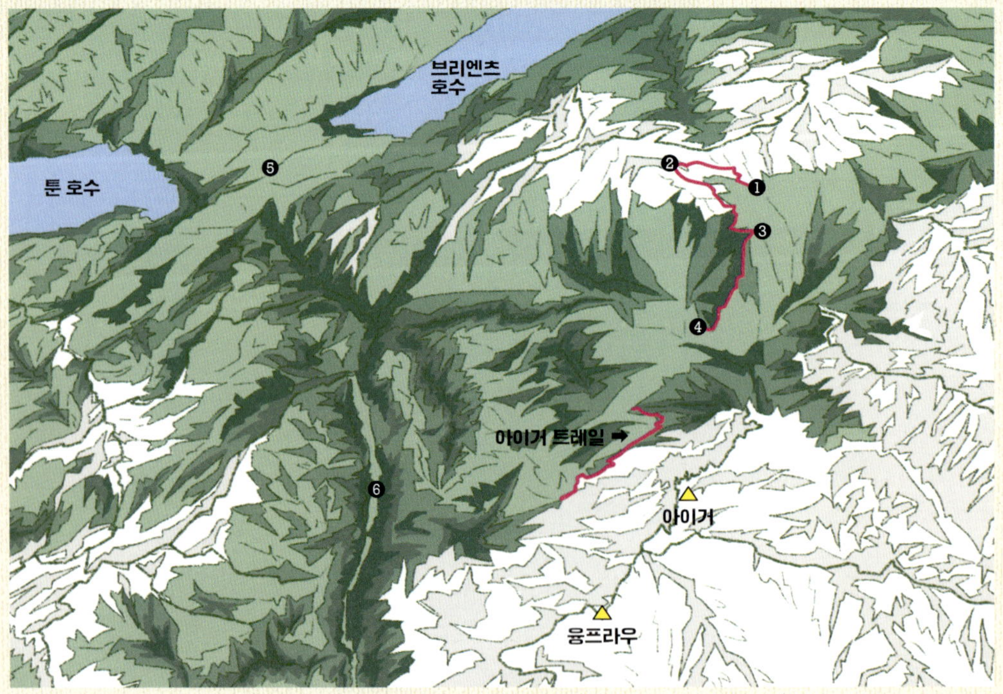

Bachalpsee

아이거 북동쪽 해발 1,034m의 고원에 자리한 그린델발트는 드넓은 목장이 펼쳐진 전형적인 알프스 마을이다. 운터글레처 Untergletscher와 오버러글레처 Oberergletscher 두 곳의 빙하가 근방에 있어 '빙하마을'이라고 부르기도 한다. 베르너 오버란트의 최고봉인 핀스테라호른 Finsteraarhorn(4,275m), 베터호른(3,692m), 슈레크호른 Schreckhorn(4,078m), 아이거 등의 고봉을 등반하기 위한 거점으로 유명해 예전에는 많은 등반가들이 북적거렸다. 그린델발트에서 최고 명소를 꼽으라면 단연 피르스트 봉우리다. '톱 오브 어드벤처 Top of Adventure'로 불리는 피르스트는 트레킹 외에도 다양한 액티비티를 즐길 수 있다. 줄에 매달려 시속 84㎞ 속도로 알프스의 하늘을 날게 해주는 피르스트 플라이어, 페달 없는 자전거를 타고 짜릿하게 다운힐하는 로티바이크, 피르스트 절벽 아래를 걸으며 황홀한 조망을 감상하는 클리프워크 등을 두루 갖췄다.

| 03 | MUSIC |

〈아름다운 베르네〉, 김홍철, 1997
우리나라에서 가장 인기 있었던 요들송으로, 융프라우 지역의 산골마을을 배경으로 만들어진 곡이다.

| 04 | HOW TO ENJOY |

베르너 오버란트 산군을 하염없이 바라볼 수 있다. 바흐알프제에 반영되어 나타나는 설산의 모습이 압권이다. 험준한 산으로 둘러싸인 알프스의 소박한 산골마을을 구경할 수 있어 더욱 특별하다.

| 05 | HOW TO PLAN |

피르스트~바흐알프제 왕복 코스는 융프라우 지역의 74개 트레킹 코스 중 1번이다. 완만한 오르막이 이어지는 매우 쉬운 길이다. 거리는 6.2㎞, 2시간쯤 걸린다. 피르스트에서 출발해 바흐알프제를 거쳐 보르트까지 내려오는 길은 4번, 보르트에서 그린델발트로 내려오는 길은 15번이다. 따라서 1번과 4번, 15번을 연결하면 피르스트를 즐기는 완벽한 트레킹이 된다.

Traveler's Note

[여행작가의 노트]

항공 : 스위스의 취리히 공항 Zurich Airport 또는 제네바 공항 Geneva Airport을 이용한다. 대한항공은 취리히 공항으로 취항하고 KLM, 에어프랑스 등은 제네바 공항으로 취항한다.

교통 : 베른 Bern, 루체른 Luzern, 취리히 Zurich, 체르마트 Zermatt 등에서 기차를 타면 쉽고 빠르게 인터라켄 Interlaken에 도착한다. 날짜에 따라 융프라우 VIP 패스, 베르너 오버란트 패스 등을 구입해 이용하는 것이 저렴하다. 융프라우 철도의 한국 총판인 동신항운(www.jungfrau.co.kr)에서 다양한 티켓 정보를 확인할 수 있다. 여기서 발급하는 쿠폰에는 요금 할인, 라면 제공 등이 있어 꼭 챙겨야 한다.

숙소 : 인터라켄역 바로 앞의 유스호스텔 Jugendherberge Interlaken(+41 338 261090, www.youthhostel.ch)은 접근성이 좋고 시설이 깔끔하다.

캠핑 : 그린델발트에서 가까운 캠핑장을 이용하면 된다. 아이거노르드반트 캠핑장 Camping Eigernordwand(+41 338 531242, https://www.eigernordwand.ch)은 아이거 북벽을 우러러보는 캠핑장으로 그릴하우스, 레스토랑, 매점, 세탁실 등의 부대시설을 잘 갖췄다. 그

아이거 북벽을 우러러보는 캠핑장

린델발트 그룬드 Grindelwald Grund역에서 800m쯤 떨어져 있어 접근성이 좋다.

식사 : 발트슈피츠 Waldspitz 산장의 레스토랑에서 점심을 먹을 수 있지만, 도시락을 준비해 바흐알프제를 바라보며 먹는 걸 추천한다.

장비 : 중등산화가 좋지만 트레킹화도 무리가 없다. 날씨가 변화무상해 우비와 바람막이는 챙겨야 한다. 스틱이 있으면 걷기가 편하다.

지도 : 철도역이나 관광안내소에서 융프라우 지역의 안내도를 얻을 수 있다. 특히 트레킹 안내도는 꼭 챙겨야 한다.

안내 표시 : 트레킹 번호는 1, 4, 15로 매겨져 있지만, 안내판은 지명 위주로 되어 있다. 따라서 바흐알프제, 발트슈피츠, 보르트, 그린델발트가 쓰여 있는 지명 안내판을 따라가면 길을 쉽게 찾을 수 있다.

지명이 쓰여 있는 안내판

☑ *check list*

● 일정 : 준비 10일 + 트레킹 여행 6박 7일
(아이거+바흐알프제)
● 경비 : 약 300만 원
● 교통 : 항공, 기차, 버스 등
● 숙박 : 캠핑, 호텔
● 장비 : 중등산화, 스틱, 의류 등
● 비자 : 90일 무비자
● 환전 : 스위스 프랑
TIP 유로를 쓸 수 있지만, 프랑을 쓰는 것이 절대적으로 유리하다.
● 언어 : 영어

융프라우 속살을 찾아가는 베이스캠프, 그린델발트

융프라우 지역의 속살을 만나고 싶다면 그린델발트(1,034m)로 가야 한다. 그린델발트는 라우터브루넨 Lauterbrunnen과 함께 융프라우 지역의 베이스캠프 역할을 한다. 융프라우 서쪽의 라우터브루넨이 융프라우요흐와 뮤렌 Murren 등으로 가기 위해 꼭 거쳐야 하는 곳이라면, 동쪽의 그린델발트는 피르스트와 멘리헨 Mannlichen 등을 가기 위한 출발점이다. 다양한 트레킹 코스가 거미줄처럼 뻗어 있고 전망까지 뛰어난 후자를 더 높게 쳐준다.

융프라우 지역에서 광대한 베르너 오버란트 산군을 한눈에 살펴볼 수 있는 전망대로 묀히, 뮤렌, 쉬니게플라테 Schynige Platte 등을 꼽을 수 있지만, 바흐알프제는 물에 잠긴 설산의 모습을 볼 수 있어 다른 전망대보다 더 특별하다. 바흐알프제로 가기 위한 출발점은 피르스트다. 그린델발트역에서 번화한 도르프 Dorf 거리를 지나 10분쯤 가면 피르스트반 Firstbahn 곤돌라역이 나온다. 여기서 6인승 곤돌라를 타면 보르트와 슈레크펠트 Schrekfeld

1 피르스트역에서 바라본 곤돌라
2 그린델발트의 중심가인 도르프 거리

를 거쳐 피르스트에 도착한다. 곤돌라를 타고 이동하는 시간은 약 30분 정도이고, 거리는 무려 5,226m다. 이동하는 내내 알프스 산골마을과 베르너 오버란트 설산들의 장관을 감상할 수 있다.

피르스트에 내리면 그린델발트에서는 볼 수 없는 스펙터클한 풍경이 펼쳐진다. 왼쪽으로부터 왕관을 쓴 것 같은 베터호른(3,701m), 창검처럼 생긴 슈레크호른 Schreckhorn (4,078m), 베르너 오버란트의 최고봉이자 하늘을 날카롭게 찌르고 있는 모습의 핀스테라호른 Finsteraarhorn(4,274m), 북벽을 드러내고 있는 아이거(3,970m), 그리고 융프라우 (4,158m)가 아이맥스 영화를 보는 것처럼 펼쳐진다. 그 압도적 풍경 속으로 패러글라이더 하나가 미끄러져 내려온다. 터질 것 같은 가슴을 지그시 누르고, 'Lake' 이정표를 확인한 후 출발한다.

피르스트역을 나오면 나무 한 그루 없는 광대한 초원이 끝없이 펼쳐진다. 초원 위로 널따란 임도가 추상화처럼 긴 선을 그린다. 길섶은 온통 꽃밭이다. 자전거를 타는 사람, 걷

바흐알프제 가는 길에 있는 전망 좋은 의자

1 바흐알프제로 가는 호젓한 길
2 바흐알프제 옆에 자리한 대피용 오두막

는 사람이 어울려 삼삼오오 길을 나선다. 심심하면 뒷걸음치며 설산을 바라본다. 휘파람이 절로 나오고 어깨가 들썩들썩한다.

작은 오두막이 보이면 바흐알프제가 얼마 안 남았다는 뜻이다. 작은 오두막은 무인 대피소로, 악천후 시 몸을 피할 수 있다. 오두막 안은 소박하다. 돌이 깔린 바닥에 긴 나무가 걸쳐져 있다. 그야말로 피신 공간이다. 오두막 앞의 나무 의자는 사진을 찍으면 작품이 되는 곳이다. 의자에 앉으면 베르너 오버란트 산군과 어우러져 그대로 한 폭의 그림이 된다. 의자에 앉아 하염없이 설산들을 바라보는 맛이란!

엉덩이를 털고 길을 나서면 길은 산허리를 타고 구불구불 이어진다. 이윽고 앞쪽으로 거대한 설사면과 어울리는 두 개의 영롱한 호수가 나타난다. 크기가 다른 두 호수가 좁은 목을 사이에 두고 맞닿아 있다. 수력 발전에 필요한 물을 공급하려고 1901년에 호수 둑을 2m 높였다고 한다. 둑은 잔디가 깔린 초지로 변했고 지금은 의자가 놓여 있다. 그 의자에 앉으면 설산들이 호수에 담긴다. 여기서 점심 도시락을 꺼낸다. 거친 빵에 음료수가 전부지만, 풍경 덕분에 지상 최고의 밥상이 된다.

하늘 아래 첫 동네, 발트슈피츠 산골마을

바흐알프제 - 발트슈피츠 마을 - 보르트 - 그린델발트

멍 때리고 눕고 어슬렁거리고 점프하고…. 원 없이 바흐알프제의 풍경을 즐겼으면 이젠 하산할 차례다. 길은 두 호수가 목을 맞댄 둑으로 이어진다. 호수와 헤어지면 실오라기 같은 물줄기를 따른다. 물가에는 야생화가 흐드러져 있다. 초원 구릉을 걸어서 타고 넘는 맛이 좋다. 오른쪽 돌밭에서 뭔가 움직이는 것 같아 잠시 멈춰 확인하니, 맙소사! 여우다. 여우 한 마리가 잔뜩 긴장해 나를 주시하고 있다. 돌 틈에 새끼가 있을지도 모른다. 알프스 트레킹 중에 거대한 설치류 마못 Marmot 은 종종 봤지만 여우는 처음이다.

보르트로 내려가다가 올려다본 피르스트역. 험준한 절벽 위에 서 있다.

1 보르트 입구에서 그린델발트로 가는 목가적인 길
2 아직 녹지 않은 눈과 초록 언덕이 어우러진 바흐알프제
3 호젓하게 바흐알프제를 즐기는 트레커

왕관처럼 생긴 베터호른 옆으로 달이 떴다.

　"잘 살아!" 여우와 안녕하고 다시 길을 나선다. 앞쪽으로 구름모자를 쓴 베터호른이 신비스럽게 보인다. 나무로 만든 전통 가옥이 옹기종기 모여 있는 곳이 발트슈피츠 마을이다. 가히 하늘 아래 첫 동네라고 할 만하다. 베르너 오버란트 산군을 정면으로 바라보고 있어 조망이 뛰어나다. 굴피집처럼 나무로 지붕을 쌓은 가옥도 보인다. 마을을 지나면 임도가 나온다. 여기서는 그동안 볼 수 없었던 피르스트 봉우리의 허리가 보이는데, 투박한 암반과 초록색 이끼가 어우러져 독특한 분위기를 풍긴다. 발트슈피츠 산장이 자리한 곳은 삼거리다. 어느 곳을 선택하든 그린델발트로 가지만 보르트를 경유하는 길이 빠르다.

　울창한 전나무숲 급경사 지대가 끝나면 목장 지대가 나온다. 주변은 온통 꽃밭이다. 정면으로는 베터호른과 슈레크호른이 고개를 내밀었다. 일정에 여유가 없거나 힘들면 보르트에서 케이블카를 타고 내려오면 된다. 보르트 입구에서 길은 오른쪽으로 꺾인다. 갈림길마다 이정표가 잘 나와 있다. "아름다운 베르네~ 맑은 시냇물이 넘쳐 흐르네~" 흥겨운 콧노래가 절로 나오는 꽃길이 끝나면 작은 산골마을이 등장한다. 집 앞에서 할머니 한 분이 멍하니 산을 바라보다가 나를 보고 아는 체를 한다. 말이 안 통하자 자꾸 산을 가리킨다. 평생 산을 바라보며 산 할머니의 얼굴은 온화하고 평화롭다. 마을길을 따라 구불구불 내려오면 점점 건물들이 화려해지면서 그린델발트 중심가로 이어진다. 그린델발트역에서 올려다본 베터호른 머리 위로 붉은 띠가 걸렸다. 시나브로 띠가 사라지자 반달이 환하게 웃는다.

Course Guide
[코스별 가이드]

1구간　베르너 오버란트의 속살을 만나다　　[LEVEL] ★★★☆☆

코 스　피르스트~바흐알프제~발트슈피츠~
보르트 입구~그린델발트

거리　10.6km　　**시간**　4시간
포인트　바흐알프제에 비친 설산

고원과 계곡, 그리고 산골마을이 어우러진 멋진 길이다. 베르너 오버란트 산군 조망은 융프라우 지역에서 으뜸이라 해도 과언이 아니다. 피르스트~바흐알프제 구간은 초원이어서 걷기에 좋고 꽃과 나무가 어우러져 있어 계곡미를 느낄 수 있다. 알프스 산골마을의 정취는 덤이다.

Special page

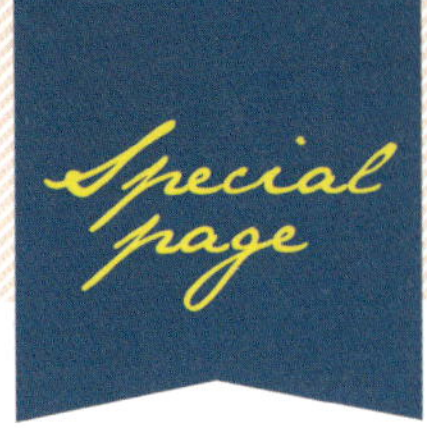

융프라우 지역 둘러보기

스위스 베르너 오버란트 지방의 융프라우는 트레킹 코스 외에도 둘러볼 명소가 많다. 트레킹 포함 최소 3일은 투자할 것을 추천한다. 교통 요금이 워낙 비싸기 때문에 융프라우 철도 3일 패스를 끊는 게 필수다.

묀히와 융프라우 봉우리 아래를 달리는 기차. 두 봉우리 사이가 융프라우요흐다.

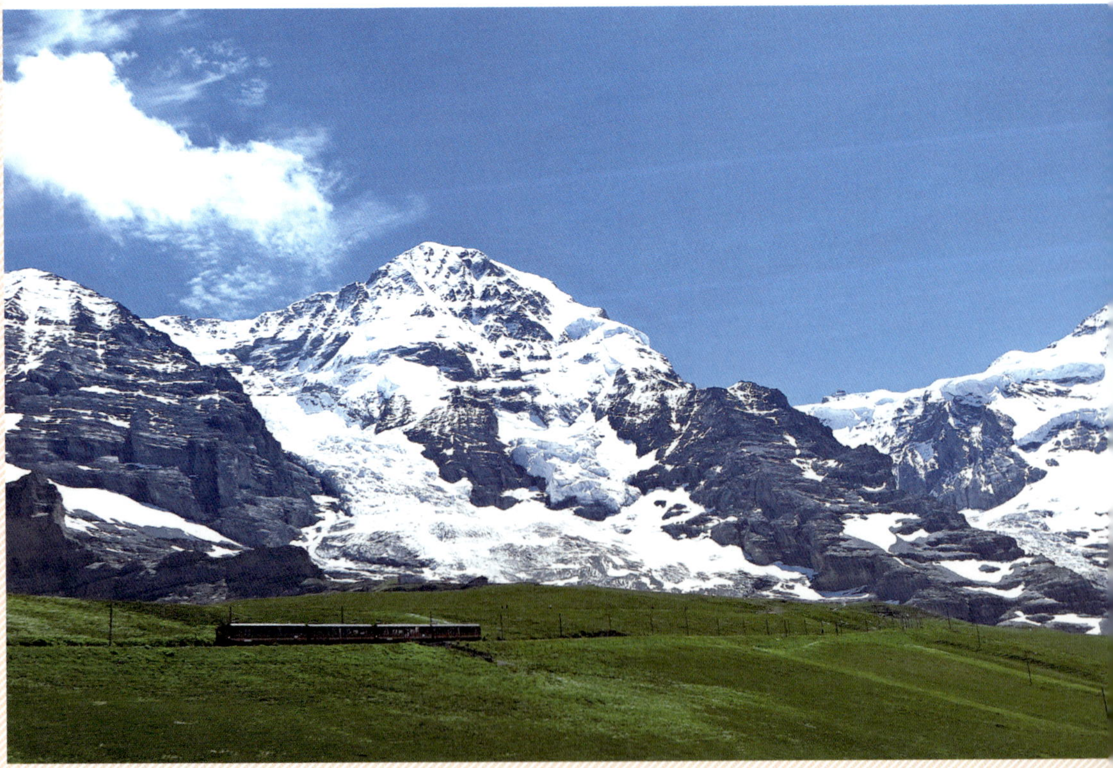

기차는 암벽 구간을
통과해 융프라우요흐로
이어진다.

#SCENE1: 융프라우요흐, 구에르 첼러의 공상이 현실로

융프라우와 묀히 봉우리 사이, 말안장처럼 움푹한 곳에 자리한 융프라우요흐(3,454m). 이곳은 융프라우 방문자라면 누구나 한 번쯤은 가보는 곳으로, 유럽에서 가장 높은 기차역인 융프라우요흐역, 스핑크스 전망대, 얼음 궁전 등 다양한 볼거리가 가득하다. 인터라켄 오스트역에서 기차를 타고 출발하면 클라이네 샤이데크역에서 갈아타야 한다. 아이거와 묀히 암벽 구간을 통과할 때 잠시 기차가 정차한다. 암벽 유리창으로 설산을 구경할 수 있으므로 얼른 하차해 구경하자.

융프라우요흐역에 내리면 볼거리가 많아 정신이 없지만, 이 중 구에르 첼러 Adolf Guyer Zeller(1839~1899) 동상과 터널 노동자들 사진은 꼭 챙겨 봐야 한다. 철도의 아버지로 불리는 첼러는 알프스를 산책하던 중 엉뚱한 생각을 한다. '아이거와 묀히의 암벽을 통과하는 터널을 뚫어 융프라우 정상까지 톱니바퀴 철도를 건설하면 어떨까?' 그의 공상은 한 장의 스케치로 완성되고, 실제 공사로 이어져 1912년에 마침내 유럽 최고 높이(3,454m)의 융프라우요흐역이 개통한다.

융프라우요흐에서 빼놓을 수 없는 곳이 스핑크스 전망대. 초고속 엘리베이터를 타고 내리면 야외 테라스로 나갈 수 있다. 밖으로 나가면 갑자기 한기가 몰려오면서, 알레치 빙하 _{Aletsch Gletscher}가 펼쳐진다. 전망대 앞에서 독일까지 무려 22km 이어진 알레치 빙하는 세계자연유산으로 유럽에서 가장 긴 빙하다. 빙하 꼭대기에 서면 마치 남극에 온 듯한 기분이다. 아쉽지만 추워서 오래 있을 수가 없다. 매점에서 한국산 컵라면을 먹어보자. 이곳에서 맛보는 라면은 그야말로 최고의 별미다. 따뜻한 국물 덕분에 온몸이 훈훈해진다.

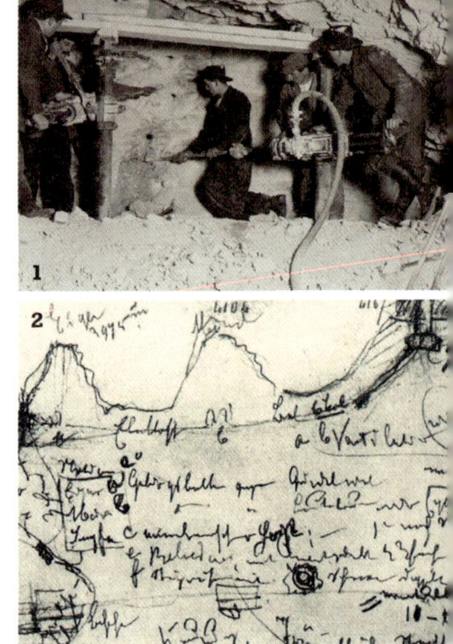

1 융프라우 철도를 뚫는 노동자들
2 구에르 첼러의 융프라우 철도 스케치
3 융프라우요흐 밖으로 나오면
   빙하지대를 걸어볼 수 있다.

/ TIP /

교통 : 융프라우 VIP패스

융프라우 철도 요금은 매우 비싸다. 따라서 적정 날짜의 패스를 사용하는 것이 필수다. 트레킹과 관광을 제대로 즐기려면 최소 3일이 필요하다. 3일간 철도와 케이블카 등의 무제한 사용이 가능한 '융프라우 VIP패스', 4일권인 '베르너 오버란트 패스'를 추천한다.

1 고풍스러운 나무 의자를
  설치한 기차의 내부
2 기차를 타고 내려오면서
  바라본 인터라켄의
  브리엔츠 호수

#SCENE2: 쉬니게 플라테, 알프스의 천상 화원

융프라우요흐가 누구나 가는 곳이라면, 쉬니게 플라테 Schynige Platte (1,987m)
는 아는 사람만 가는 호젓한 명소다. 출발점은 빌더스빌 Wilderswil 역으로, 1893
년에 쉬니게 플라테로 가는 알프스 최초의 톱니바퀴 열차가 운행했던 역사적인 장
소다. 쉬니게 플라테로 가는 열차는 19세기 운행하던 열차의 외형을 그대로 따왔
고, 내부에는 고풍스러운 나무 의자를 설치했다. 기차는 덜컹덜컹 느릿느릿 오르
며 인터라켄 시내와 툰 호수 Thun Lake, 아이거 봉우리 등을 지나간다.

기차를 타고 55분쯤 오르면 쉬니게 플라테역에 도착하는데, 시야가 트이면서 융프라우 지역이 한눈에 들어온다. 역 주변은 온통 꽃밭이다. 1927년 알프스 최초의 야생화 식물원으로 조성한 알파인 식물원 Alpengarten도 역 바로 앞에 있다. 이곳에는 약 650여 종의 스위스 고산 식물이 자생한다. 조망 좋은 산장에서 커피를 한 잔 해도 좋고, 액자 조형물에 앉아 하염없이 융프라우를 바라봐도 좋다. 그래도 가장 좋은 건 쉬니게 플라테 일대의 꽃밭을 걷는 것이다. 역을 중심으로 여러 개의 트레킹 코스가 있다. 그중 60번 코스인 쉬니게 플라테역~오버로트호른 Oberrothorn~쉬니게 플라테 코스를 추천한다. 조망 좋고 꽃밭길이 황홀한 코스로 1시간 15분쯤 걸린다. 하루를 이곳에 투자할 수 있다면 62번 코스를 강력 추천한다. 코스는 쉬니게 플라테역~파울호른~피르스트로 이어지며 6시간 넘게 걸린다.

 **교통** : 빌더스역 → 쉬니게 플라테역 열차는 07:25~16:45, 쉬니게 플라테역 → 빌더스역 열차는 08:21~17:53에 운행한다. 배차 간격 40분, 소요 시간 55분. 야생화가 피는 5월 말~10월 중순에만 운행하며 융프라우 3~4일 패스 소지자는 무료다.

쉬니게 플라테의 드넓은 초원은 야생화 군락지로 유명하다.

Part 2.

히말라야
·
카라코람
Himalayas · Karakoram

annapurna cir

Annapurna Circuit
안나푸르나 서킷

아내와 함께 '풍요의 여신'을 만나다

안나푸르나 서킷 Annapurna Circuit

장소 네팔 안나푸르나

난이도 ▲▲▲▲△　　풍경 ▲▲▲▲▲　　편의성 ▲▲▲△△

네팔 중부의 안나푸르나 지역은 '풍요의 여신' 네 자
매(안나푸르나 Ⅰ, Ⅱ, Ⅲ, Ⅳ)가 다스리는 땅이다. 그
품에서 풍부한 식생과 다양한 종족이 평화롭게 어우
러진다. 안나푸르나는 풍광이 빼어나고 상대적으로
고도가 낮아 히말라야 트레킹 중에서 가장 인기 있
다. 쏘롱 라 Thorung La 고개를 넘어 동·서쪽을 연결
하는 안나푸르나 서킷은 히말라야 트레킹의 고전으
로 꼽힌다.

Information

[기본 정보]

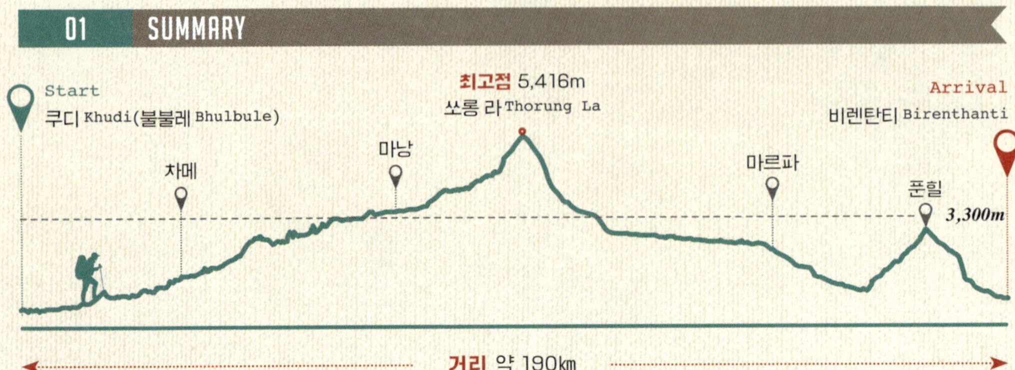

일정 : 15~17일　**시즌** : 1~5월, 9~12월(베스트 시즌 10~11월, 4~5월)

베스트 뷰포인트 : 끝없는 다랑논이 펼쳐진 바훈단다 Bahundanda, 안나푸르나 연봉이 펼쳐지는 갸루 Ghyaru, 히말라야가 발아래 펼쳐지는 쏘롱 라, 히말라야 일출 포인트 푼힐 Poon Hill 등

코스 : ❶ 베시사하르 ❷ 불불레 ❸ 샹제 ❹ 다라파니 ❺ 차메 ❻ 피상 ❼ 마낭 ❽ 야크카르카 ❾ 쏘롱 라 ❿ 묵티나트 ⓫ 마르파 ⓬ 칼로파니 ⓭ 타토파니 ⓮ 베니 ⓯ 고라파니 ⓰ 비렌탄티 ⓱ 닐기리 ⓲ 포카라

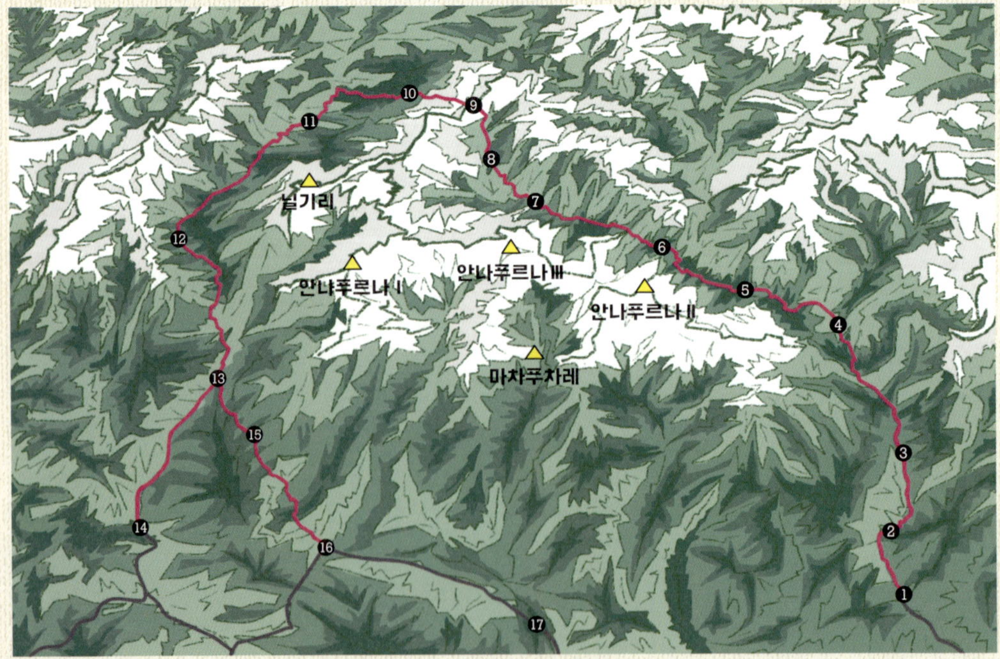

안나푸르나는 인류가 최초로 오른 8,000m급 봉우리다. 히말라야에는 8,000m가 넘는 봉우리가 14개나 있다. 이를 '히말라야 8,000m급 봉우리 14좌'라고 부른다. 인류 탐험사에 따르면 북극과 남극의 극지가 정복되고 난 후, 제3의 극지라고 불리는 세계 최고봉 에베레스트와 8,000m급 봉우리들이 중요한 탐험 대상으로 떠올랐다. 1949년 쇄국정책을 펴던 네팔 왕국이 외국인의 등반을 허락하자 1950년 6월 3일, 모리스 에르조그 대장이 이끄는 프랑스 원정대가 도전한다. 라슈날 라이, 가스통 레뷔파 등 대원들은 알프스에서 뼈가 굵은 당대 최고의 등산가들이었다. 당시 세계 여러 국가가 히말라야 8,000m급 봉우리 등정을 시도해 한 번도 성공하지 못했지만, 프랑스 원정대는 운 좋게 첫 등반에서 등정에 성공하는 쾌거를 이룩한다. 그러나 하산 중 눈폭풍을 만나 많은 대원이 부상을 당하고 대장은 동상으로 손가락을 잃는다. 인간의 도전정신과 휴머니즘을 생생하게 담은 에르조그의 저서 『최초의 8,000m 안나푸르나』는 세계적인 베스트셀러가 되었다. "인생에는 또 다른 안나푸르나들이 우리를 기다리고 있다"는 마지막 구절은 명언으로 널리 회자된다.

BOOK1 『네팔 히말라야 트레킹』, 2025
히말라야를 체계적으로 안내한 한국어 가이드북.
BOOK2 『히말라야 40일간의 낮과 밤』, 김홍성 · 정명경, 세상의아침, 2006
카트만두에서 밥집 '소풍'을 운영했던 시인 김홍성과 정명경의 에베레스트, 안나푸르나 산행기를 담았다.
MOVIE 〈히말라야〉, 2009
안나푸르나 서쪽 자르코트 마을을 배경으로 자아를 찾아가는 과정을 그린 영화다.
SITE 네팔 히말라야 트레킹 http://cafe.naver.com/trekking
대표적인 히말라야 트레킹 정보 사이트. 방대한 자료와 따끈따끈한 최신 정보를 얻을 수 있다.

완주해야 안나푸르나 서킷 코스의 진가를 알 수 있다. 5,416m의 쏘롱 라 고개를 넘는 것이 관건. 출발 기점인 베시사하르 Besisahar(820m)부터 조금씩 고도가 올라가기 때문에 고소 순응에 큰 문제는 없다. 따라서 체력 관리를 잘하면 쏘롱 라 고개를 넘을 수 있다. 고소 순응을 위해 다이아목스 Diamox를 복용하는 것도 좋다. 이 약은 일종의 이뇨제로 소변을 잘 나오게 해서 몸의 균형을 유지해준다. 타멜 Thamel에서 쉽게 구할 수 있다. 안나푸르나는 산스크리트어로 '풍요의 여신'이란 뜻이다. 그 이름처럼 따뜻하게 품어주는 여신의 기운을 느껴보자.

안나푸르나 지역은 트레킹 천국이다. 3일 푼힐 코스, 5~7일 안나푸르나 베이스캠프(ABC) 코스, 15일 서킷 코스, 19일 서킷+ABC 코스 등이 있다. 15~17일 일정이 가장 좋으며, 지금은 도로 사정이 좋아져 지프 또는 버스를 이용하면 일정을 줄일 수 있다. 지프를 타면 동쪽으로 차메 Chame까지 접근할 수 있지만, 풍경이 좋은 탈 Tal(1,675m) 또는 다라파니 Dharapani(1,920m)부터는 걸어 올라가야 고소 순응에 무리가 없다. 서쪽으로는 묵티나트 Muktinath까지 접근할 수 있지만, 쏘롱 라를 내려와 풍경 좋은 묵티나트~카크베니~마르파 구간은 걷는 게 좋다. 이렇게 일정을 짜면 10~11일쯤 걸린다. 걷는 데 자신 있으면 서킷을 마치고 푼힐을 거쳐 ABC까지 오르는 안나푸르나 종주 코스를 즐길 수 있다.

서킷 단축 코스 10일
1 DAY　베시사하르 ➡ 지프 ➡ 다라파니
2 DAY　다라파니 ➡ 차메
3 DAY　차메 ➡ 아래 피상
4 DAY　아래 피상 ➡ 마낭
5 DAY　마낭에서 휴식
6 DAY　마낭 ➡ 야크카르카
7 DAY　야크카르카 ➡ 하이캠프
8 DAY　하이캠프 ➡ 쏘롱 라 ➡ 묵티나트
9 DAY　묵티나트 ➡ 마르파
10 DAY　마르파 ➡ 지프·버스 ➡ 포카라

서킷+ABC 종주 코스 19일
1 DAY　카트만두 ➡ 쿠디(베시사하르) ➡ 불불레
2 DAY　불불레 ➡ 샹제
3 DAY　샹제 ➡ 다라파니
4 DAY　다라파니 ➡ 차메
5 DAY　차메 ➡ 아래 피상
6 DAY　아래 피상 ➡ 마낭
7 DAY　마낭에서 휴식
8 DAY　마낭 ➡ 야크카르카
9 DAY　야크카르카 ➡ 하이캠프
10 DAY　하이캠프 ➡ 쏘롱 라 ➡ 묵티나트
11 DAY　묵티나트 ➡ 마르파
12 DAY　마르파 ➡ 칼로파니
13 DAY　칼로파니 ➡ 타토파니
14 DAY　타토파니 ➡ 고라파니
15 DAY　고라파니 ➡ 푼힐 ➡ 타타파니
16 DAY　타타파니 ➡ 히말라야
17 DAY　히말라야 ➡ ABC
18 DAY　ABC ➡ 촘롱
19 DAY　촘롱 ➡ 포카라

Traveler's Note

[여행작가의 노트]

 **항공** : 인천~카트만두 Kathmandu 직항은 대한항공이 겨울방학 때만 잠시 운항한다. 다른 계절에는 방콕과 말레이시아를 경유하는 타이항공, 말레이시아항공을 이용해야 한다.

교통 : 트리부반 공항 Tribhuvan Airport에 도착해 택시를 타고 여행자 거리인 타멜로 간다. 2016년 6월부터 택시에 미터기 사용이 의무화됐지만 택시기사들은 여전히 여행자에게 요금 흥정을 한다. 그래도 미터기 덕분에 여행자들이 택시기사와 흥정하는 데 조금 유리해졌다. 뉴버스파크에서 베시사하르로 가는 버스는

카트만두에서 베시사하르로 가는 버스

06:00~08:00에 출발하며, 정확한 시간은 현장에서 확인해야 한다. 5~6시간 소요된다. 베시사하르에서 쿠디, 불불레 등으로 갈 때는 목적지에 맞는 버스나 지프를 이용하면 된다.

숙소 : 트레킹 중에는 로지에서 묵는다. 주민들이 히말라야에 로지를 짓고 트레커에게 잠자리와 식사를 제공한다. 로지는 산장과 비슷하지만 마을에 있다는 점이 다르며, 히말라야와 함께 살아가는 사람들의 순박한 모습을 볼 수 있다. 사전 예약이 필요 없고 현장에서 마음에 드는 곳을 선

트레킹 중에 숙식을 제공하는 로지

택하면 된다. 포카라 레이크 사이드 일대에는 싸고 좋은 숙소가 넘쳐난다. 한국인이 많은 찾는 윈드폴 게스트하우스 Windfall Guesthouse(+977 9806 769309)와 새로 지어 깔끔한 포레스트 레이크 백패커스 호스텔 Hotel Forest Lake Backpackers Hostel(+977 6146 7471, hotelforestlake.business.site) 등이 인기 있다.

☑ check list

- **일정** : 준비 15일 + 트레킹 여행 25일
- **경비** : 약 350만 원
- **교통** : 항공, 버스, 지프 등
- **숙박** : 로지, 호텔
- **장비** : 중등산화, 스틱, 의류, 침낭 등
- **비자** : 공항에서 입국 수속하면서 발급, 사진 1장 필요.
- **환전** : 루피(Rs), 현지에서 환전.
- **언어** : 네팔어, 영어

네팔의 만두인 모모.
입맛이 없을 때 별미로 좋다.

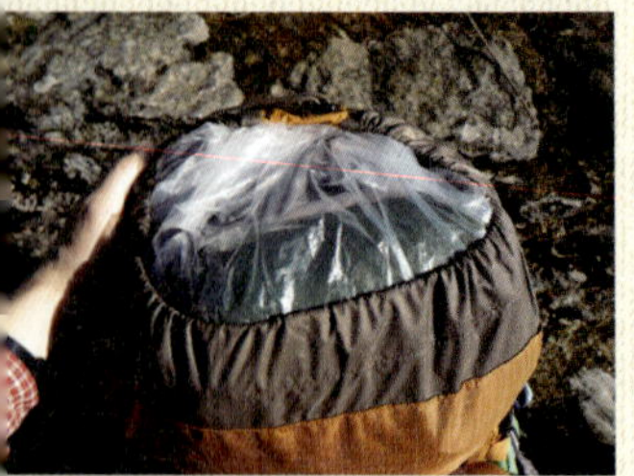

배낭 안에 김장용 비닐을 넣고 짐을 꾸린다.

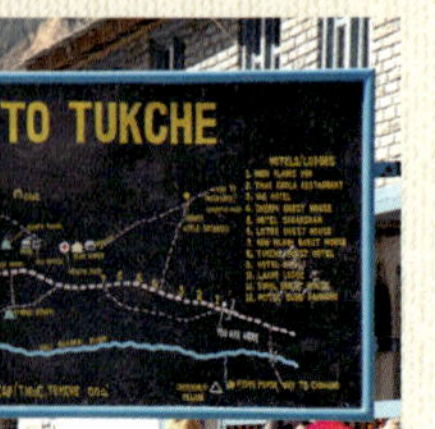

안내판이 잘 설치되어 있는 편이다.

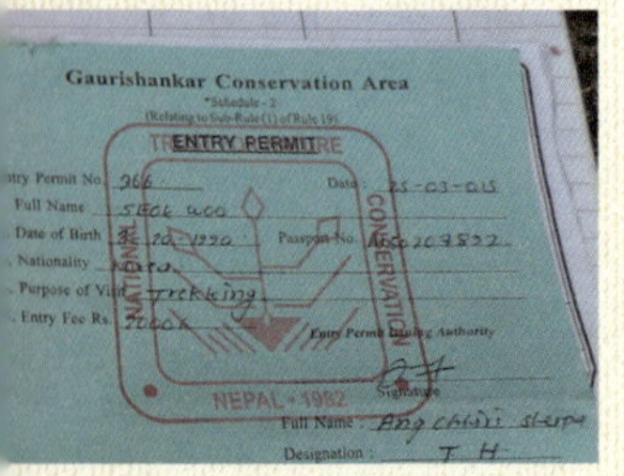

트레킹을 하려면 퍼미트를 받아야 한다.

식사 : 로지에서 셰르파의 주식인 달밧(밥, 맑은 녹두죽 등)뿐만 아니라 네팔식 만두, 서양식 파스타, 볶음밥 등을 사먹을 수 있다. 그 외에 맛도 좋고 영양가도 높은 삶은 계란을 추천한다. 포카라의 낮술(www.natssul.com)은 한국인들이 좋아하는 한국 식당이다.

장비 : 중등산화와 스틱, 침낭은 필수다. 배낭 안에 김장용 비닐을 넣고 짐을 넣으면 배낭이 비에 젖는 걸 막을 수 있다. 포터(가이드) 고용 여부에 따라 장비가 달라진다. 포터를 고용할 경우 포터가 짐을 나눠들기 때문에 트레커의 가방에 동계용 침낭과 식량 등을 넣을 수 있다.

지도 : 타멜과 포카라 시내 이곳저곳의 서점이나 장비점 등에서 지도를 쉽게 구할 수 있다.

안내 표시 : 마을마다 안내판이 잘 설치되어 있고 마을과 마을을 연결하는 루트라서 길을 찾기 쉽다. 혹시 길이 헷갈릴 때는 주민들에게 물어보자.

정보 : 안나푸르나 지역을 걸으려면 퍼미트 Permit를 사전에 꼭 받아야 한다. 퍼미트는 포카라 댐사이드 근처의 투어리스트 서비스센터 Pokhara Tourist Service Center에서 발급받을 수 있다. 팀스는 네팔트레킹협회에서 담당하는데, 사진 2장이 필요하다. 가이드 또는 포터 고용 필수 여부는 트레킹 지역에 따라 다르다. 사전에 확인해 계획을 짜야 한다. 가이드 또는 포터 고용을 추천한다.

#1~6th Day 마낭 가는 길에 폭설을 만나다

신비로운 갸루(3,670m) 마을을 만난 건 순전히 눈 때문이었다. 사흘 동안 밤낮없이 퍼붓던 지긋지긋한 눈. 마낭 Manang(3,570m)으로 가는 길에 폭설을 만나기 직전까지 안나푸르나 서 킷은 모든 것이 순조로웠다. 카트만두에서 버스를 타고 쿠디(790m)에 내려 불불레(840m) 1박, 샹제 Syanje(1,100m) 2박, 다라파니(1,900m) 3박, 차메(2,710m) 4박, 아래 피상 Lower Pisang(3,200m) 5박까지.

첫째 날에는 불불레 가는 길에 신기루처럼 마나슬루(8,163m)가 나타나 몸과 마음이 달떴고, 둘째 날에는 이른 아침 맑은 공기를 마시면서 '걷는 것이 세상에서 가장 행복한 일'임을 깨달았다. 셋째 날은 차마 발걸음이 떨어지지 않는 아름다운 강변마을 탈 Tal(1,700m)을 지났다. 넷째 날 다라파니를 지나자 안나푸르나Ⅱ(7,939m)가 너른 품으로 맞아줬고, 아래 피상으로 가는 길의 가을 숲은 시간이 더디 흘렀다. 아래 피상까지 봄, 여름, 가을이 지났고, 모든 것이 순조로웠다. 왜 겨울이 올 거라고 생각하지 못했을까.

1 안나푸르나 서킷이 시작되는 쿠디 마을
2 강물이 부드럽게 흐르는 탈 마을

1 탈 마을에서 만난 아이들. 힘든 노동을 하지만 표정은 놀랄 만큼 해맑다.
2 장대한 다랑논이 펼쳐진 바훈단다
3 불불레 마을에서 본 마나슬루의 일몰

Annapurna Circuit

피상에서 마낭 가는 길에 만난 폭설. 설국이 펼쳐진다.

아래 피상 로지의 천장을 운치 있게 두드리던 비가 눈으로 바뀌면서 상황은 급선회했다. 밤새 폭설이 내렸고, 눈발은 아침에 더욱 굵어졌다. 로지에 묵었던 트레커 중 절반은 과감하게 마낭으로 떠났고, 일부는 눈발이 그치기를 기다렸다. 10시 30분쯤 아내와 나는 눈발이 그칠 기미가 보이지 않아 뒤늦게 출발했다.

누가 상상할 수 있었을까. 하룻밤 사이에 겨울이 찾아올 줄. 하지만 설경은 환상적이었다. 아래 피상에서 마낭으로 가는 길은 두 가지다. 윗길은 위 피상 Upper Pisang을 거쳐 갸루~나왈~브라가~마낭으로 이어지는 옛길로, 아름다움과 조망이 빼어나기로 유명하다. 아랫길은 아래 피상~훔데~브라가~마낭으로 통하는 길로, 훔데 Humde Pisang 공항이 생기면서 개발되었다. 아랫길은 길도 순하고 윗길보다 시간이 단축되지만 풍경이 윗길만 못 하다. 본래 윗길로 갈 생각이었지만, 폭설 때문에 선택의 여지가 없었다.

세상은 온통 은빛 세계다. 걱정과 달리 눈 세상을 관통하며 걸어가는 길에서 "와우!" 절로 탄성이 터졌다. 아내와 서로 눈덩이를 던지며 장난치기도 했다. 공항이 있는 훔데에서 점심을 먹고, 다시 눈을 맞는 것이 힘들 무렵에 브라가 Bhraga에 입성했다. 마낭까지는 이제 불과 30분 거리다. 힘을 내서 걷는데 오른쪽으로 언덕에 자리 잡은 거무튀튀한 빛깔의 브라가 옛 마을이 눈에 들어왔다. 이 마을의 언덕 윗쪽에는 500년 넘은 곰파(티베트 사원)가 있고, 그 아래로 집들이 다랑논처럼 놓여 있다. 마치 마을 전체가 하나의 곰파처럼 보였다. 펑펑 내리는 눈 사이로 나타난 마을에 몸이 부르르 떨리도록 전율이 일어났다. 한 마부가 말과 함께 폭설을 뚫고 마을 골목으로 사라지는 모습은 처연했지만 아름다웠다.

눈길 걷기가 쉽지 않았지만 길 자체는 순둥이처럼 순했다. 오래된 불탑 몇 개를 지나 안나푸르나 동쪽 지역의 수도인 마낭에 도착했다. 늦게 도착했기에 간신히 방을 구했다. 기쁨보다는 뜻밖의 폭설에 어리둥절했다. 서킷이 시작되는 베시사하르(820m) 혹은 쿠디에서 꼬박 6일을 걸어야 한다. 마낭에 도착하면 대부분 사람들은 하루를 쉬면서 체력을 보충한다. 쏘롱 라를 넘기 위한 준비인 셈이다.

폭설이 내린 옛 브라가 마을이 신비롭다.

폭설이 그치고 마낭으로 가는 길에 펼쳐진 은빛 세계. 브라가에서 돌탑 지대를 지나면 마낭이 나온다.

#7~8th Day: 폭설에 갇힌 트레커들

마낭 - 아래 피상

마낭의 로지는 눈을 맞으며 올라오는 사람, 쏘롱 라로 향하다 길이 막혀 내려온 사람들로 북적인다. 식당에서 합석한 프랑스 노부부는 내일 내려간다며 풀이 죽어 있다. 이 부부는 우리와 인연이 깊다. 차메에서 처음 만나 마낭까지 계속 같은 숙소를 쓰면서 친해졌다. 아저씨는 길에서 주운 작은 나무에 정성껏 그림을 그리고, 아주머니는 책을 읽고 있었다. 그 모습이 아주 인상적이어서 그 부부를 좋아하게 됐다.

안나푸르나 동쪽 지역의 수도인 마낭

Annapurna Circuit

이틀째 내리는 눈에 세계 각국의 트레커들은 믿기지 않는 표정이었고, 숙련된 가이드들도 '10월에 이런 폭설은 처음'이라며 고개를 설레설레 저었다. 마낭에서의 하산은 엄청난 손해다. 왔던 길을 되짚어 베시사하르까지 내려가려면 최소 3일이 걸린다. 3일이면 마낭에서 쏘롱 라를 넘어 묵티나트에 도착할 수 있는 시간이다. 하산은 무엇보다 안나푸르나 서킷의 실패를 의미했다. 로지의 트레커들은 심각한 표정으로 이 난관을 극복하려고 머리를 굴렀다.

마낭에서의 이틀째 밤, 희망을 품고 잠자리에 들었다. 그러나 다음 날 오전에는 다시 눈발이 하늘을 덮고 있었다. 마낭에서 무작정 버티던 사람들도 하나둘 짐을 꾸리기 시작했다. 로지 마당에 쌓이는 눈발 속에서 누군가 만들어 놓은 커다란 눈사람만 기분 좋게 웃고 있었다. 아내와 나도 짐을 꾸려 하산하던 중에 뜻밖의 소식을 들었다.

"Two trekkers and one guide death!"

마낭에서 함께 내려온 미국 여성의 목소리에는 놀람과 절망이 묻어 있었다. 폭설을 뚫고 무리하게 쏘롱 라를 넘다가 변을 당했다는 것. 사실인지 소문인지 확인할 수 없었지만 그 소식을 듣는 순간, 쏘롱 라를 넘겠다는 의지와 희망은 산산이 부서졌다. 아래 피상의 로지는 사람들로 미어터졌다. 숙소가 없어 지하의 습한 방에서 잤다가 아내는 감기에 걸려버렸다.

9th Day: 신비로운 갸루 마을의 달콤한 하룻밤

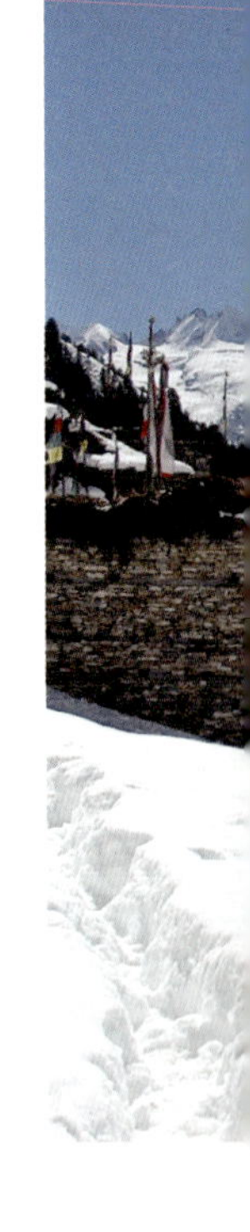

아홉째 날, 드디어 날이 갰다. 언제 눈이 왔냐는 듯 눈부시게 푸르다. 아침을 먹고 잠시 시퍼런 하늘을 바라보다가 피상에서 3시간 거리에 있다는 오지 마을인 갸루를 보고 싶은 마음이 생겼다. 그 마음은 점점 자라나 갸루를 거쳐 다시 마낭으로 올라 쏘롱 라에 도전하는 것으로 바뀌었다. 날씨에 따라 사람 마음이 갈대처럼 흔들린다. 다행히 아내도 나와 같은 생각이었다. 아내는 감기까지 걸려 컨디션이 좋지 않았지만 모험 앞에서 힘이 생긴 듯했다.

피상에서 갸루로 가는 길에는 발자국이 없었다. 앞에 지나간 사람이 아무도 없다. 눈을 헤치고 나가는 러셀보다 힘든 건 눈에 반사되는 햇살이었다. 살갗이 익을 정도로 따가워 얼굴을 전부 가리고 눈만 내놓고 걸어야 했다. 갸루 마을의 일주문에 해당하는 돌탑까지는 길이 순하고 전망이 좋았다. 부처를 그려 놓은 돌탑은 지금까지 보아 온 것 중에서 가장 정교하고 아름다웠다. 이곳에서 멀리 갸루 마을이 보이는데, 큰 나무에서 새 한 마리가 날아오르는 모습이 신비로웠다.

돌탑에서 갸루까지 지그재그 급경사가 끝없이 이어졌다. 얼마나 올랐을까. 거의 탈진 직전에 이르러 모퉁이를 돌아서자 돌로 쌓은 축대가 보였다. 그 위에 거대한 나무가 버티고 있었다. 범상치 않은 분위기를 풍기는 그 나무는 한눈에도 마을을 수호하는 신목 神木임을 알 수 있었다. 돌탑에서 보았던 바로 그 나무였다. 신목 아래에는 몇 개의 석탑이 있었고 놀랍게도 그 앞에 나무 의자가 놓여 있었다. 이곳은 마을 토속 종교와 안나푸르나가 기막히게 어울리는 신성한 공간이었다.

안나푸르나가 손에 잡힐 듯한 위치에 있는 갸루 마을

안나푸르나 연봉들이 잠든 깊은 밤

　의자에 앉으니 펄럭이는 타르초(불경을 새긴 긴 깃발)와 룽다(불경을 새긴 작은 깃발) 뒤로 안나푸르나Ⅱ가 손을 뻗으면 닿을 듯 가까운 거리에 있었다. 안나푸르나Ⅱ의 치맛자락을 붙잡고 안나푸르나Ⅳ(7,525m)〜안나푸르나Ⅲ(7,555m)〜강가푸르나(7,455m)〜캉샤르캉(7,485m) 연봉이 일필휘지를 그렸다. 누구일까? 이런 황홀한 풍경을 천천히 감상하라고 의자를 만들어 놓은 사람은…. 마을은 신목 위 산비탈에 다랑논처럼 자리 잡고 있었다. 마을의 높이는 3,670m. 내가 오래전부터 꿈꾸던 하늘이 가까운 마을이었다. 주저 없이 하루 묵어가기로 했다.

　그날 밤, 전기가 들어오지 않는 마을의 밤하늘은 별들로 가득 찼다. 밤하늘에서는 수많은 별똥별이 사선을 그었다. 별 사진을 찍고자 삼각대를 세우고 카메라의 셔터를 열어 두었다. 그리고 무작정 기다리다 깜빡 잠이 들었다. 카메라의 셔터가 열려 있어 그런지 꿈속에서 설산으로 날아와 박히는 무수한 별똥별을 보았다. 스르르 잠이 깨 밖으로 나가보니 맙소사! 보름달이 떠올라 세상이 눈부시게 훤하다. 그리고 달빛 속에서 안나푸르나 여신의 나지막한 숨소리가 들렸다.

#10~13th Day: 눈 덮인 쏘롱 라를 넘다

갸루에서 안나푸르나 여신을 만난 덕분인지 트레킹은 순조로웠다. 브라가의 시설 좋은 로지에 머물며 체력을 끌어올리고, 마낭을 지나 야크카르카 Yak Kharka에서 하룻밤을 보냈다. 그리고 쏘롱 라의 베이스캠프인 쏘롱 라 하이캠프에 도착했다. 하이캠프는 고도가 무려 4,800m다. 숨쉬기가 약간 불편하고 밤이 되자 머리도 띵했다. 이것이 고소 증세다. 심하면 목숨이 위태로울 수도 있지만, 안나푸르나 서킷은 조금씩 고도를 높이기에 견딜 만했다. 놀라운 것은 아내의 상태였다. 아내는 산악인도 아니고 평소 산을 많이 다닌 것도 아니었다. 그런데 나보다 훨씬 잘 걸었다. 심지어 감기까지 걸렸는데 말이다. 아내 덕분에 히말라야 트레킹은 누구나 할 수 있다는 결론까지 내렸다.

쏘롱 라로 가는 길에 만나는 야크카르카

1 쏘롱 라 바로 앞에 있는 쏘롱 라 하이캠프
2 안나푸르나 서킷의 정점인 쏘롱 라 정상

다음 날 오전 5시. 딸각! 헤드랜턴을 켜자 놀란 어둠이 황급하게 몸을 숨긴다. 어둠을 가르는 빛의 길은 경건했다. 하지만 강한 바람과 추위에 몸은 꽁꽁 얼고 숨이 찼다. 다리는 움직이지 않는다. 두 걸음 걷고 멈춰 서 세 번 숨 내쉬기를 반복한다. 뇌가 출발 명령을 내려도 곧바로 다리가 움직이지 않는다. 몇 초 후에야 간신히 꿈틀거린다. 서서히 해가 떠오르는 순간, 시나브로 세상이 밝아지면서 얼음 같은 심장에서 꾸물꾸물 온기가 나오기 시작한다. 온기는 온몸으로 퍼지며 언 손가락과 발가락을 녹인다. 따뜻한 황홀감에 몸이 부르르 전율한다.

순백의 부드러운 언덕이 눈에 들어오고, 쏘롱 라가 가까워지며 웅장한 설산의 파노라마가 펼쳐진다. 그리고 그곳으로 한 발짝 걸어가는 길이 마치 꿈길 같다. 지옥 같은 고통이 천국의 희열로 바뀌면서 쏘롱 라 정상에 섰다. 사람마다 환호성을 지른다. 너도나도 쏘롱 라 푯말 앞에서 사진을 찍는다. 나도 아내와 함께 푯말 앞에서 기념사진을 찍었다. 5,416m. 아마도 우리 부부가 함께 오른 가장 높은 지점으로 기록될 것이다.

뒤를 돌아보자 그동안 볼 수 없었던 묵티나트 히말라야가 그림처럼 펼쳐진다. 쏘롱 라를 내려가면서 또 황홀했다. 순백의 설산 위로 사람들이 지나간 곳에만 실오라기 같은 길이 나 있다. 내려갈수록 황량한 풍경들이 나타났다. 드넓은 분지에 설산과 사막 같은 풍경이 어우러져 오묘한 빛을 내뿜는다. 그동안 마낭에서 보아온 풍경과는 영 딴판이다. 쏘롱 라를 넘은 자만이 누릴 수 있는 더없는 행복이다.

묵티나트가 보이는 언덕에 서면 마을과 곰파가 있고, 그 뒤로 8,000m가 넘는 다울라기리 봉우리, 구름으로 허리를 가린 묵티나트 히말라야가 병풍처럼 펼쳐졌다. 가파른 하산길에서 고생했던 아내는 이 모습을 바라보며 하염없이 눈물을 흘렸다. 그날 밤은 묵티나트의 로지에서 거나하게 파티를 열었다. 함께 쏘롱 라를 넘은 가이드, 포터와 함께 맥주를 마시며 흥에 겨워 춤을 췄다.

Annapurna Circuit

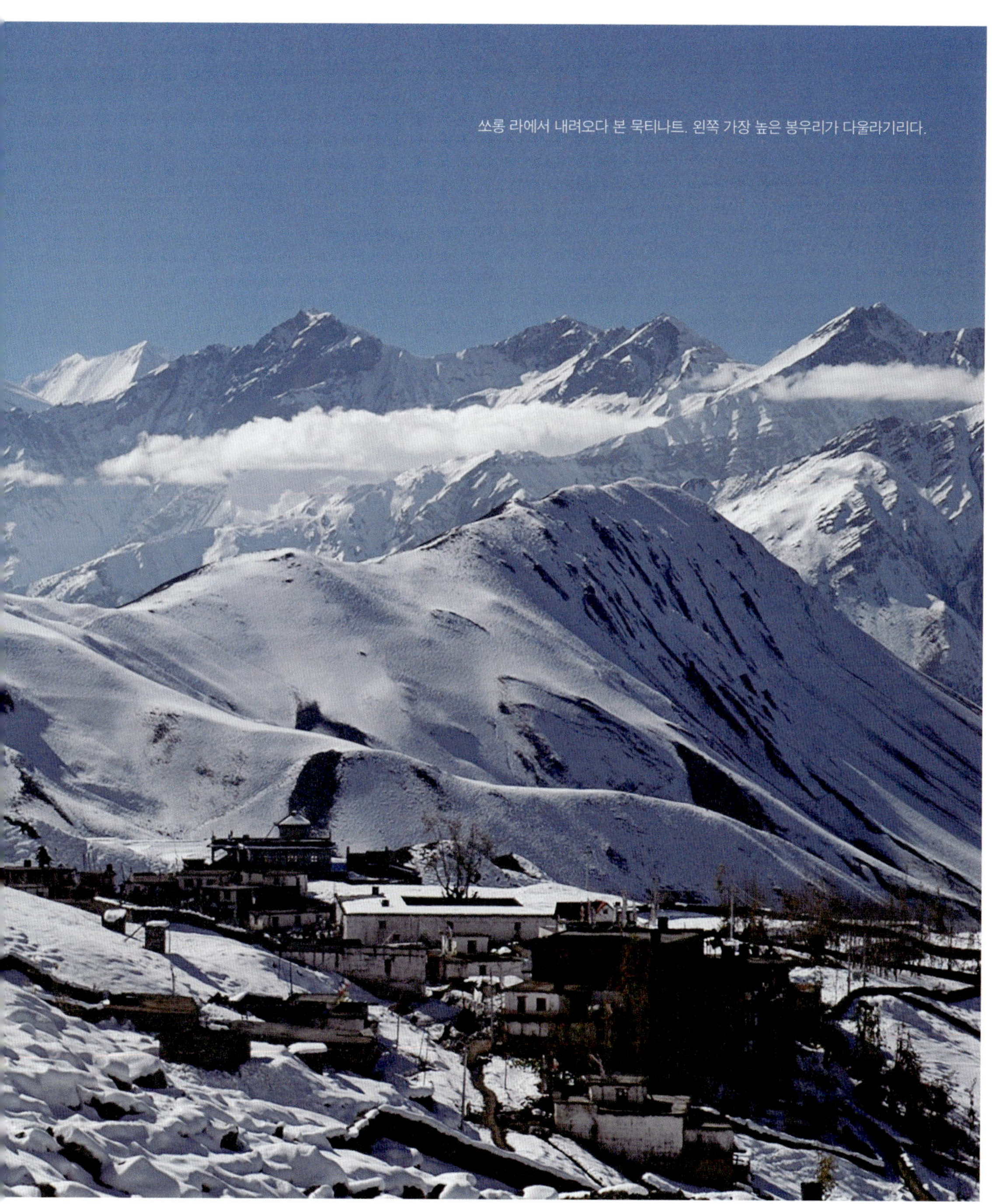

쏘롱 라에서 내려오다 본 묵티나트. 왼쪽 가장 높은 봉우리가 다울라기리다.

#14~16th Day: '서로 못난 놈은 얼굴만 쳐다봐도 웃는다'

묵티나트 - 카크베니 - 마르파 - 칼로파니 - 타토파니

열넷째 날 아침, 깔깔깔~ 우리는 서로 얼굴을 쳐다보면서 배꼽을 잡고 웃었다. 얼굴은 새카 맣게 탔고, 입술은 퉁퉁 부어올랐다. '서로 못난 놈은 얼굴만 봐도 흥겹다'는 시구는 우리를 두고 한 말이었다. 걷기에 앞서 유명한 묵티나트 사원에 들렀다. 불교와 힌두교 건물이 공 존하는 신성한 사원으로, 특히 인도 사람들이 많이 찾는다. 힌두사원 뒤편에는 소머리 형상 의 수도꼭지 108개가 있다. 쏟아져 나오는 물을 먹거나 그 물로 씻으면, 백팔번뇌가 사라지 고 이승에서 지은 죄도 면할 수 있다고 한다. 아내와 나란히 서서 손을 씻어본다. 기분 탓일 까? 그간 마음에 쌓여 있던 근심과 걱정이 한 번에 씻겨 내려가는 느낌이다.

힌두교와 불교의 성지인 묵티나트

가을 추수가 한창인 카크베니

안나푸르나 서쪽에서 가장 아름다운 마을인 마르파

구름을 타고 가는 걸까. 걷는 게 아니라 둥둥 떠가는 기분이다. 쏘롱 라를 넘었더니 평지 길은 누워 떡 먹기다. 혹독한 겨울이 가고 봄이 온 것 같다. 땅은 눈이 녹아 질퍽했지만 따뜻한 기운이 올라왔고, 하산길 내내 티베트풍의 황량함과 설산의 풍요로움이 어우러진 산은 연한 화장을 한 듯 고왔다. 티베트풍의 황량한 무채색 풍경 속에서 곱게 단풍 든 마을이 보인다. 카크베니 Kagbeni다. 우리나라 안동 하회마을 크기의 작은 마을인 카크베니는 보리 추수가 한창이었다. 서너 사람이 모여 도리깨질하는 모습이 너무나 정겹다. 그 뒤로 우리가 넘어온 쏘롱 라 고개가 또렷하게 보였다. 눈 덮인 그 고개를 보니 감개무량하다. 카크베니는 은둔의 왕국 무스탕 Mustang으로 들어가는 관문으로도 유명하다. 무스탕 쪽에서 흘러오는 강줄기를 바라보며 훗날을 기약해 본다.

카크베니를 지나면 칼리간다키 Kali Gandaki강의 자갈밭을 따라 걷는다. 강한 바람과 함께 흙먼지를 맞으며 걷는 길은 고되다. 뒤를 돌아보니 아내와 포터, 가이드가 입을 가리고 나란히 걷는다. 그 모습이 마치 영화 속 한 장면 같다. 세상 모든 것을 버리고 여행길에 오른 방랑자 느낌이랄까?

걷는 게 지칠 때쯤 도착한 좀솜 Jomsom은 안나푸르나 서쪽 지역의 수도다. 작은 공항이 있어 묵티나트로 가는 길의 관문 역할을 한다. 좀솜에서 묵는 것이 일반적이지만, 마을이 좀 어수선해 발걸음을 옮겨 사과 산지로 유명한 마르파 Marpha까지 걷기로 했다. 얼마나 걸었을까. 돌담 아래서 잠시 쉬는데 사과나무 가지 하나가 길로 길게 나와 있다. 가지에는 작고 못생긴 사과가 매달려 있다. 하나를 따서 둘로 갈라 아내와 나눠먹는다. 아삭! 베어 물자 달고 진한 향이 퍼진다. 어둑어둑해질 무렵에야 녹초가 되어 마르파에 도착했다. 마르파 골목골목에는 애플 브랜디와 사과잼이 익어가는 달콤한 향기가 났고, 사막에서 만난 오아시스처럼 반가웠다.

다울라기리가 잘 보이는 칼로파니

　　마르파와 칼로파니 Kalopani에서 하룻밤씩 묵고 타토파니 Tatopani에 도착해 노천 온천에서 피로를 풀었다. 타토파니는 네팔어로 '뜨거운 물'이란 뜻으로 온천이 나는 마을이다. 피부색이 다른 동서양의 트레커들이 몸을 담그고 얼굴만 내밀고 있는 모습이 재밌다. 타토파니에서는 선택을 해야 한다. 베니 Beni로 내려가면 안나푸르나 서킷이 마무리되고, 고라파니 Ghorapani로 올라가면 안나푸르나 베이스캠프 코스와 연결된다. 우리는 몸과 마음이 지쳤지만, 안나푸르나의 유혹을 좀처럼 뿌리치기 힘들었다. 타토파니에서의 깊은 밤, 먼 길 떠나는 노새와 당나귀의 방울소리, 그리고 휘~ 몰이꾼의 긴 휘파람 소리가 구슬프게 울려 퍼졌다.

타토파니의 온천은 안나푸르나의 오아시스 같다. 그동안 묵은 피로를 풀 수 있다.

#17~19th Day: 페와 호수에서 안나푸르나와 작별하다

열일곱째 날, 그동안 줄곧 따라 내려온 칼리간다키강과 헤어져 비탈길에 오른다. 길은 시종 일관 오르막으로 무려 1,600m쯤 고도를 올린다. 공포의 오르막길이지만 4월이면 랄리구라스가 만개하는 황홀한 길이다. 11월이라 꽃은 없지만 엄청나게 굵은 랄리구라스나무는 신성한 느낌을 물씬 풍긴다. 고라파니는 푼힐 언덕 아래에 자리한 마을로 히말라야 일출을 보려는 사람들이 많이 묵는다.

안나푸르나 지역의 성산인 마차푸차레

푼힐에서 바라본 히말라야의 일출. 다울라기리 봉우리가 멋지게 보인다.

열여덟째 날 이른 새벽. 헤드랜턴을 켠 긴 행렬이 푼힐로 향한다. 마치 반딧불이가 이동하는 것 같다. 어둑어둑한 푼힐에는 이미 사람들로 북적북적하다. 어둠 속에서 서서히 여명이 밝아오고, 마침내 해가 뜨자 안나푸르나 연봉들과 다울라기리, 닐기리 Nilgiri, 마차푸차레 Machapuchare가 차례로 붉은 빛을 뿜는다. 한눈에 모두 담을 수 없을 만큼 웅장하게 퍼져나가는 일출은 안나푸르나가 주는 또 하나의 선물이었다. 그날은 타타파니 Tatapani에서 묵었고, 다시 일출을 봤다. 구름에 싸인 설산들이 조금씩 나타나는 모습은 신이 왔다고 할 수밖에 없었다. 아침도 안 먹고 하염없이 설산을 바라보다가 "이젠 됐다. 더 바랄 게 없다"고 중얼거렸다. 아내도 마찬가지였다. 우리는 많이 지쳤고 또 충만해 있었다.

열아홉째 날, 포카라로 내려와 만나는 휴식은 꿀맛이었다. 식당에서는 마낭에서 보았던 네덜란드 커플과 만나 회포를 풀기도 했다. 포카라 페와 호수에서 배를 타고 안나푸르나 연봉들을 바라보는 맛은 서킷을 완주한 사람들만이 누릴 수 있는 특권이다. 물에 잠겨 일렁거리는 설산을 어루만지며 안나푸르나 여신들과 작별했다.

Course Guide

1일 | 불타는 마나슬루를 만나다 [LEVEL] ★★☆☆☆

코 스 쿠디~불불레

거리 1.9km **시간** 40분
포인트 첫 번째 8,000m급 봉우리인 마나슬루와의 만남
식사·숙소 불불레 로지(불불레)

카트만두에서 버스를 타고 안나푸르나 서킷의 기점이 되는 베시사하르로 이동한다. 베시사하르에서 쿠디(불불레)까지는 버스나 지프로 이동하며 소요 시간은 40분 정도다. 쿠디에 내려 불불레까지 걸어가면 40분쯤 걸린다. 가는 길에 마나슬루가 잘 보인다. 베시사하르에 퍼미트와 팀스 체크포인트가 있다.

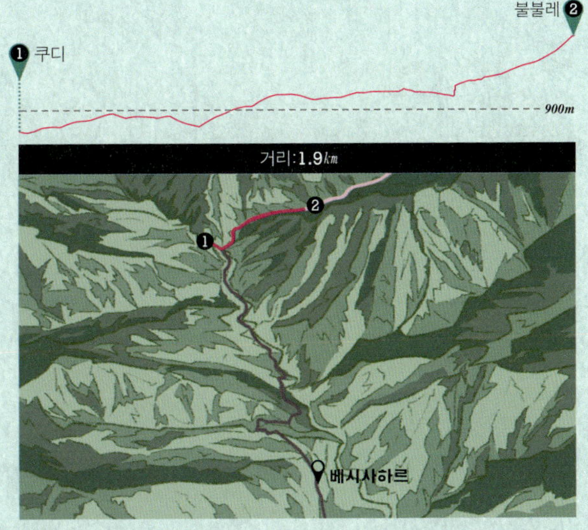

2일 | 바훈단다의 장대한 다랑논 [LEVEL] ★★★☆☆

코 스 불불레~나디~바훈단다~샹제

거 리 14.9km **시간** 7시간 30분
포인트 장대한 다랑논을 바라보며 먹는 점심
식사·숙소 굿뷰 로지(바훈단다), 안나푸르나 로지(샹제)

마나슬루를 바라보며 본격적인 서킷을 시작한다. 길은 마르샹디강을 따라 나 있고 전체적으로 평탄하다. 불불레에서 나디로 가는 길에서 마나슬루가 잘 보이지만, 나디 이후로는 볼 수 없다. 나디는 댐 공사 중이라 마을이 어수선하다. 바훈단다는 제법 가파른 오르막을 올라야 하는데, 산비탈의 다랑논이 장관이다.

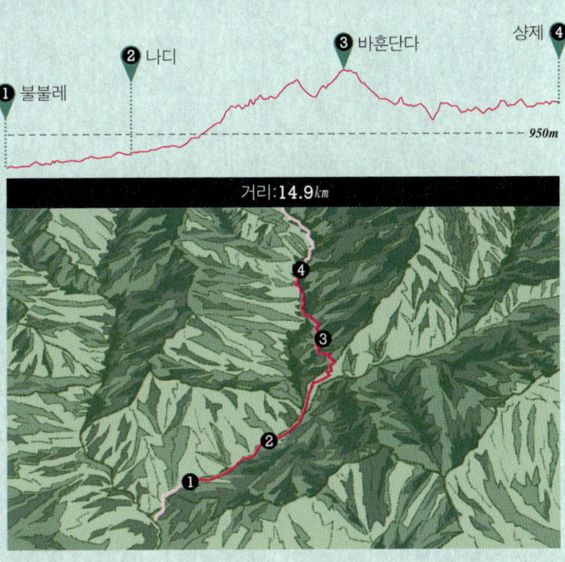

Course Guide

3일   아름다운 강변마을, 탈   [LEVEL] ★★★½☆

코 스   샹제~자갓~참제~탈~다라파니

거리 18km   **시간** 9시간
포인트 강물과 어울러진 호젓한 탈
식사·숙소 마낭 게스트하우스(탈), 킹피셔 호텔
(다라파니)

풍경이 웅장해지면서 마낭으로 입성한다. 안나푸
르나 동쪽은 탈, 북쪽은 마낭, 탈 아래는 람중으로
구분한다. 길은 오르막과 내리막이 반복되어 제법
힘들다. 탈은 예전에 호수였던 곳으로 강과 폭포,
마을이 어우러져 아름답다. 다라파니는 안나푸르
나 서킷과 마나슬루 코스가 갈리는 지점이라 크고
좋은 로지가 많다.

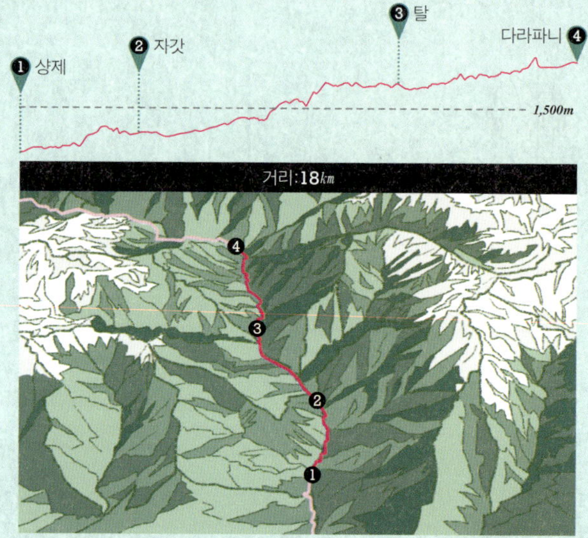

4일   안나푸르나 II 를 만나다   [LEVEL] ★★★☆☆

코 스   다라파니~바가르찹~탄촉~차메

거 리 13.4km   **시간** 6시간
포인트 드디어 만나는 안나푸르나
식사·숙소 에버그린 로지(탄촉), 모나리자 로지
(차메)

안나푸르나의 동쪽을 다스리는 안나푸르나 II 를 처
음으로 만난다. 바가르찹에서 탄촉에 이르는 길에
는 산사태가 난 흔적이 많다. 탄촉을 지나면 전나
무가 가득하고, 고토에 이르면 안나푸르나 II 와 람
중히말(6,932m)이 기막히게 보인다. 고토에서는
퍼미트 검사를 한다.

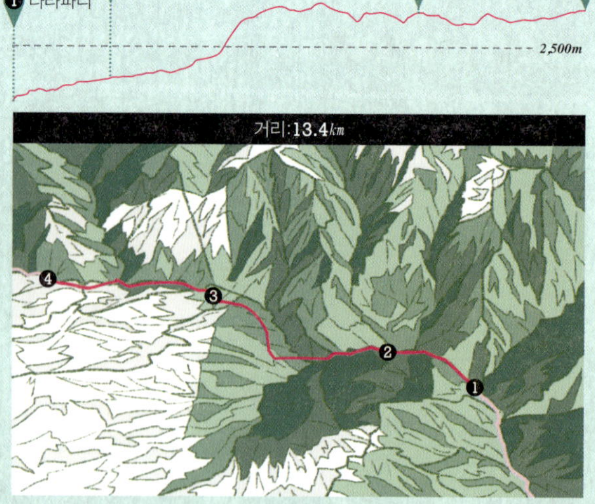

5일   심원한 숲길 지나 아래 피상으로   [LEVEL] ★★★☆☆

코 스   차메~브라탕~듀크포카리~피상

거리 14.1km   **시간** 7시간
포인트 옛 왕국처럼 느껴지는 피상 마을
식사·숙소 마야 로지(브라탕), 뉴티베탄 게스트
하우스(아래 피상)

마낭의 심장부인 피상에 입성한다. 브라탕엔 사과
나무가 많다. 가을 시즌에는 농장 주인이 거리에서
사과를 판다. 듀크포카리에서 피상까지는 심원한
숲길이다. 피상은 아래 피상과 위 피상이 있다. 아
래 피상은 트레커들을 위한 로지가 하나둘 들어서
면서 자연스럽게 생긴 마을이다. 본래 마을은 피상
피크 아래쪽에 자리 잡은 위 피상이다. 위 피상에
서는 마을 꼭대기에 자리 잡은 곰파가 볼 만하다.
또한 곰파에서 안나푸르나Ⅱ가 멋지게 보인다.

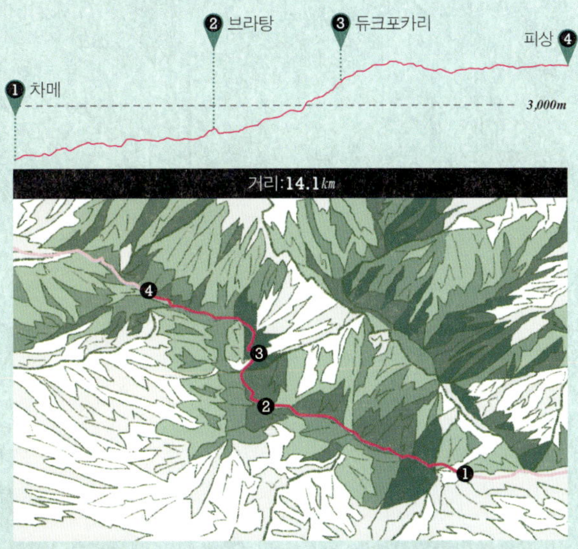

6일   안나푸르나 동쪽 수도인 마낭 입성   [LEVEL] Ⓐ ★★★☆☆ Ⓑ ★★★★★

코 스   Ⓐ 피상~훔데~브라가~마낭
Ⓑ 피상~위 피상~갸루~마낭

거 리 Ⓐ 14.6km Ⓑ 18km
시 간 Ⓐ 7시간 Ⓑ 10시간
포인트 쉬운 아랫길, 조망 좋은 윗길
식사·숙소 소남 호텔(훔데), 뉴야크 호텔(브라
가), 틸리초 호텔(마낭)

안나푸르나 동쪽 지역의 수도인 마낭에 입성한다.
피상에서 마낭으로 가는 길은 두 가지다. 아랫길은
훔데에 공항이 생기면서 새로 뚫린 호젓한 숲길이
고, 위 피상에서 시작되는 윗길은 주민들이 왕래하
던 옛길이다. 윗길이 아랫길보다 험하고 3시간 이
상 더 걸리지만 안나푸르나 연봉의 장쾌한 파노라
마를 볼 수 있다. 위 피상의 곰파를 구경하고, 갸루
와 나왈의 고풍스러운 마을을 거쳐 마낭으로 들어
간다.

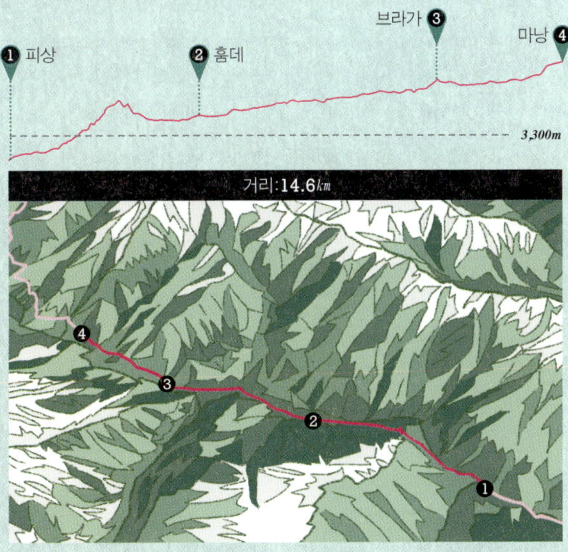

Course Guide

[코스별 가이드]

7일   마낭에서 달콤한 휴식

마낭에 도착하면 고소 순응을 위해 하루 쉬는 것이 필수다. 쉬면서 다녀올 수 있는 곳이 몇 군데 있다. 프라켄 곰파는 1시간 20분가량 걸리고 300m쯤 올라가야 한다. 브라가 곰파는 전날 지나쳐 온 브라가 마을에 있다. 500년 이상 된 유서 깊은 절이다. 마낭에서 30분쯤 걸린다. 티베트 불교의 성자 밀라레빠 Milarepa가 수행했던 동굴은 브라가에서 2시간쯤 걸린다. 그리고 아이스 레이크 Ice lake(4,600m)는 3시간 이상 걸리고 1,100m쯤 올라가야 한다.

8일   쏘롱 라를 향한 첫걸음   [LEVEL] ★★★☆☆

코 스   마낭~군상~야크카르카

거 리 9.13km **시간** 4시간 30분
포인트 쏘롱 라로 가는 첫날은 쉽다
식사·숙소 줄루 로지(군상), 강가푸르나 호텔(야크카르카)

쏘롱 라 고개를 넘기 위한 첫날이다. 500m 정도 고도가 올라가며, 길은 평탄하다. 전망 좋은 두 개의 로지가 있는 군상에서 점심을 먹는다. 야크카르카는 야크 방목지가 있던 곳으로 3개의 큰 로지가 있다. 만약 야크카르카 로지에 방이 없으면 야크카르카 윗마을의 로지를 이용하면 된다.

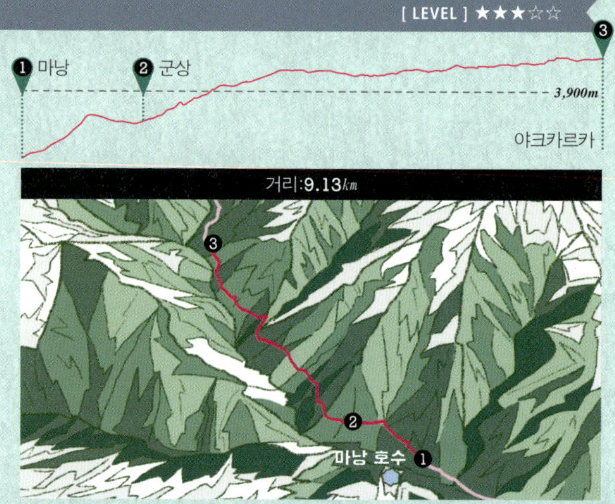

9일   4,800m 높이에서 하룻밤   [LEVEL] ★★★★☆

코 스   야크카르카~렛다르~쏘롱 페디~하이캠프

거리 7.9km **시간** 4시간 30분
포인트 인내의 밤을 보내야 한다.
식사·숙소 쏘롱 베이스캠프 로지(쏘롱 페디), 하이캠프 로지(하이캠프)

4,800m 하이캠프까지 올라 추위와 고소의 고통 속에서 하룻밤을 보내야 한다. 하이캠프 로지는 시즌 중에만 문을 열기 때문에 마낭에서 문을 열었는지 미리 확인해야 한다. 렛다르를 지나 나무 다리가 있는 계곡을 건너면 길은 급경사가 된다. 렛다르에서 쏘롱 페디까지는 2시간 30분쯤 걸린다. 쏘롱 페디~하이캠프는 코가 땅에 닿을 정도의 급경사를 1시간쯤 가야 한다.

10일 — 대망의 쏘롱 라를 넘다   [LEVEL] ★★★★★

코 스 하이캠프~쏘롱 라~묵티나트

거 리 13.9km   **시 간** 9~10시간
포인트 매우 힘들지만 매우 황홀한 길
식사·숙소 맙말리 호텔, 패스 오브 드림 호텔

대망의 쏘롱 라를 넘는 날이다. 11시가 넘으면 쏘롱 라에 강한 바람이 불기 때문에 하이캠프에서 오전 6시 이전에 출발하는 것이 좋다. 쏘롱 라까지 3시간쯤 걸리고, 경사가 급하지는 않지만 고도가 높아 걷기가 쉽지 않다. 고개를 넘으면 묵티나트 히말라야가 장관을 이룬다. 내려갈수록 길은 급경사고, 찻집이 있는 페디에 이르러서야 순해진다. 묵티나트 마을에 도착하기 전에 나오는 묵티나트 사원을 꼭 들르자. 힌두교와 불교의 성지이며 사원 뒤 108개의 성수에서 몸을 씻으면 번뇌가 사라진다고 한다.

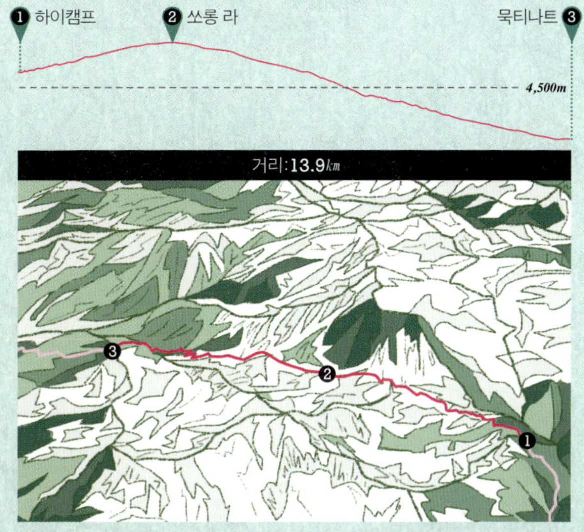

11일 — 칼리간다키강의 모래바람을 맞으며 마르파로   [LEVEL] ★★★★☆

코 스 묵티나트~카크베니~좀솜~마르파

거 리 24km   **시 간** 9시간
포인트 티베트 같은 카크베니
식사·숙소 파라다이스 호텔(마르파)

안나푸르나 서쪽 지역의 아름다운 마을을 둘러보는 길이다. 거리상 좀솜까지 가는 것이 맞지만 비행장과 군부대가 있어 산만하다. 좀 늦더라도 좀솜에서 1시간 30분 거리의 마르파까지 가는 게 좋다. 자르코트는 설산을 배경으로 허물어진 곰파가 묘한 조화를 이룬 아름다운 마을이다. 카크베니는 무스탕 왕국으로 가는 입구로, 사막의 오아시스 같은 마을이다. 마을 가운데로 계곡이 흐르고 푸른 밀밭이 펼쳐진다. 마르파는 안나푸르나 서쪽 지역 중에서 가장 아름다운 마을로, 당도 높은 사과로 유명하다.

Course Guide

[코스별 가이드]

12일 **안나푸르나 I 을 만나다** [LEVEL] ★★★★☆

코 스 **마르파~툭체~라르중~칼로파니**

거리 17.8㎞ **시간** 8시간
포인트 칼리간다키강을 따라서
식사·숙소 안나푸르나 로지(라르중), 씨유 로지 (칼로파니)

웅장한 다울라기리를 바라보며 칼리간다키강을 따라 내려간다. 툭체를 지나 고방에 이르면 강변의 버드나무와 설산이 어울려 아름답다. 고방에서 가까운 라르중에서 점심을 먹는다. 칼로파니는 '검은물'이란 뜻으로 전망 좋은 마을이다. 서킷 코스 중에서 유일하게 안나푸르나 I 이 닐기리 봉우리 뒤로 보이고, 다울라기리와 툭체 봉우리가 장관을 이룬다. 마을에는 전망 좋은 로지가 많다.

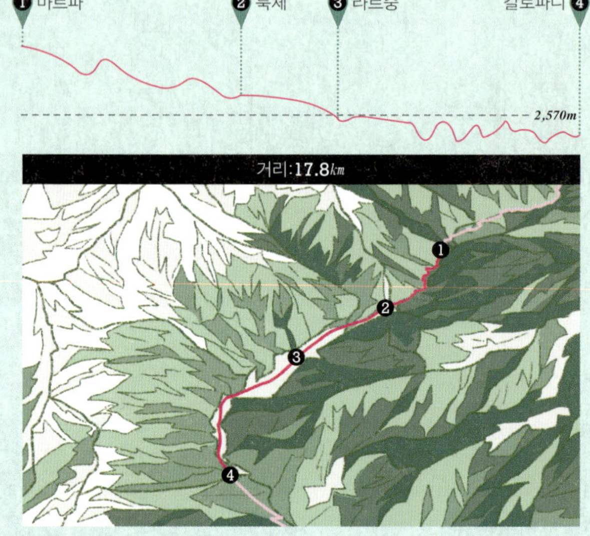

13일 **온천으로 피로를 풀다** [LEVEL] ★★★☆☆

코 스 **칼로파니~게샤~다나~타토파니**

거리 17.9㎞ **시간** 8시간
포인트 온몸이 녹는 듯한 온천의 맛
식사·숙소 카빈 로지(다나), 히말라야 로지(타토파니)

먼 길을 걸어 타토파니에 도착해 노천 온천에서 피로를 푼다. 길은 드넓은 강에서 계곡으로 바뀌며 게샤까지는 험한 계곡길이다. 다나는 밀밭과 다랑논이 많아 정겨운 시골 같다. 타토파니는 '뜨거운물'이란 뜻으로 강가에서 작은 온천이 솟는다. 일정에 여유가 없으면 타토파니에서 서킷을 끝낼 수 있다. 다음 날 버스를 타고 베니를 거쳐 포카라로 나가면 된다.

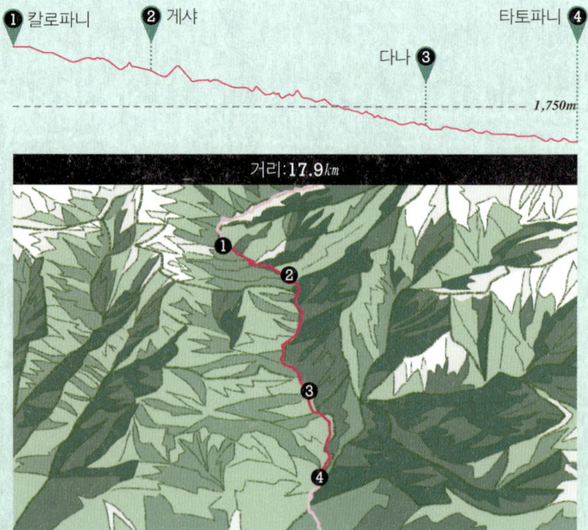

Course Guide

[코스별 가이드]

14일 — 랄리구라스 동산, 고라파니

[LEVEL] ★★★★★

코 스 타토파니~시카~고라파니

거리 14.8km **시간** 8시간
포인트 거친 오르막길 올라 푼힐을 만나다
식사·숙소 시카 로지(시카), 힐탑 게스트하우스 (고라파니)

무려 1,600m 고도를 오르는 힘든 길이다. 쏘롱 라를 넘으면 길은 줄곧 내리막이다. 오랜만에 고도를 한꺼번에 오르기에 더욱 힘들게 느껴진다. 시카에서 쉬면서 점심을 먹는 것이 좋다. 고라파니는 히말라야 전망대인 푼힐 아래에 있어 많은 사람으로 북적거린다.

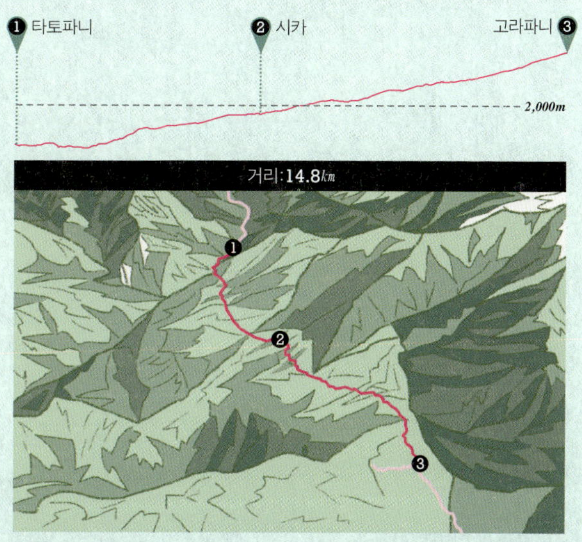

15일 — 푼힐 일출을 보며 서킷의 대미를 장식

[LEVEL] ★★★★☆

코 스 고라파니~푼힐~비렌탄티

거 리 18.9km **시간** 9시간
포인트 장대한 히말라야 일출
식사·숙소 피시테일 로지, 포카라의 호텔

새벽에 푼힐에 올라 장대한 히말라야 일출을 보며 서킷의 대미를 장식한다. 고라파니에서 푼힐까지는 1시간쯤 걸린다. 일출과 함께 깨어나는 다울라기리와 안나푸르나 연봉의 파노라마가 장관이다. 비렌탄티에서 버스를 타고 포카라로 간다. 일정에 여유가 있으면 고라파니에서 타타파니로 이동해 안나푸르나 베이스캠프 트레킹을 즐길 수 있다.

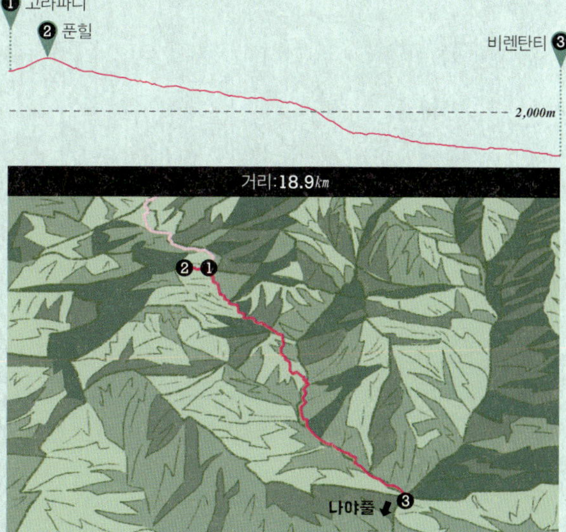

— 08 —

Everest Base Camp
에베레스트 베이스캠프

t base camp

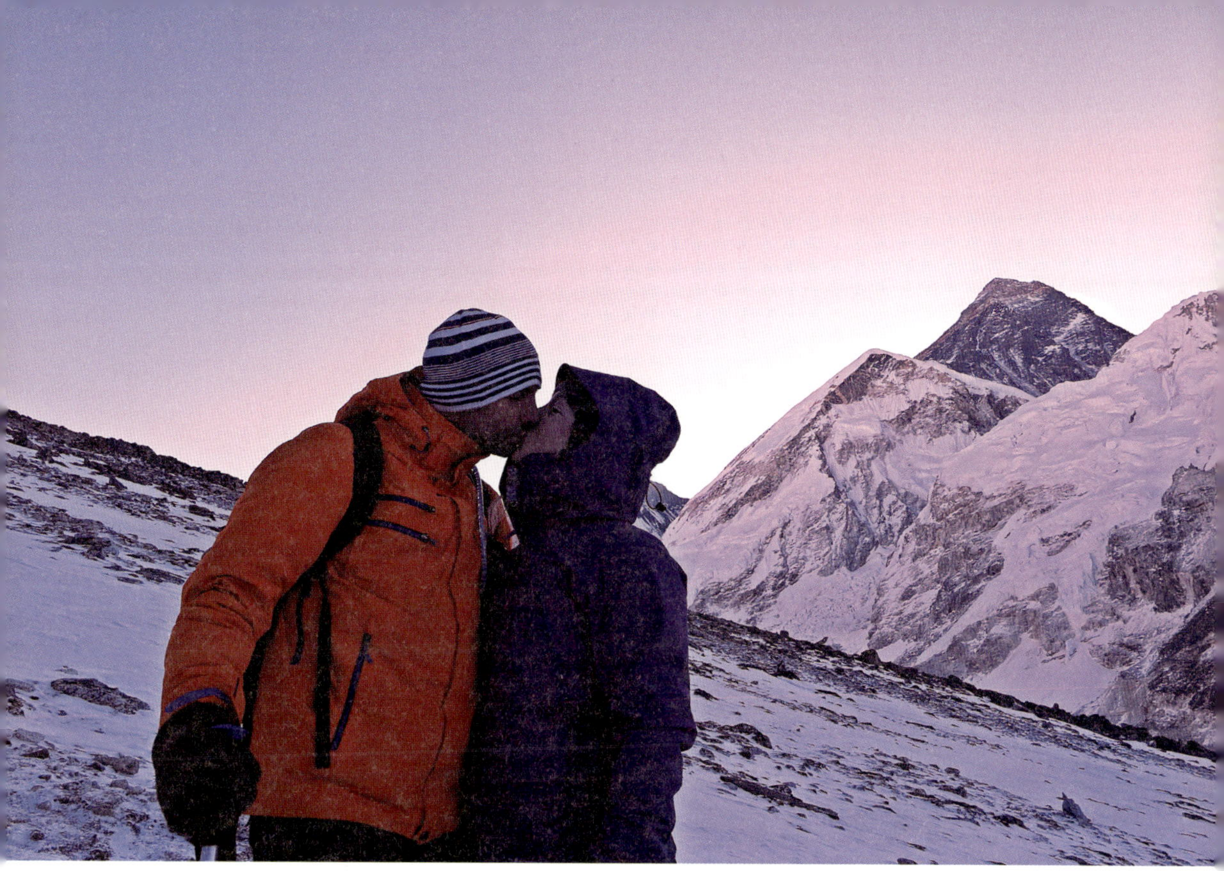

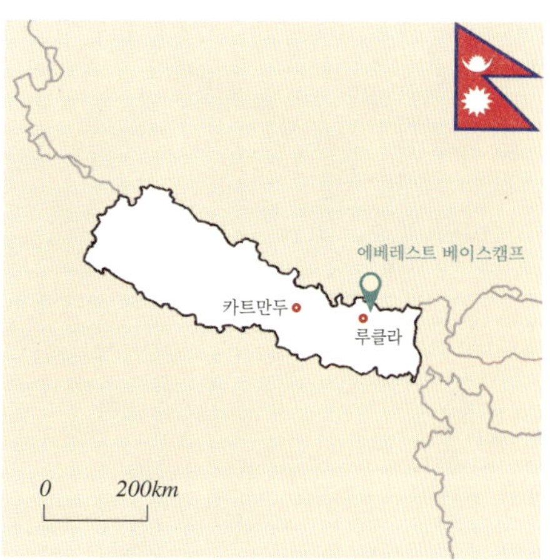

나를 가장 낮춰야 열리는, 세상에서 가장 높은 길

에베레스트 베이스캠프 Everest Base Camp

장소 네팔 쿰부 히말라야산맥

난이도 ▲▲▲▲▲ 풍경 ▲▲▲▲▲ 편의성 ▲▲▲△△

쿰부 히말라야 Khumbu Himalayas는 세계 최고봉 에베레스트(8,848m)를 품은 지역으로, 광대한 히말라야 중 가장 스펙터클한 풍경이 펼쳐지는 곳이다. 에베레스트와 로체(8,515m) 등의 고봉들, 아마다블람(6,856m), 탐세르쿠(6,623m), 푸모리(7,165m) 등의 명봉들이 조화와 균형을 이루며 웅장한 풍경을 빚어낸다. 에베레스트 베이스캠프를 향하는 길은 고소 순응에 괴로워하며 자신을 가장 낮춰야 비로소 열린다.

일정 : 15~17일 **시즌** : 1~5월, 9~12월(베스트 시즌 10~11월, 4~5월)

베스트 뷰포인트 : 처음으로 에베레스트를 만나는 에베레스트 뷰 로지(준베시 Junbesi 근처), 셰르파가 만든 공중도시 남체 Namche, 히말라야가 발아래로 펼쳐진 칼라파타르 등

코스 : ❶ 시발라야 ❷ 반다르 ❸ 세태 ❹ 준베시 ❺ 눈탈라 ❻ 붑사 ❼ 차우리카르카 ❽ 루클라 ❾ 남체 ❿ 쿰중 ⓫ 포르체 ⓬ 딩보체 ⓭ 페리체 ⓮ 두글라 ⓯ 로부체 ⓰ 칼라파타르 ⓱ 텡보체

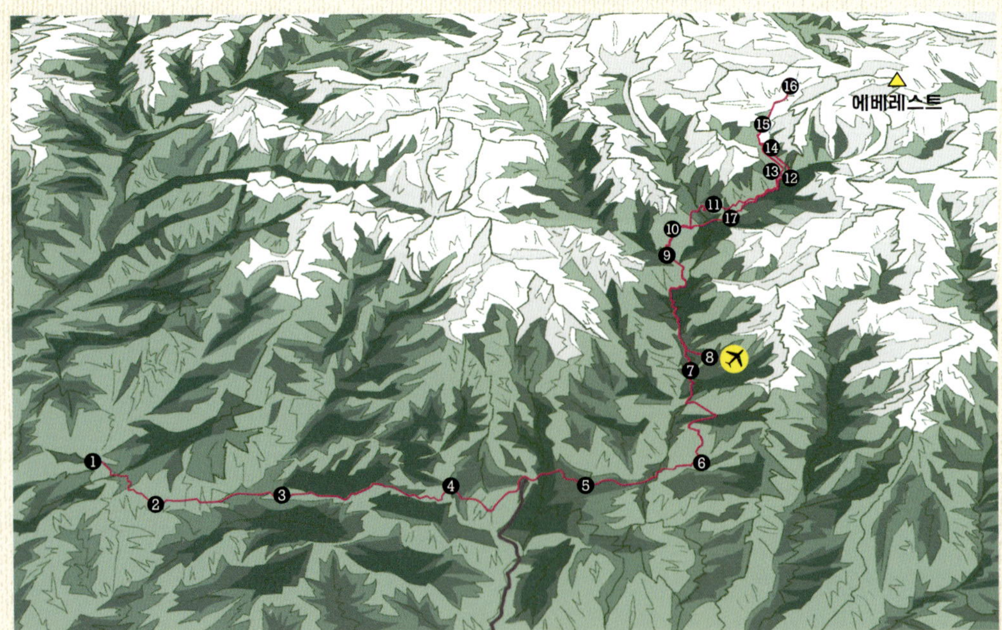

1953년 5월 29일 오전 11시 30분, 8,350m에 위치한 9캠프를 떠난 영국 원정대의 에드먼드 힐러리 Edmund Hillary 와 텐징 노르가이 셰르파 Tenzing Norgay Sherpa 는 마침내 에베레스트 정상에 섰다. 1852년 세계 최고봉으로 측량된 이후 100여 년 만에 등정이 이루어지는 순간이다. 1921년부터 세계 최고봉을 욕심냈던 영국은 도전 32년 만에 결실을 맺었다. 1909년 미국 피어리의 북극 도달, 1911년 노르웨이 아문센의 남극 도달 이후에 마지막으로 남아 있던 제3의 극지 에베레스트가 등정되면서 인류의 '대탐험 시대'는 막을 내린다. 에베레스트가 인간의 발길을 허락하자 세계 각국의 등반가들이 자국 최초 등정자라는 명예를 얻기 위해 신천지로 몰려들었다. 1977년 당시 29세였던 고상돈 대원은 에베레스트를 등정한 최초의 한국인이자 세계 58번째 등정자라는 기록을 세웠고, 우리나라는 세계 8번째 에베레스트 등정 국가가 되었다. 에베레스트가 있는 쿰부 히말라야는 세계 각국의 등반가와 매스컴을 통해 비로소 세상에 알려지게 되었다. 신화의 영역이었던 쿰부 히말라야가 인간의 역사로 내려오게 된 것이다.

BOOK1 『네팔 히말라야 트레킹』, 2025
히말라야를 체계적으로 안내한 한국어 가이드북.
BOOK2 『히말라야 40일간의 낮과 밤』, 김홍성 · 정명경, 세상의아침, 2006
카트만두에서 밥집 '소풍'을 운영했던 시인 김홍성과 아내 정명경의 에베레스트, 안나푸르나 산행기.
MOVIE 〈에베레스트〉, 2015
1966년 에베레스트 상업 등반대의 조난 과정을 사실적으로 그려낸 영화.
SITE 네팔 히말라야 트레킹 http://cafe.naver.com/trekking
대표적인 히말라야 트레킹 정보 사이트. 방대한 자료와 꼼꼼한 내용, 따끈따끈한 최신 정보를 얻을 수 있다.

● **고소 순응이 관건이다.** 고소는 고통도 안겨주지만 히말라야의 선물이기도 하다. 고소 덕분에 겸손하게 자신을 낮출 수 있기 때문이다. 고소 순응을 위해 다이아목스 Diamox 를 복용하는 것도 좋다. 이 약은 일종의 이뇨제로 소변을 잘 나오게 해서 몸의 균형을 유지해준다. 타멜 Thamel 과 남체에서 쉽게 구할 수 있다.
● **쿰부 히말라야의 진가는 설산과 평화롭게 어우러진 마을이다.** 꼭 칼라파타르 정상을 고집할 필요는 없다. 8일 일정의 '쿰부 마을 순환 코스'를 통해서도 쿰부 히말라야의 진가를 만끽할 수 있다.

【 15일 코스는 p.234 참고 】

본래 출발점은 지리이지만 1964년 루클라 공항 Lukla Airport(텐징힐러리 공항 Tenzing-Hillary Airport)이 세워지면서 시작점이 루클라로 자리 잡았다. 따라서 시작점을 지리로 할지 루클라로 할지는 각자 선택해야 한다. 일정에 여유가 있고 이 코스를 제대로 밟아보고 싶다면 지리 코스를 추천한다. 고소 순응에 절대적으로 유리하지만 매우 힘든 것은 각오해야 한다. 루클라를 출발점으로 하면 단번에 2,840m로 올라서기 때문에 고소 순응에 각별히 주의해야 한다. 일정에 여유가 없고 높은 고도가 부담스럽다면 8일 일정의 '쿰부 마을 순환 코스'를 추천한다.

지리~칼라파타르~루클라 코스 15일

1 DAY	시발라야(지리) ➡ 반다르
2 DAY	반다르 ➡ 세테
3 DAY	세테 ➡ 준베시
4 DAY	준베시 ➡ 눈탈라
5 DAY	눈탈라 ➡ 붑사
6 DAY	붑사 ➡ 차우리카르카(루클라)
7 DAY	차우리카르카 ➡ 남체
8 DAY	남체 ➡ 텡보체
9 DAY	텡보체 ➡ 딩보체
10 DAY	딩보체 ➡ 로부체
11 DAY	로부체 ➡ 고락셉
12 DAY	고락셉 ➡ 페리체
13 DAY	페리체 ➡ 포르체
14 DAY	포르체 ➡ 남체
15 DAY	남체 ➡ 루클라

루클라~칼라파타르~루클라 코스 10일

1 DAY	루클라 ➡ 팍딩
2 DAY	팍딩 ➡ 남체
3 DAY	남체에서 휴식 (고소 적응)
4 DAY	남체 ➡ 텡보체
5 DAY	텡보체 ➡ 딩보체
6 DAY	딩보체 ➡ 로부체
7 DAY	로부체 ➡ 고락셉
8 DAY	고락셉 ➡ 페리체
9 DAY	페리체 ➡ 남체
10 DAY	남체 ➡ 루클라

쿰부 마을 순환 코스 8일

1 DAY	루클라 ➡ 팍딩
2 DAY	팍딩 ➡ 남체
3 DAY	남체 ➡ 타모 ➡ 타메
4 DAY	타메 ➡ 쿰중 ➡ 텡보체
5 DAY	텡보체 ➡ 딩보체
6 DAY	딩보체 ➡ 포르체
7 DAY	포르체 ➡ 남체
8 DAY	남체 ➡ 루클라

Traveler's Note

 **항공** : 인천~카트만두 Kathmandu 직항은 대한항공이 겨울방학 때만 잠시 운항한다. 다른 계절에는 방콕, 말레이시아를 경유하는 타이항공 또는 말레이시아항공을 이용해야 한다.

교통 : 트리부반 공항 Tribhuvan Airport에 도착해 택시를 타고 여행자 거리인 타멜로 간다. 2016년 6월부터 택시에 미터기 사용이 의무화됐지만 택시기사들은 여전히 여행자에게 요금 흥정을 한다. 그래도 미터기 덕분에 여행자들이 택시기사와 흥정하는 데 조금 유리해졌다. 올드버스파크에서 지리, 시발라야, 반다르 Bhandar로 가는 버스는 06:00~08:00에 출발하며, 정확한 시간은 현장에서 확인해야 한다. 10시간 정도 소요된다.

올드버스파크

숙소 : 트레킹 중에는 로지에서 묵는다. 주민들이 히말라야에 로지를 짓고 트레커에게 잠자리와 식사를 제공한다. 로지는 산장과 비슷하지만 마을에 있다는 점이 다르며, 히말라야와 함께 살아가는 사람들의 순박한 모습을 볼 수 있다. 사전 예약이 필요 없고 현장에서 마음에 드는 곳을 선택하면 된다.

타멜 소재의 부티크 호텔

타멜에서는 시내에 있는 중급 호텔인 티베트 게스트하우스 Tibet Guesthouse(+977 1426 0383, http://www.tibetguesthouse.com)나 부티크 호텔 등을 많이 이용한다. 최근에는 부킹닷컴, 아고다 등 애플리케이션을 통해 싸고 좋은 숙소를 예약하는 사람들이 많다.

✔ *check list*

- 일정 : 준비 15일 + 트레킹 여행 20일
- 경비 : 약 350만 원
- 교통 : 항공, 버스, 택시 등
- 숙박 : 로지, 호텔
- 장비 : 중등산화, 스틱, 의류, 침낭 등
- 비자 : 공항에서 입국 수속하면서 발급, 사진 1장 필요.
- 환전 : 루피(Rs), 현지에서 환전.
- 언어 : 네팔어, 영어

혼자 짐을 지고 간 필자의 장비. 무게는 12kg

마을마다 잘 설치되어 있는 안내판

루클라의 체크 포인트.
퍼미트를 검사하는 곳이다.

식사 : 로지에서 언제든지 네팔식, 서양식 등 다양한 음식을 먹을 수 있고, 셰르파의 주식인 달밧(밥, 맑은 녹두죽, 야채 등)도 맛볼 수 있다. 필자가 추천하는 음식은 삶은 계란. 맛도 좋고 영양가 만점이다. 한국에서 라면을 가져가면 큰 힘이 된다.

장비 : 중등산화와 스틱은 필수다. 포터(가이드) 고용 여부에 따라 장비가 달라진다. 포터를 고용하면 무거운 동계용 침낭과 식량 등을 가방에 넣을 수 있다. 혼자 갈 경우에는 무게를 줄여야 하므로 동계용 침낭보다는 삼계절 침낭을 선택한다. 이 경우 로지에서 제공하는 담요를 함께 쓰면 된다. 짐의 무게는 12kg(남성), 10kg(여성)을 넘지 않는 게 좋다.

지도 : 타멜 시내 이곳저곳의 서점이나 장비점에서 지도를 쉽게 구할 수 있다. 살펴보고 가장 마음에 드는 지도를 구입하면 된다.

안내 표시 : 트레킹 루트는 마을과 마을을 연결하는 길이라 찾기 쉽다. 마을마다 안내판이 잘 설치되어 있으며, 혹시 길이 헷갈릴 때는 주민들에게 물어보면 친절하게 알려준다.

정보 : 에베레스트 베이스캠프 트레킹에서 퍼미트 Permit는 꼭 필요하다. 지리 코스의 퍼미트는 시발라야에서, 에베레스트 베이스캠프 트레킹의 퍼미트는 조르살레에서 받을 수 있다. 가이드 또는 포터 고용 필수 여부는 트레킹 지역에 따라 다르다. 사전에 확인해 계획을 짜야 한다. 가이드 또는 포터 고용을 추천한다.

#1th Day: 한 송이 랄리구라스의 축복

결국 초심을 따르기로 했다. 지리부터 걸어가기. 이 길을 따르면 에베레스트 트레킹 코스의 중간쯤인 루클라(2,850m)까지 6~7일이 걸린다. 비행기를 타면 루클라까지의 소요 시간은 단 40분. 초심을 흔들리게 한 것은 혼자라는 사실이었다. 혼자 호젓하게 히말라야를 만나고 싶었다. 기꺼이 나는 나 자신의 포터가 되기로 했다. 문제는 12kg의 짐을 지고 루클라까지 2,700m, 3,530m, 3,071m 고개를 롤러코스터처럼 넘어야 한다는 것이다. 솔직히 중간에 무너질까 봐 심히 망설였다.

트레킹이 시작되는 지리의 거리

쿰부 히말라야는 각별하다. 12년 전 처음 만났다. 히말라야를 처음 찾아가는 기분은 첫사랑을 만나러 가는 길처럼 애틋하다. 당시 8월이었는데 하필 여름철 우기였다. 하루 걸러 내리는 비를 맞으며 초록빛 가득한 히말라야를 걸었다. 덕분에 히말라야의 기억은 푸르고 풍요롭다.

카트만두에서 출발한 버스는 어둑어둑해질 무렵 지리(1,935m)에 도착했다. 비포장 길과 좁은 버스 안으로 끊임없이 밀고 들어오는 사람들에게 시달려 몸은 파김치가 됐다. 잠시 지리 거리를 헤매다가 적당한 로지를 골라 하룻밤을 묵었다. 다음 날 로지 주인장은 마침 시발라야(1,770m)로 가는 지프가 있으니 타고 가란다. 덕분에 지리에서 걸어서 2시간 30분 거리의 시발라야에서 본격적인 트레킹을 시작했다.

호젓한 강변 마을인 시발라야

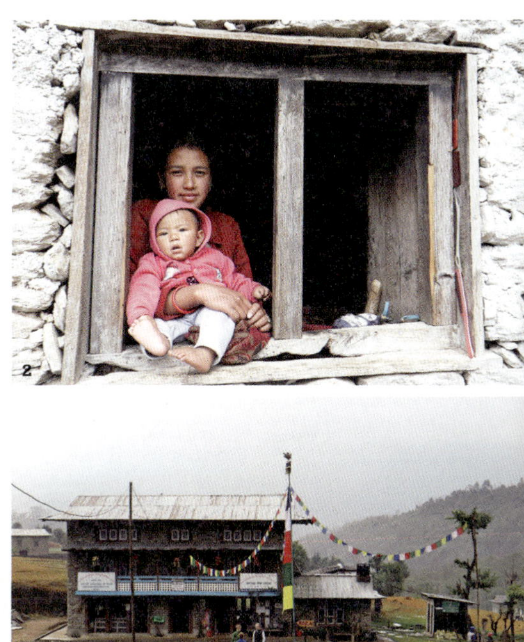

1 반다르 입성을 환영하며 랄리구라스 꽃을 건네는 소녀
2 데우랄리 가는 길에 만난 엄마와 아들
3 잔디가 깔린 산 중턱의 평화로운 마을 반다르

시발라야는 예쁜 강변 마을이다. 마을 언덕에는 네팔의 국화인 랄리구라스가 활짝 피었다. 꽃을 만나자 내 얼굴도 피기 시작한다. 기분이 좋아져 귀에 꽃을 꽂고 셀카를 찍었다. 출발에 앞서 신발끈을 묶고 배낭끈을 조인다. 첫 발걸음에 쿵쿵 가슴이 뛴다. 길은 데우랄리 이정표를 따라 끝없는 오르막으로 이어진다. 처음부터 만만치 않다. 데우랄리는 '높은 고개'란 뜻으로 높이가 무려 2,700m다. 고개 중간쯤에 집을 짓는 사람들이 보인다. 한 사내가 자기 집이라며 웃는다. 밀크티 한 잔을 얻어먹으면서 기쁘게 노동하는 사람들을 바라본다. 다음에 다시 와서 완성된 집을 보고 싶다.

데우랄리 정상엔 돌탑과 큰 로지가 있다. 로지에서 레몬티를 한 잔 마시며 쉬었다가 고개를 내려온다. 반다르가 가까워지자 길에 곱게 잔디가 깔려 있다. 길에서 놀던 한 소녀가 다가와 붉은 랄리구라스 한 송이를 건네준다. 소녀의 눈동자가 맑고 투명하다. 우리 마을에 온 걸 환영하며 나의 발걸음을 축복한다는 마음이 전해진다. 소녀의 축복에 마음이 한없이 부푼다.

산 중턱에 자리한 반다르(2,190m) 마을은 평화롭고 아름다웠다. 카트만두에서 하루에 한 번뿐이지만 버스가 다니기 때문에 마을이 번화했으리라는 생각은 오산이었다. 곰파(티베트 사원) 앞의 로지에서 늦은 점심을 먹는데, 빗줄기가 슬레이트 지붕을 두들긴다. 비는 그칠 기미가 없다. 미련 없이 하룻밤 묵어가기로 했다. 방으로 들어오자 전보다 더 굵어진 빗줄기는 지붕을 구멍 낼 기세로 쏟아진다. 멀리 높은 봉우리들에 번개가 내리친다. 몇초 후, 우르릉 쾅! 천둥이 친다. 나중에 알았지만 위쪽 마을엔 큰 눈이 내렸다고 한다. 비가 그치고 곰파 주변을 어슬렁거리며 해 지는 모습을 바라봤다. 논둑길을 걸어 집으로 돌아가는 사람들의 모습이 한없이 평화로웠다.

#2~3rd Day: 비 맞으며 람주라 고개를 넘다

둘째 날, 비가 잠시 소강상태일 때 길을 나선다. 반다르에서 킨자 ^{Kinja}(1,640m)까지는 산허리를 길게 타고 도는 내리막길이다. 데우랄리 고개가 바야흐로 바닥을 찍고 살짝 오르막이 시작되는 지점에 킨자 마을이 있다. 계곡 옆의 로지에서 주인장에게 뚝바가 되느냐고 물었다. 그가 웃으며 오케이를 한다. 뚝바는 셰르파족이 먹는 국수다. 사람 좋아 보이는 그가 직접 만들어온 뚝바에는 계란 고명까지 올려져 있다. 모처럼 맛난 음식을 먹었더니 기분이 좋아졌다. 오래간만에 쨍쨍 햇빛이 나서 계곡에서 머리를 감았더니 상쾌함이 밀려온다.

킨자는 악명 높은 람주라 고개(3,530m)의 시작이다. 고개 중간쯤인 세테 ^{Sete}(2,575m)에서 하룻밤 묵고 고개를 넘어야 한다. 길섶에는 랄리구라스가 가득한데 분홍색, 붉은색, 흰색 등 색깔이 다양하다. 랄리구라스 향기가 등을 밀어줘 발걸음이 가볍다. 반다

1 닥추에서 소남 게스트하우스를 운영하는 가족. 밝고 친절했다.
2 4월 말에도 눈이 남아 있는 람주라 고개

"

호주에서 온 가족이 람주라 랄리구라스 동산을 오르고 있다.

르에서 봤던 호주 가족팀이 돌탑 아래에서 쉬고 있다. 초등학생 둘을 데리고 이 어려운 길을 걷는 게 존경스럽다. 세테가 가까워지자 나뭇등걸 아래서 세 사람이 쉬고 있다. 러시아, 이란, 몰디브에서 온 보기 드문 다국적 여행자들이다. 러시아 친구가 부는 피리 소리가 숲으로 스며든다. 혼자 먼 길 가려면 한눈팔 시간이 없어 함께 어울리고 싶은 마음을 꾹 참는다. 세테를 지나 1시간 더 올라 닥추 ^{Dagchu}에서 멈췄다.

닥추는 랄리구라스와 목련이 가득한 동산이다. 하룻밤 묵은 소남 게스트하우스에서는 엄마가 아이 셋을 키우는 모습이 참 정겨웠다. 체크아웃하며 아이들 학용품 사주라고 200루피를 더 줬다. 아주머니의 얼굴에 함박웃음이 가득하다. 그 웃음에 힘이 나고 행복감이 밀려온다. 닥추 위의 고옘 ^{Goyem} 역시 랄리구라스 동산이다. 지대가 높아 아직 꽃은 피지 않았고, 꽃봉오리 가득한 숲은 팽팽한 긴장감이 감돈다. 새들이 지저귀며 정적을 깨뜨린다.

간간이 내리던 비가 그치자 산정은 안개로 가득하다. 이제 구름 위를 걷는다. 람주라 마을에서 허기를 채우고, 다시 비 내리는 람주라 고개를 넘는다. 고개 정상에서 여승들이 내려오며 호주 가족팀 아이들의 얼굴을 쓰다듬는다. 나에게도 사탕을 건네준다. 달콤한 사탕을 입에 털어 넣고 영차 힘을 내 고개를 넘는다. 다시 빗줄기가 굵어지고 걸음이 빨라진다.

준베시 Junbesi(2,670m) 직전에 있는 언덕에 유서 깊은 준베시 곰파가 있다. 개구쟁이 동자승들이 장난을 치면서도 경을 외우느라 분주하다. 경건한 분위기가 가득한 곰파를 둘러보고 마을로 들어온다. 준베시는 남체 Namche(3,440m) 아래에서 가장 큰 셰르파 마을이다. 셰르파족은 본래 티베트에 살던 종족이다. 티베트에서 낭파라 Nangpa La 고개를 넘어 쿰부 히말라야에 정착했다. 먼저 타메 Thame, 쿰중, 남체 등에 마을을 가꿨고, 일부가 산에서 내려와 준베시에 아름다운 마을을 꾸몄다. 준베시는 소문처럼 평화로웠다. 오랜만에 시설 좋은 로지에서 하룻밤을 청한다. 그날은 밤늦게까지 일기를 쓰다가 잠들었다.

"하루하루가 모험이고 하루하루가 스펙터클하다. 길을 찾아 헤매던 에베레스트 원정대는 얼마나 황홀했을까…."

유서 깊은 준베시 곰파. 두 스님이 불경을 외우고 있다.

#4~5th Day: 고소의 전조, 악몽을 꾸다

넷째 날, 일찍 일어나 창밖을 보고 환호성을 질렀다. 날이 쾌청하다. 서둘러 아침을 먹고 길을 나선다. 트레킹 중 처음으로 에베레스트를 만나는 날이다. 준베시의 스투파 앞에서 마을을 빠져나와 그윽한 전나무숲을 통과하자 시야가 조금씩 열린다. 서둘러 긴 모퉁이를 돌아 에베레스트 뷰 로지(3,100m)의 넓은 앞마당으로 들어선다. 와~ 감탄이 먼저 터져 나온다. 설산들은 생각보다 멀리서 단단히 어깨동무하며 솟구쳐 있다. 날은 더없이 맑지만 맨 왼쪽의 에베레스트는 구름 속에 들어가 있다. 한참을 기다려도 에베레스트는 얼굴을 보여주지 않는다.

남체 아래에서 가장 큰 셰르파 마을인 준베시

Everest Base Camp

1 히말라야를 배경으로 한 탁신두 곰파의 개구쟁이 동자승
2 눈탈라 마을의 아낙들이 똥바를 마시고 살짝 취해 있다.
3 에베레스트 뷰 로지에서 링모로 가는 길에는 시종일관 설산이 있다.

에베레스트 뷰 로지 마당에서 히말라야 설산이 파노라마처럼 펼쳐진다.

Everest Base Camp

다시 길을 나서면 링모 Ringmo(2,700m)로 들어선다. 삼거리인 링모는 교통의 요지다. 셀러리 Salleri와 루클라로 가는 길이 갈린다. 셀러리는 제법 큰 도시로, 카트만두로 가는 지프가 다닌다. 링모부터 길은 말똥길이다. 셀러리에서 산간 마을의 생필품을 말과 당나귀가 나르기 때문이다. 링모에서 가파른 길을 오르면 탁신두라 Trakshindo La(3,071m) 고개에 닿는다. 오후가 되자 설산들은 구름 옷을 입고 꼭꼭 숨었다.

탁신두라 고개를 내려오면 전망 좋은 장소에 탁신두 곰파가 있다. 1946년 라마가 텡보체 Tengboche에 세운 유서 깊은 절이다. 곰파 안으로 들어서자 넓은 잔디밭에서 동자승들이 깔깔거리며 피구를 하고 있다. 개구쟁이 동자승들을 구경하는 재미가 쏠쏠하다. 곰파를 나와 다시 한동안 내려오면 눈탈라 Nunthala(2,220m)에 도착한다. 마당이 넓은 로지에서 하룻밤을 청한다. 로지 안의 식당에서는 이웃 아낙들이 똥바 Tongba를 마시고 있다. 똥바는 발효된 수수가 들어 있는 통에 뜨거운 물을 부어가며 마시는 술이다. 아낙이 권하는 똥바를 망설이다가 받았다. 미지근한 정종 맛이 기막히다.

간밤에 악몽을 꿨다. 악몽도 고소의 일종이다. 고소는 높은 지대에서의 산소 부족이 인간에게 미치는 광범위한 영향이다. 두통, 구토, 식욕 저하, 무기력 등 사람마다 반응이 다르다. 어떤 사람은 아무렇지도 않고, 심한 사람은 목숨을 잃기도 한다. 고소는 인간의 약한 지점을 교묘하게 파고든다.

다섯째 날, 몸도 마음도 무겁다. 하지만 걷는 방법밖에 없다. 말똥 가득한 돌길은 미끄럽다. 내리막길은 기어코 두드코시 계곡 Dudh Kosi Valley의 바닥을 찍는다. 다시 이어지는 오르막이 더욱 힘들게 느껴진다. 점심 먹은 식당은 라이족이 운영하는 곳이었다. 쿰부 히말라야에는 대부분 셰르파족이 살지만 간혹 라이족들도 있다. 셰르파족과 라이족은 한국 사람과 비슷하게 생겼는데 라이족이 우리를 좀 더 닮았다. 식당의 할머니는 화려한 라이족 전통 의복을 입었다. 큰 목걸이를 걸고, 코를 뚫어 큰 코걸이도 했다. 양 손목에도 팔찌를 여러 개 찼다. 12년 전에 걸을 때 고용한 포터가 라이족이었다. 라젠 라이를 아느냐고 물어보니 고개를 흔든다.

카리콜라 Kharikola는 산비탈에 계단식으로 자리한 제법 큰 마을이다. 맑은 날에는 설산들이 우뚝하리라. 몸이 힘들었지만 기어코 붑사 Bupsa(2,360m)까지 올랐다. 카리콜라에서 올려다본 언덕에 자리한 마을이 붑사였다. 점심을 먹었던 식당 벽에 붙어 있는 광고에서 봤던 와이파이가 되는 숙소에 들어갔다. 몸과 마음이 약해졌는지 가족과 친구들의 안부가 궁금했다. 와이파이는 산 넘고 바다 건너 초췌한 내 모습을 가족과 친구들에게 전해줬다.

#6~7th Day: 셰르파의 공중도시, 남체 입성

여섯째 날은 아침부터 비가 내렸다. 카리라 ^{Kari La}(2,880m) 고개를 넘을 때 비는 우박으로 바뀌었다. 굵은 빗줄기에 쫄딱 젖어 푸이얀 ^{Puiyan}(2,756m)의 한 로지 부엌을 꿰차고 앉아 옷을 말렸다. 뚝바를 시키자 주인장의 딸 밍마가 그 자리에서 바로 요리를 시작한다. 먼저 면을 삶고, 각종 야채를 볶다가 물을 넣고 끓여 국물을 만든다. 그리고 국물에 면을 잘 말아서 건네준다. 그동안 먹어본 뚝바 중 최고였다. 나와 밍마는 아궁이 옆에 나란히 앉아 슬레이트 지붕을 때리는 빗소리를 들으며 두런두런 이야기 나눴다. 그녀는 내가 30대처럼 보인

팍딩에서 남체로 가기 위해 건너는 긴 구름다리

별이 쏟아지는 남체의 밤

다고, 또 비가 많이 오니 로지에 묵어가라고 했다. 나는 비 내리는 창밖을 멍하니 바라봤다. 푸이얀은 랄리구라스와 짭(목련)으로 둘러싸인 아름다운 마을이었다.

밍마의 커다란 눈동자를 뒤로하고 길을 나섰다. 비를 핑계 삼아 하룻밤 쉬어 가고 싶었지만 비가 온다고 쉬는 사람은 없었다. 트레커도 포터도, 말도 자기 길을 따라 흘러갔다. 얼마쯤 갔을까. 빗줄기가 좀 잦아들면서 멀리 언덕 위의 루클라가 보였다. 마을 뒷산에 눈이 쌓여 마치 천국처럼 보였다. '그래 오늘은 저기까지 가는 거야'라고 나는 다짐했다. 수르케(2,296m)의 어느 로지에서 눈에 익은 가이드가 들어오라고 손짓했지만, "루클라"를 외치며 힘차게 빗줄기를 갈랐다. 끝없이 이어진 급경사를 타고 올라 해가 저물 무렵에야 루클라

에 도착했다. 6일 만의 루클라 입성에 감동의 물결이 밀려왔다. 루클라는 번화한 도시처럼 반짝반짝 빛났고, 나는 시골에서 온 촌놈처럼 정신이 없었다.

일곱째 날, 컨디션이 꽝이다. 간밤에 시설 좋아 보이는 메사 호텔에 묵었는데 최악이었다. 샤워 중에 뜨거운 물이 끊겨 찬물을 뒤집어썼다. 음식값은 턱없이 비쌌고, 심지어 침대에서 베드버그에 물렸다. 밍마가 있던 푸이얀의 로지가 그리웠다. 루클라가 아니라 정통 루트를 따라 차우리카르카 ChauriKharka(2,520m)로 갔으면 더 좋았겠다. 아침 일찍 호텔을 나왔다. 12년 전 지났던 길이라 낯익다. 불쑥불쑥 기억이 살아난다. 복사꽃과 벚꽃이 핀 마을 풍경이 무릉도원 같다. 점점 날씨가 개면서 컨디션도 조금씩 올라갔다. 간혹 구름 속에서 고개를 내미는 설산에서 힘을 얻었다. 팍딩을 지나 12년 전에 점심을 먹었던 벤카 로지에서 그때처럼 계란볶음밥을 주문했다. 여주인의 얼굴이 예전 그대로였기에 12년 전으로 돌아온 기분이었다. 창밖에는 만개한 벚나무가 바람에 흔들리며 잎을 날려 보냈다.

조르살레 Jorsale(2,816m)를 지나 아찔한 철다리를 건너 대망의 남체에 입성했다. 예전에는 비행기를 타고 루클라에 내려 팍딩과 몬조에서 각각 묵고 3일째 남체에 올랐었다. 이번에는 루클라에서 하루 만에 남체까지 올랐다. 지리부터 걸어온 탓에 고소 순응이 됐고, 험준한 고개를 넘어오면서 다리에 힘이 생긴 덕분이다. 아무리 험하고 먼 길이라도 걸을 힘은 길에서 얻는 법이다. 그날 밤, 구름이 걷히면서 설산이 드러났다. 남체의 수호신 꽁데 Kwangde가 우뚝하고 뒤로 탐세르쿠 Thamserku, 캉데카 Kangtega 등이 병풍처럼 감싸고 있었다. 오래간만에 나타난 설산과 빛나는 별들을 오들오들 떨면서 구경했다.

#8~9th Day: 한국 에베레스트 정찰대의 40주년 기념 트레킹

여덟째 날, 아침이 유리처럼 맑다. "너 운이 참 좋다. 남체에는 어제까지 줄곧 비가 내렸어."
로지 주인장의 말을 들으면서 기분 좋게 길을 나선다. 트레킹하면서 정말 맑았으면 하는 날
은 거짓말처럼 화창했다. 준베시에서도 그렇고 지금도 그렇다. 푸이얀 마을에서 매정하게
밍마를 떠난 것도, 추적추적 비 맞으며 루클라까지 무리해서 올라온 것도, 남체까지 한 번
에 올라온 것도 모두 오늘을 위한 준비처럼 느껴졌다.

남체에서 텡보체로 가는 길. 에베레스트(가운데 고개를 살짝 내민 봉우리)와 아마다블람(오른쪽)이 웅장하게 나타난다.

남체 주민들은 이른 아침이면 향나무 가지를 태워 향로에 담는다. 향로는 집 안 구석 구석을 돌면서 향기와 연기를 물씬 풍긴다. 이른 아침의 남체는 향나무 연기와 향기로 가득하다. 이 모습을 남체의 수호신 꽁데가 바라보고 있다. 남체 마을은 반원형의 비탈에 계단식으로 자리 잡고 있다. 마치 로마의 원형경기장을 떠오르게 하는데 모든 집들은 정면으로 꽁데를 바라보고 있다. 남체의 거대한 로지와 집들은 포터들이 아랫마을에서부터 자재들을 날라서 만들었다. 3,440m 고도에 지어진 셰르파 마을은 히말라야 설산만큼이나 경이롭다.

남체에서 이어지는 길은 다양하다. 타메, 쿰중, 샹보체, 텡보체 등으로 이어지는데, 메인 트레킹 루트는 텡보체 Tengboche(3,840m)로 가는 길이다. 남체 꼭대기까지 올라가면 오른쪽으로 텡보체 가는 길이 이어진다. 산허리를 따르는 길로 걷기 좋고 조망이 일품이다.

조망 좋은 텡보체 언덕에 자리한 텡보체 곰파

돌탑이 서 있는 곳에서 모퉁이를 돌면 쿰부 히말라야의 진가가 드러난다. 왼쪽 멀리 에베레스트가 흰 연기를 날리고, 오른쪽으로 셰르파족이 가장 신성시하는 아마다블람이 우뚝하다. 아마다블람은 '어머니의 목걸이'란 뜻의 셰르파어로 독특한 생김새가 경이롭다. 처음 보았을 때는 전율이 일어나며 '악의 꽃'이란 보드레르 시집 제목이 떠올랐다. 그 모습이 낯설고 무섭지만 아름다웠기 때문이다.

3,860m 언덕 위에 자리한 텡보체는 거대한 곰파가 자리한 마을이다. 텡보체 곰파는 쿰부 지역에서 가장 큰 곰파 중 하나로 1916년에 세워졌다. 곰파에서는 캉테가와 탐세르쿠가 마치 곰파의 수문장처럼 보이며, 앞쪽으로 에베레스트와 아마다블람이 펼쳐진다. 텡보체는 쿰부 히말라야의 전망대라 해도 과언이 아니다.

설산들이 파노라마처럼 펼쳐지는 딩보체 언덕

텡보체에서 점심을 먹고 데보체 Deboche로 내려서니 오후 2시. 여기서 걸음을 멈출까 하다가 너무 일찍 도착해 그냥 걷기로 했다. 걸음은 아래 팡보체 Lower Pangboche를 지나 위 팡보체 Upper Pangboche까지 이어졌다. 풍경에 취해 나도 모르게 원 없이 걸었다. 정상적인 일정보다 반나절 빠른 속도다. 지리에서 걸어왔기에 고소 순응에는 무리가 없었지만 밤에 깊은 잠은 잘 수 없었다.

아홉째 날, 고단한 몸을 이끌고 다시 길에 오른다. 아마다블람 맞은편으로 검은 바위봉 로체가 우뚝하다. 소마레 Somare를 지나면 갈림길. 왼쪽은 페리체 Periche, 오른쪽은 딩보체 Dingboche(4,410m) 가는 길이다. 딩보체 입구에서 한국인 두 사람을 만났다. 알고 보니 1977년 우리나라가 에베레스트를 등정하는 데 큰 역할을 한 분들이다. 우리나라는 1977년 에베레스트 원정대를 파견하기 2년 전인 1975년에 정찰대를 파견했다. 두 사람이 바로 정찰대의 김인섭 부대장과 김병준 대원이다. 에베레스트 정찰 40년을 기념하기 위해 트레킹을 왔다고 한다. 쿰부 히말라야를 만난 한국인 최초의 시선이 두 사람에게 있다. 그들의 눈에 비친 40년 전의 쿰부 히말라야는 얼마나 아름다웠을까. 그리고 40년이 지난 지금의 마음은 어떨까.

딩보체 마을 위에는 조망 좋은 언덕이 있다. 12년 전에는 일정이 촉박해 여기서 발길을 돌렸었다. 아쉬움과 황홀함, 꽃피는 히말라야의 풍요로움을 가득 품고서. 지금은 그 당시처럼 풍요로움은 없었지만, 그때 볼 수 없었던 조망이 눈부시게 펼쳐졌다. 손을 뻗으면 아마다블람이 닿을 듯하다.

언덕에서 두클라 Thuklha(4,600m)까지는 고원길이다. 평탄한 고원이 끝없이 이어진다. 사방을 둘러싼 설산들이 마치 고개를 내밀고 나를 쳐다보는 듯하다. 두 팔을 벌리고 걸으니 히말라야의 창공을 나는 기분이다. 잘 나오지 않는 휘파람을 휘휘 불며 자유로움을 만끽한다. 두클라에 도착한 시각은 오후 2시. 모처럼 걷기를 일찍 마친다. 창문으로 들어오는 햇볕에 두 손을 빨래처럼 넌다. 쥐꼬리만큼이지만 방으로 들어오는 햇볕만큼 따뜻한 게 또 있을까.

#10~11th Day: 사랑하는 사람을 더 높게, 더 깊이 사랑할 거야

간밤에는 너무 추워 밤새 뒤척였다. 아침에 일어나니 야크 똥 냄새가 로지에 가득하다. 고도가 높아지면 나무가 없기에 야크 똥을 땐다. 야크는 히말라야의 축복이다. 무거운 짐을 나르고, 우유로 치즈를 만들고, 똥은 땔감으로 쓴다. 두클라에서 가파른 고개를 오르면 추모탑이 가득하다. 산을 오르다 죽은 사람을 기억하기 위해 세운 탑이다. 여기서부터는 생명의 불모지다. 풀 한 포기 찾아볼 수 없다. 로부체 Lobuche (4,900m)에서 점심을 먹고, 쿰부 빙

마지막 로지가 있는 고락셉으로 가는 길. 야크가 짐을 운반한다.

1 에베레스트 베이스캠프 코스 중 가장 높은 꼭짓점인 칼라파타르 정상
2 조망이 멋진 페리체 언덕. 왼쪽 봉우리가 캉테가, 오른쪽 봉우리가 탐세르쿠다.

하를 따라 오른다. 몸에 힘이 하나도 없다. 몽롱한 상태로 걷는다. 발이 움직이니까, 길이 있으니까 그저 걷는다. 피라미드 형태의 푸모리가 보이면 고락셉 GorakShep(5,170m)이 가깝다는 증거다. 싸락싸락 내리는 눈을 맞으며 모레인 언덕을 넘어서자 고락셉의 로지들이 보인다. 로지들 왼쪽으로 보이는 작은 봉우리가 최후의 목적지인 칼라파타르다. 숨쉬기 힘든 5,170m 높이의 고락셉에서 하룻밤을 묵어야 한다.

자는 둥 마는 둥 새벽에 일어나 화장실에 갔다 온 다음 조금 잠들었다가 사람들의 기척에 일어났다. 서둘러 준비하고 출발하니 오전 5시 10분이다. 사람들은 벌써 떠났다. 칼라파타르는 아침이면 바람이 많이 불기에 대개 새벽에 오른다.

추워도 너무 춥다. 잠시 멈춰 코를 풀고 다시 출발한다. 앞쪽으로 헤드랜턴 불빛이 꼬리를 문다. 반딧불이가 떼 지어 날아오르는 듯하다. 얼마쯤 올라 뒤를 돌아보자 해가 높은 봉우리 끝에 불을 밝힌다. 마치 성냥이 케이크 위의 초 하나하나를 밝히는 듯하다. 시나브로 불은 봉우리를 타고 내려온다. 빛나는 히말라야 설산들이 물결친다. 그 가운데 아마다블람은 우뚝하고, 덩치 좋은 눕체 Nuptse의 꼭대기가 창검처럼 날카롭다. 눕체 뒤에 숨어 있던 검은 봉우리가 슬그머니 고개를 내민다. 에베레스트다. 숨이 턱턱 차오른다. 앞만 보고 묵묵히 걷는다. 갑자기 룽다(불경을 적어 놓은 깃발)가 휘날리는 돌탑이 보인다. 아! 칼라파타르 꼭대기다.

드디어 지리를 출발한 지 11일 만에 정상을 찍는다. 눈물이 날 거라고 생각했다. 하지만 춥고 배고파 눈물이 날 겨를이 없다. 나는 굳이 왜 여기까지 올라왔을까. 단지 길이 있으니까 올라온 건 아닐까. 우리에게 높이란 무엇일까. 끝없는 상념이 떠오른다. 왠지 사랑하는 사람을 조금 더 높게, 조금 더 깊이 사랑할 수 있을 것 같다. 다시 로지로 돌아와 서둘러 짐을 챙겨 하산길에 오른다. 로지는 내려가는 사람과 벌써 올라온 사람들이 뒤섞여 북적북적하다. 왔던 길을 되짚어 먼 길을 내려와 페리체 Pheriche(4,280m)의 로지에 지친 몸뚱이를 부린다.

#12~13th Day: 나에게 주는 선물, 포르체

열둘째 날은 나에게 주는 선물이다. 곧장 남체로 가지 않고 옛 팡보체(4,000m) 마을을 거쳐 포르체 Phortse(3,800m) 가는 길을 택했다. 내가 생각하기에 쿰부 히말라야에서 가장 아름다운 길이다. 운 좋게 날도 쨍하다. 마을을 빠져나와 페리체 고개에 오르니 아마다블람~캉테가~탐세르쿠로 이어지는 설산이 장관이다. 세 봉우리는 마을과 가까워 트레킹 내내 가장 많이 눈을 맞췄다. 정겨운 옛 팡보체 마을에서 점심을 먹고, 조망 좋은 언덕에 올라 하염없이 설산을 바라봤다. 그리고 쿰부의 수호신 아마다블람과 작별을 고했다.

포르체로 들어오니 정겨운 돌담길이 이어진다. 마을 언덕에 자리한 전망 좋은 로지로 들어왔다. 로지 입구에서 만난 안주인의 인상이 좋아 그냥 맘마라고 불렀다. 저녁 메뉴로 감자볶음, 마늘수프, 볶음밥 등 세 가지나 주문하니 입이 찢어진다. 저녁을 먹고 맘마와 난로가에 앉아 이런저런 이야기를 주고받았다. 맘마의 딸이 미국인과 결혼해 유타에 살고 있다고 한다. 곧 집으로 온다며 좋아한다.

열셋째 날, 정든 맘마와 작별하고 길을 나선다. 이젠 많이 지쳤다. 그동안 버텨준 내 몸이 용하다. 12년 전에 들렀던 타메 마을을 꼭 보고 싶었으나 거기까지 갈 힘이 없었다. 남체에서 하룻밤, 루클라에서 하룻밤을 묵고 다음 날 아침 카트만두로 가는 비행기를 탔다. 비행기는 히말라야만큼 높게 날아 내가 걸어온 길을 한눈에 보여준다. 모든 게 꿈만 같다.

1 돌담이 정겨워 고향처럼 느껴지는 포르체
2 아마다블람과 꽁데가 잘 보이는 옛 팡보체 마을
3 비행장이 있는 루클라

1일 　 정겨운 산골마을, 반다르　　　　　[LEVEL] ★★★⯪☆

코 스　시발라야~데우랄리~반다르

거리 9.2km　**시간** 4시간 30분
포인트 거대한 오름 같은 반다르
식사·숙소 리버 게스트하우스, 칼라파타르 · 셰르파가이드 로지(시발라야), 앙다와 · 스호바 · 부다 로지(반다르)

카트만두에서 시발라야까지는 지리행 버스를 타면 된다. 트레킹 출발점은 번잡한 지리보다 시발라야로 하는 것이 좋다. 하룻밤을 보내는 시발라야는 평화로운 강변 마을이다. 마을 초입 체크포인트에서 지리 퍼미트를 검사한다. 여기서 퍼미트를 구입할 수 있다. 마을을 벗어나면 오르막길이 데우랄리 (2,700m)까지 이어진다. 봄철 랄리구라스가 가득한 고개를 넘으면 산골 마을 반다르가 나온다.

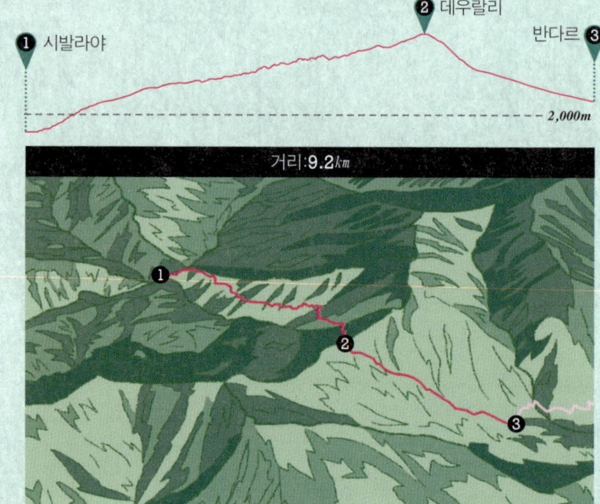

2일 　 랄리구라스 동산, 세테　　　　　[LEVEL] ★★★☆☆

코 스　반다르~킨자~세테

거리 11.4km　**시간** 5시간
포인트 람주라를 오르는 첫 날
식사·숙소 리버사이드 게스트하우스(킨자), 솔로쿰부 셰르파가이드 로지(세테)

반다르를 출발해 긴 내리막을 찍고 올라서면 킨자다. 킨자는 람주라 고개를 넘는 출발점이기도 하다. 3,530m의 람주라 고개는 중간쯤인 세테에서 끊어 넘는 것이 순리다. 킨자에서 세테까지 끊임없는 오르막이지만 봄철이면 랄리구라스가 피어 있어 조금은 즐겁게 오를 수 있다.

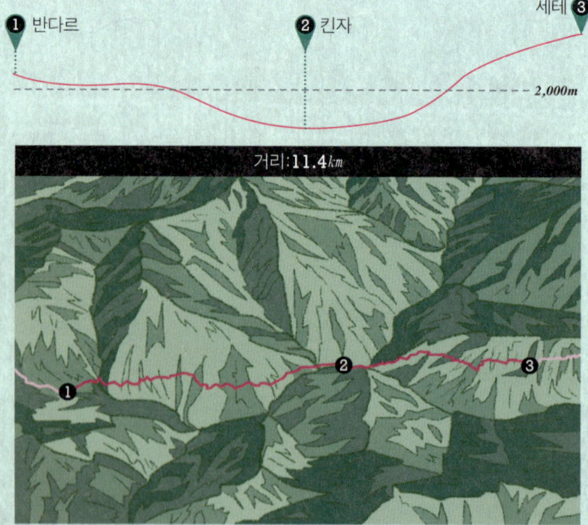

3일 세르파의 고향, 준베시   [LEVEL] ★★★★☆

코 스   세테~고욤~람주라 고개~준베시

거리 13km   **시간** 7시간
포인트 준베시의 풍요로움
식사·숙소 룸부르뷰 로지(람주라), 애플가든 · 준베시 로지(준베시)

세테를 출발하면 끝없는 오르막이 이어진다. 언덕 위에 자리한 닥추와 고욤은 봄철이면 랄라구라스가 가득하다. 람주라 마을은 거의 꼭대기에 있어 척박한 환경이지만 인심은 좋다. 여기서 점심을 먹고 대망의 람주라 고개를 넘는다. 긴 내리막이 끝나는 지점에 아름다운 세르파 마을 준베시가 있다. 로지들은 규모가 크고 시설도 훌륭하다.

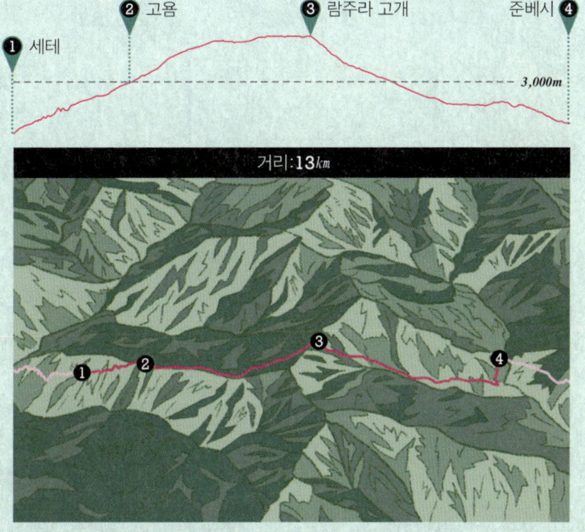

4일 에베레스트와 첫 만남   [LEVEL] ★★★★☆

코 스   준베시~에베레스트뷰 로지~링모~눈탈라

거 리 17.7km   **시간** 8시간
포인트 에베레스트와 설산을 만나는 날
식사·숙소 에베레스트뷰 로지(준베시와 링모 사이), 샹그릴라 로지(눈탈라)

에베레스트를 만나는 특별한 날이다. 준베시를 떠나 언덕에 오르면 시야가 넓게 열리면서 쿰부 히말라야 설산들이 나타난다. 맨 왼쪽으로 에베레스트가 우뚝하다. 링모는 삼거리로, 교통의 요지답게 사람도 많고 짐을 옮기는 말도 많다. 카트만두에서 지프를 타고 셀레리까지 이동하면 링모에서 트레킹을 시작할 수 있다. 카트만두~셀레리 구간은 지프를 타고 가 1박 2일, 셀레리~링모 구간은 도보 2시간 소요. 링모에서 탁신두라 고개를 넘으면 눈탈라에 닿는다.

Course Guide

5일 · 언덕 위의 제비집처럼 앉은 붐사

[LEVEL] ★ ★ ★ ⯪ ☆

코 스 눈탈라~주빙~카리콜라~붐사

거리 11.5㎞ **시간** 5시간 30분
포인트 체력이 떨어지고 고소를 느낀다
식사·숙소 그린가든 로지(주빙), 썬두프 로지(붐사)

말뚱을 밟으며 가는 팍팍한 길이다. 눈탈라에서 줄
곧 내려가면 두드코시 강줄기 바닥을 찍고 주빙을
지나 카리콜라에 닿는다. 카리콜라는 학교가 있는
큰 세르파 마을이다. 카리콜라에서 좀 더 오르면
조망 좋은 언덕인 붐사에 닿는다.

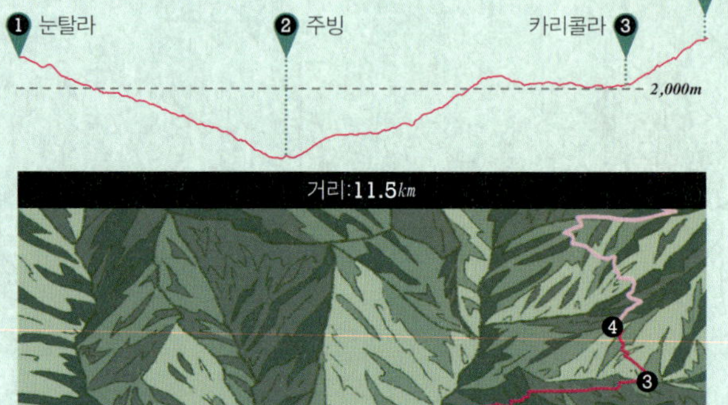

6일 · 호젓한 옛길 따라 먼길을 걷다

[LEVEL] ★ ★ ★ ★ ☆

코 스 붐사~푸이얀~수케~
차우리카르카

거리 16.3㎞ **시간** 8시간
포인트 랄리구라스 동산
식사·숙소 뉴상그릴라 로지(푸이얀), 에베레스
트 로지(차우리카르카)

붐사에서 작은 고개를 넘으면 푸이얀에 닿는다. 푸
이얀을 감싼 산은 온통 랄라구라스와 짭(목련)이
가득하다. 호젓한 산허리를 돌아 내려가면 수케에
닿는다. 수케를 지나면 삼거리다. 직진이 차우리카
르카, 오른쪽이 루클라다. 이정표가 없어 헷갈릴
수 있는데 자연스럽게 직진하게 되어 있다. 차우리
카르카로 가는 길이 오리지널 메인 루트다.

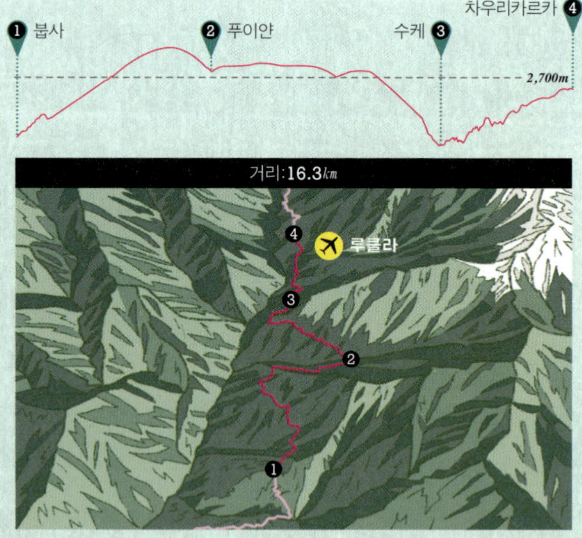

7일 　쿰부 히말라야의 성지, 남체

[LEVEL] ★★★★☆

코 스　차우리카르카~팍딩~조르살레
　　　~남체

거리 15.6km　**시간** 7시간
포인트 공중도시 남체 입성
식사·숙소 벤카 로지(벤카), 셰르파 게스트하우
스, 아마다블람 로지(남체)

지리 루트가 끝나면서 대망의 남체에 오르는 날이
다. 차우리카르카에서 조금 가면 채풀룽을 만나고
루클라에서 오는 길과 합류한다. 이후 남체로 가는
대로가 펼쳐지면서 팍딩, 몬조, 조르살레를 차례로
만난다. 조르살레에서 다시 퍼미트를 구입해야 한
다. 계곡에 걸린 아찔한 철다리가 남체로 들어가는
관문 역할을 한다. 다리를 건너 급경사를 오르면
남체에 닿는다. 남체는 쿰부 히말라야의 성지로,
콩데, 캉테가, 탐세르쿠 등 명봉들이 감싸고 있다.

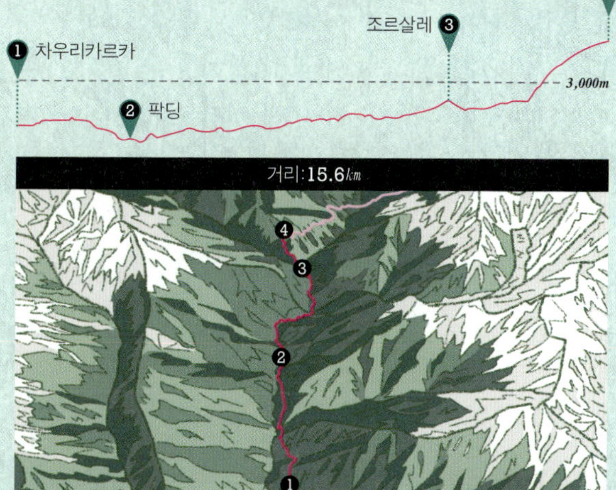

8일 　쿰부 히말라야의 전망대, 텡보체

[LEVEL] ★★★☆☆

코 스　남체~캉주마~푼키텐가~텡보체

거리 9.8km　**시간** 5시간
포인트 에베레스트를 향한 한 발짝 전진
식사·숙소 아마다블람 로지(캉주마), 텡보체 게
스트하우스(텡보체)

장엄한 설산의 파노라마를 즐기며 전망 좋은 사원
마을 텡보체에 오른다. 남체~캉주마 구간은 에베
레스트와 아마다블람 등 명봉들의 조망이 빼어나
다. 푼키텐가에서 가파른 오르막을 오르면 텡보체
에 도착한다. 텡보체에는 쿰부 지역에서 가장 큰
곰파가 있으며, 설산 조망도 좋다. 이곳은 고도가
높고 바람이 센 편이다. 고소 순응이 어려운 사람
은 텡보체 아래의 데보체에서 묵는 것을 추천한다.

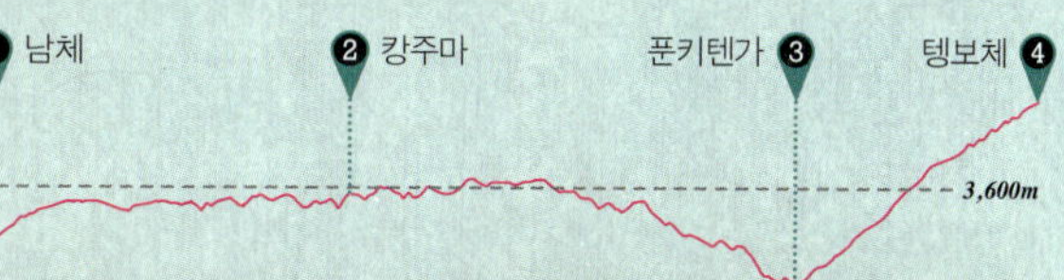

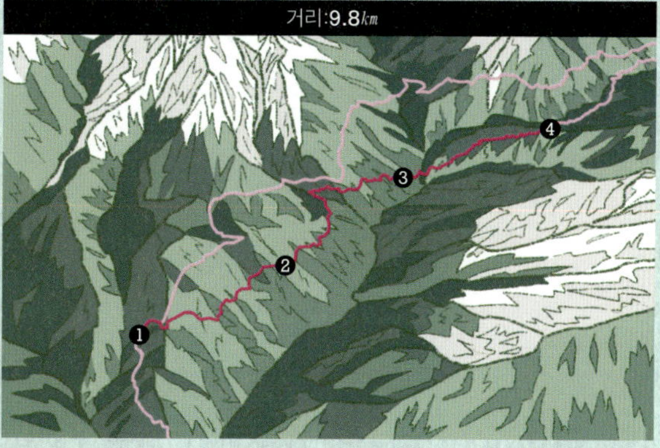

9일 — 4,000m 넘어 신의 영역으로

[LEVEL] ★★★☆☆

코 스 텡보체~데보체~팡보체~딩보체

거리 10.7km **시간** 5시간

포인트 4,000m 고비를 넘겨라

식사·숙소 프렌드십 로지(위 팡보체), 아마다블람 로지(딩보체)

딩보체에 오르면 고도가 4,000m를 넘는다. 텡보체를 출발해 1시간쯤 걸으면 아래 팡보체, 위 팡보체가 차례로 나타난다. 쇼마레를 지나 길이 갈린다. 왼쪽이 페리체, 오른쪽이 딩보체로 가는 길이다. 아마다블람을 뒷산으로 하는 딩보체는 추쿵 가는 길에 있는 아름다운 마을이다.

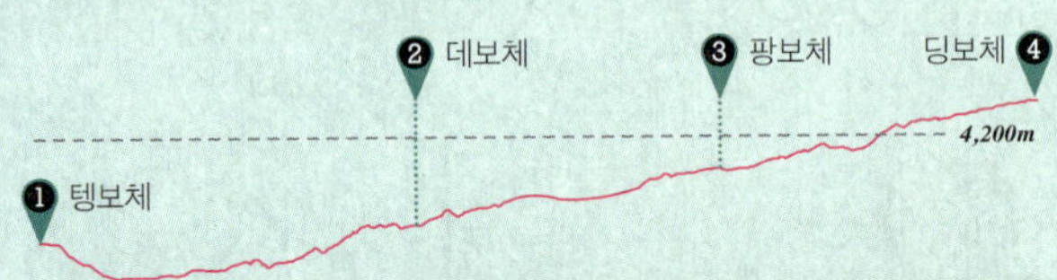

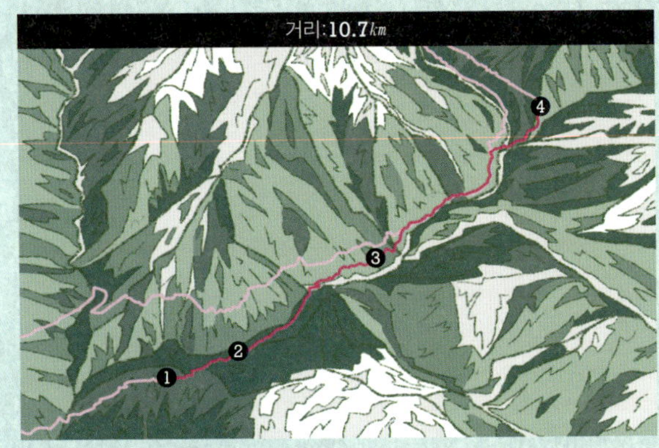

10일 — 죽음의 지대를 넘다

[LEVEL] ★★★★☆

코 스 딩보체~두글라~로부체

거리 7.8km **시간** 4시간

포인트 죽음의 지대를 넘어

식사·숙소 야크 로지(두글라), 셰르파 로지(로부체)

오래된 돌탑이 서 있는 딩보체 언덕은 조망이 훌륭하다. 여기서 고원을 가로질러 두글라로 이동한다. 고원을 걷는 기분이 황홀하다. '죽음의 지대'라 불리는 두글라 고개를 오르면 길은 평탄해진다. 고도가 높기에 천천히 걸어야 한다. 삼각형 모양이 우뚝한 푸모리가 보이면서 로부체에 닿는다.

Course Guide

[코스별 가이드]

11일   쿰부 빙하 따라 고락셉에 오르다   [LEVEL] ★★★★★

코 스 로부체~고락셉~에베레스트
베이스캠프~고락셉

거리 11.7km   **시간** 7시간
포인트 5,000m에서의 하룻밤
식사·숙소 부다 로지(고락셉)

거대한 쿰부 빙하를 따라 마지막 로지가 있는 고락
셉까지 오른다. 고락셉은 5,000m가 넘기에 고소
순응에 주의해야 한다. 체력에 여유가 있으면 점심
을 먹고 에베레스트 베이스캠프이고 다녀오는 것
이 좋다. 이곳은 옛 베이스캠프로, 최근의 베이스
캠프는 트레킹으로 갈 수 없다. 고락셉~에베레스
트 베이스캠프 구간은 왕복 3시간 30분쯤 걸린다.

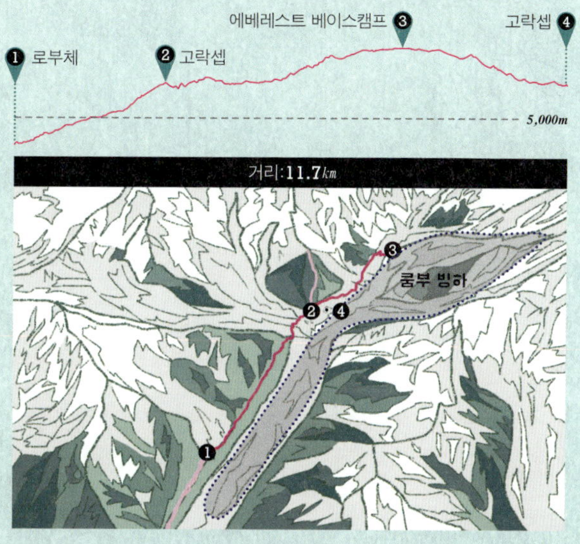

12일   칼라파타르에서 맞는 에베레스트 일출   [LEVEL] ★★★★★

코 스 고락셉~칼라파타르~두글라~
페리체

거 리 15.6km   **시간** 8시간
포인트 빛나는 절정을 맛보다
식사·숙소 야크 로지(두글라), 푸모리 로지(로부체)

대망의 칼라파타르 정점을 찍는다. 오전 5시쯤 로
지를 출발해 칼라파타르에 올라 일출을 보고 하산
한다. 2시간쯤 오르면 정상에 도착하며, 새벽에 오
르기 때문에 매우 춥고 힘들다. 에베레스트에서 해
가 떠오르는 장면과 발아래로 보이는 수많은 히말
라야가 감동적이다. 로지로 돌아와 아침을 먹고 하
산길에 올라 페리체까지 간다.

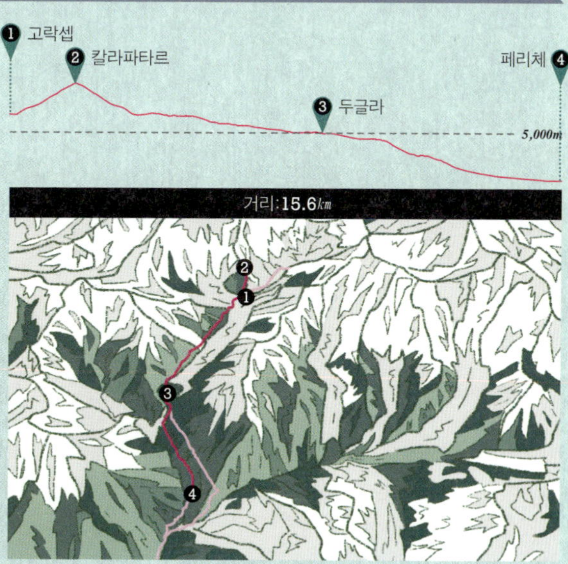

Course Guide

13일 　쿰부 히말라야의 보물, 포르체　　[LEVEL] ★★★☆☆

코 스　페리체~옛 팡보체~포르체

거리 11.3km　**시간** 5시간
포인트 정겨운 옛 팡보체와 포르체 마을
식사·숙소 곰파 로지(옛 팡보체), 피스플 로지 (포르체)

페리체에서 곧장 내려가면 남체까지 갈 수 있다. 하지만 옛 팡보체를 거쳐 포르체로 가는 멋진 길을 놓칠 수 없다. 위 팡보체에서 내려오면 갈림길이 나오고, 윗길을 따르면 옛 팡보체에 닿는다. 옛 팡보체 마을은 다랑이밭과 설산이 기막히게 어우러져 있다. 마을 언덕에 엄홍길 대장이 세운 팡보체 학교가 있다. 포르체는 돌담과 설산이 어우러진 정겨운 마을이다.

14일 　세르파족의 심장, 쿰중을 거쳐 남체로　　[LEVEL] ★★★☆☆

코 스　포르체~몽라~쿰중~남체

거 리 9.7km　**시간** 5시간
포인트 다시 돌아온 남체
식사·숙소 힐탑 로지(몽라), 세르파 게스트하우스, 아마다블람 로지(남체)

세르파족의 심장 격인 쿰중을 들러 남체로 돌아온다. 포르체에서 내려와 두드코시 계곡을 찍고 몽라에 오른다. 몽라에서 장쾌한 조망을 즐기고 산비탈을 타고 돌면 쿰중으로 들어선다. 온통 초록색 지붕이 인상적인 쿰중은 세르파족의 심장 같은 마을이다. 힐러리가 세운 학교를 지나 언덕을 넘으면 상보체다. 여기서 꽁데의 환영을 받으면서 남체로 돌아온다.

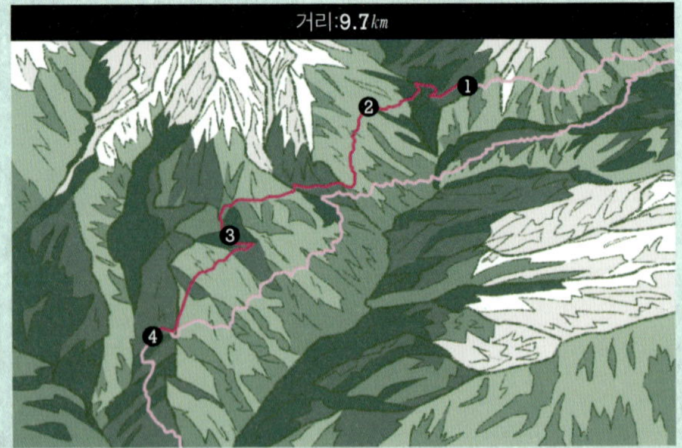

Course Guide

[코스별 가이드]

| **15일** | **루클라에서 대장정 마무리** | [LEVEL] ★★★⯪☆ |

코 스   **남체~팍딩~루클라**

거리 17.3_{km}   **시간** 8시간

포인트 번화한 루클라 입성

식사·숙소 히말라야 로지(루클라)

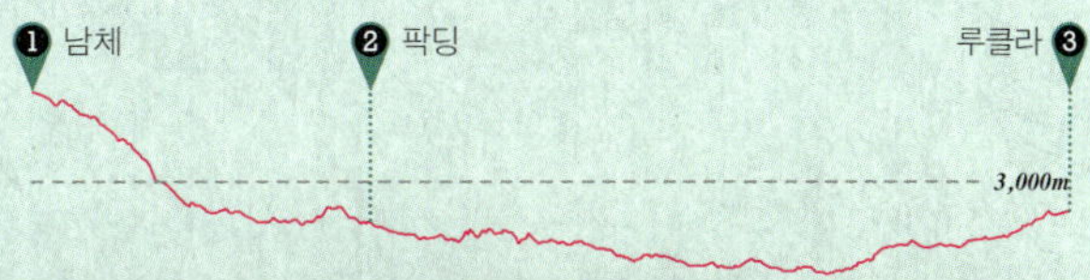

대망의 루클라를 찍으며 트레킹을 마무리한다. 비행장이 있는 루클라는 대도시 못지않게 번화해 있다. 시골에서 도시로 들어온 느낌이라 어리둥절하다. 카트만두행 비행기는 떠나기 하루 전까지 컨펌을 받거나 구매해야 한다.

Special page

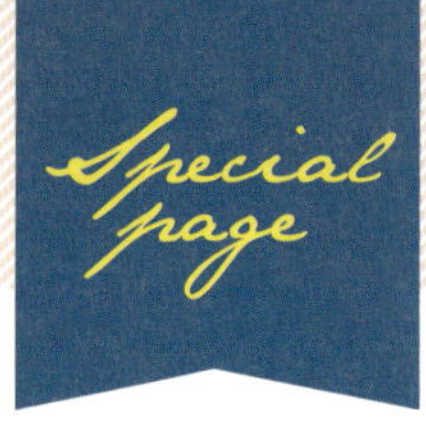

네팔의 세계문화유산 둘러보기

2015년 4월 발생한 규모 7.8의 지진으로 네팔은 큰 피해를 입었다. 하지만 포카라는 비교적 피해가 적어 안나푸르나 트레킹과 주변 명소를 둘러보는 데 전혀 지장이 없다. 에베레스트 지역도 피해가 조금 있었으나, 복구돼 트레킹을 즐기는 데 큰 불편함은 없다. 카트만두 시내의 주요 세계문화유산인 박타푸르 Bhaktapur, 보드나트 Boudhanath(부다나트), 스와얌부나트 Swayambhunath 등은 피해가 컸지만 대부분 복원되어 둘러볼 수 있다.

이름 아침이면 히말라야 설산이 페와 호수에 잠긴다.

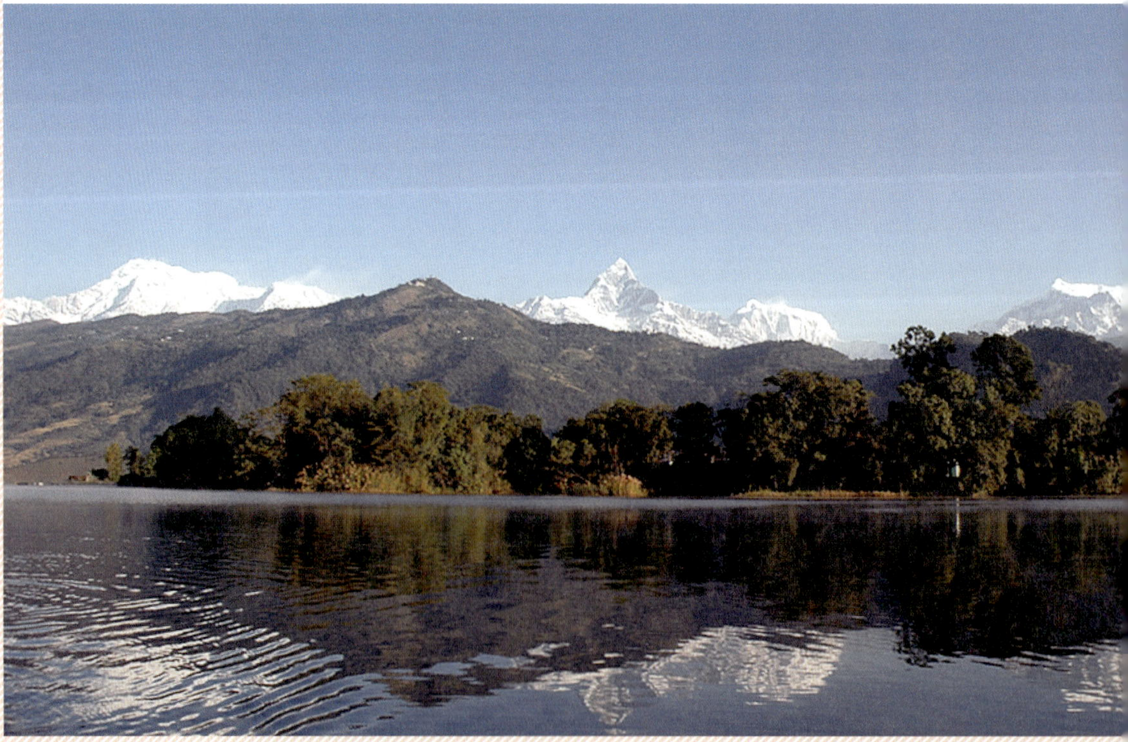

#SCENE1: 포카라의 페와 호수와 사랑코트

네팔 제2의 도시인 포카라는 트레커와 배낭여행자들의 천국이다. 전 세계에서 모인 여행자들이 트레킹을 준비하거나 트레킹을 마치고 휴식을 취한다. 페와 호수 Phewa Lake는 힌두교 시바신의 전설이 깃든 곳으로, 히말라야의 설산에서 녹아내린 물로 만들어졌고, 면적은 약 4.43㎢다. 호수 가운데 있는 작은 섬에 바라히 Barahi 힌두교 사원이 있다. 해 저물 무렵, 호수에 배를 띄우고 안나푸르나 연봉이 물에 반사되는 환상적인 모습을 바라보며 마시는 맥주는 그야말로 환상적이다.

사랑코트 Sarangkot는 포카라의 대표적인 히말라야 전망대다. 1,592m 높이의 작은 산으로 일출과 일몰이 멋지기로 유명하다. 다울라기리, 안나푸르나Ⅰ, 마나슬루 등 8,000m급 봉우리 3개가 다 보이는 드문 장소다. 다울라기리~안나푸르나 사우스~안나푸르나Ⅰ~히말출리~마차푸차레~안나푸르나Ⅲ~안나푸르나Ⅳ~안나푸르나Ⅱ~마나슬루가 펼치는 감동적인 파노라마를 감상할 수 있다. 보통 포카라에서 택시를 대절해서 다녀온다.

스와얌부나트는 야생
원숭이가 많아
몽키 템플이라 부른다.

#SCENE2: 카트만두의 박타푸르, 보드나트 그리고 스와얌부나트

박타푸르는 카트만두에서 북동쪽으로 15㎞쯤 떨어진 중세 도시다. 15~18세기
경 카트만두 계곡에서 네팔 역사상 가장 찬란한 문화를 꽃피우며 번성했던 말라 왕
국의 3대 고도(카트만두, 파탄, 박타푸르) 중에서도 고풍스러운 정취가 가장 많이
남아 있다. 17세기 후반부터 18세기 초에 세워진 웅장한 건축물들이 있으며, 마을
전체가 붉은 벽돌을 쌓아 지은 복고풍 건물 양식과 전통 관습을 간직하고 있다. 광
장, 궁전, 사원 등 여러 볼거리가 있는데, 광장에는 살아 있는 신이라고 불리는 쿠
마리 Kumari가 살고 있다.

보드나트는 네팔에서 가장 크고 높은 사리탑이다. 높이가 38m이라 마치 작은 동산처럼 보인다. 티베트 승려들이 오체투지를 하는 모습, 탑을 돌면서 소원을 비는 네팔 시민들의 모습을 볼 수 있다. 보드나트는 5세기경 처음 만들어진 것으로 추정된다. 탑은 4개의 기단 위에 세워졌고, 돔과 정상부 사이에는 13층 첨탑이 있다. 이는 불교에서 깨달음을 얻기 위한 13단계를 뜻한다. 그래서 탑 이름을 '깨달음(Bodh)의 사찰(Nath)'로 붙였다고 한다.

스와얌부나트는 네팔에서 가장 오래된 사원이다. 카트만두 중심가에서 서쪽으로 2km쯤 떨어진 언덕 위에 있다. 300개가 넘는 계단을 오르면 사원이 나오는데, 탑 주변에 참배객들이 가득하다. 일명 '몽키 템플'로 불리는데, 주변에 원숭이들이 많고 사람을 공격하기 때문에 각별히 조심해야 한다.

교통 : 카트만두의 여행자 거리인 타멜에서 보드나트까지 걸어서 15~20분 정도 걸린다. 스와얌부나트까지 걷기에는 좀 멀고 택시를 타면 5~10분쯤 걸린다. 레티나 파크 Ratina Park 버스정류장 근처에 박타푸르로 가는 미니버스가 많이 다닌다. 1시간 30분쯤 걸린다.

네팔의 대표
불교 유적인 보드나트

— 09 —
Hunza Ultar Meadows
훈자 울타르 메도

©Bruce

바람계곡의 나른한 유혹

훈자 울타르 메도 Hunza Ultar Meadows

장소 파키스탄 길기트 · 발티스탄주

난이도 ▲▲▲△△　　풍경 ▲▲▲▲△　　편의성 ▲▲▲△△

배낭여행자들 사이에서 훈자는 '최후의 샹그릴라'로 통한다. '설산에서 물줄기가 흐르는 곳', '세월이 지나도 늙지 않는, 시간이 멈춘 곳'…. 제임스 힐턴의 소설 『잃어버린 지평선』에서 묘사한 샹그릴라와 실제로도 비슷하다. 훈자에는 '울타르 메도'라는 멋진 트레킹 코스가 있다. 카라코람산맥의 수려한 풍경을 즐기면서 훈자의 비밀스러운 역사를 알 수 있는 멋진 길이다.

Information

[기본 정보]

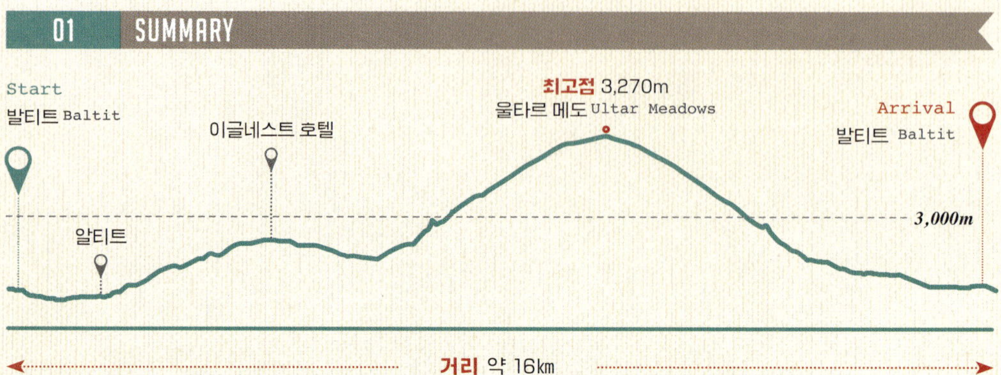

일정 : 1박 2일　**시즌** : 4~10월(베스트 시즌 6~8월)

베스트 뷰포인트 : 카라코람산맥의 특급 전망대인 이글네스트 Eagles Nest 언덕, 울타르 빙하를 코앞에서 보는 울타르 메도 등

코스 : ❶ 발티트(힐탑 호텔 앞) ❷ 알티트 ❸ 이글네스트 호텔 ❹ 이글네스트 언덕 ❺ 울타르 메도 ❻ 계곡 갈림길

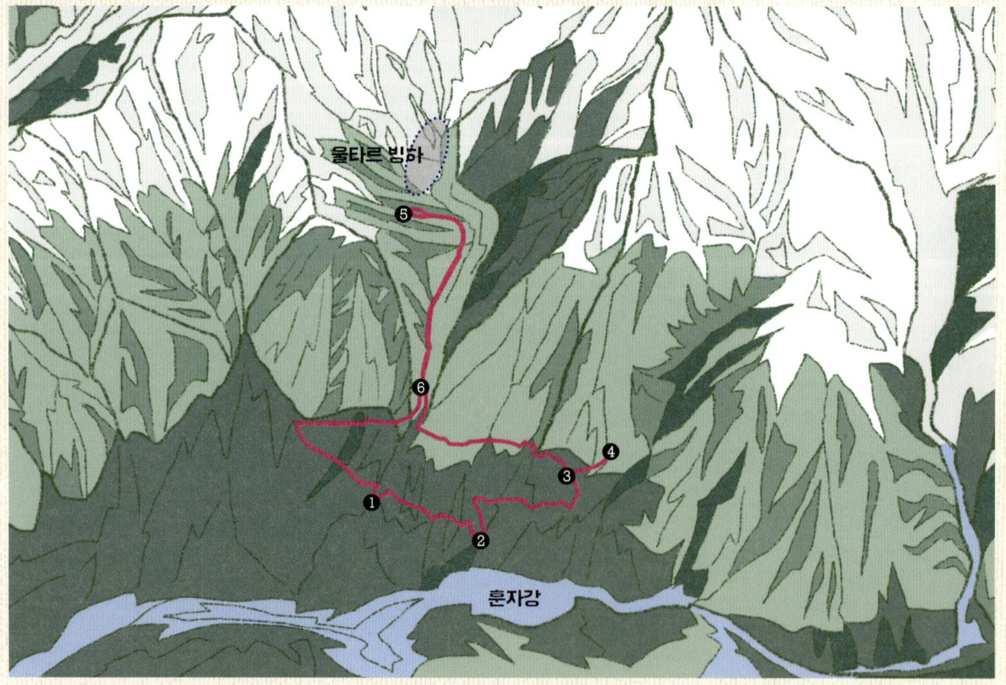

Hunza Ultar Meadows

훈자는 옛 훈자 왕국 또는 훈자 계곡을 줄여 부른 말이다. 훈자 발티트 마을 언덕에는 옛 훈자 왕국의 왕이 살았던 발티트성이 있고, 이 성이 미루나무와 살구나무가 가득한 마을을 굽어보고 있다. 훈자의 수호신은 7,388m 높이의 울타르 피크 Ultar Peak로 훈자강 건너편에 예리하게 솟구친 디란 Diran과 라카포시 Rakaposhi(7,788m)를 마주 본다. 울타르 빙하가 녹은 물은 수로를 따라 주민들의 집으로 연결된다. 수로의 원천이자 훈자 생명수의 근원인 울타르 빙하를 찾아가는 길이 트레킹 루트다.

BOOK 『파키스탄 카라코람하이웨이 걷기여행』, 진우석, 대원사, 2010
파키스탄 북부 지역의 트레킹과 배낭여행 안내서.
MOVIE 〈바람계곡의 나우시카 風の谷のナウシカ〉, 1984
훈자를 배경을 한 미야자키 하야오 감독의 대표작 중 하나다.

신비스러운 마을 풍경을 감상하자. 특히 4월에는 살구꽃이 피어 무릉도원처럼 아름답다. 훈자는 미야자키 하야오 감독의 영화 〈바람계곡의 나우시카〉의 배경이 된 곳이다. 미야자키 하야오 감독은 우연히 중국과 파키스탄 북부 지역을 잇는 카라코람하이웨이 Karakoram Highway를 건너 훈자에 도착했는데, 신비스러운 마을 풍경에 감탄했다고 한다. 마을과 산을 정처 없이 떠돌며 스케치했고, 일본으로 돌아가 만든 작품이 〈바람계곡의 나우시카〉다.

일반적으로 울타르 메도 트레킹은 발티트 마을에서 출발해 울타르 메도를 왕복하는 코스다. 하지만 카라코람산맥의 특급 전망대인 '이글네스트 언덕'을 거쳐 가는 길을 추천한다. 발티트를 출발해 알티트를 거쳐 이글네스트 호텔에서 1박을 하고, 수로를 따라 울타르 메도를 찾아간다. 당일 코스는 발티트~울타르 메도~발티트 구간이다.

| **1 DAY** | 발티트 ➡ 알티트 ➡ 이글네스트 언덕 |
| **2 DAY** | 이글네스트 호텔 ➡ 울타르 메도 ➡ 발티트 |

Traveler's Note

✈ **항공** : 한국 국적기 중 직항은 없다. 보통 타이항공이나 파키스탄 국영항공 (PIA)을 이용한다. 타이항공이 편하고 값도 싼 편이다. 대개 방콕을 경유해 파키스탄으로 들어간다. 이슬라마바드 Islamabad와 라호르 Lahore 중 어디로 들어 갈지 선택할 수 있다. 이슬라마바드~라호르는 버스로 4~5시간 거리이며, 라호르가 남쪽에 있다.

🚗 **교통** : 길기트 Gilgit가 기점이다. 길기트에서 훈자까지 135km 떨어져 있 다. 이슬라마바드에서 길기트까지는 버스로 1박 2일이 걸린다. 길기트에서 훈자 입구인 아보타바드 Abbottabad까지 미니버스가 자주 운행하며 2~3시간쯤 걸 린다. 아보타바드에서 발티트까지 스즈끼(작은 트럭을 개조한 버스)를 타면 10분쯤 걸린다.

🏠 **숙소** : 카리마바드 Karimabad 제 로포인트에 배낭여행자 숙소 가 몰려 있다. 이글네스트 언덕 아래에는 시설 좋은 이글네스트 호텔 Eagles Nest Hotel이 있다.

이글네스트 호텔

⛺ **캠핑** : 울타르 메도에 레이디 핑거 캠핑장 Ladyfinger camping이 있다. 텐트 와 침낭 등 장비를 대여해준다.

👢 **장비** : 신발은 트레킹화도 괜찮다. 스틱이 필수는 아니지만 있으면 편하다. 보온의류와 바람막이 등을 챙기는 것이 좋다.

🚏 **안내 표시** : 우선 발티트에서 알 티트로 이동하고, 알티트에서 이 글네스트 호텔을 찾아간다. 호텔에서 울타 르 메도 가는 길이 헷갈릴 수 있는데 이글 네스트 호텔에서 물어보면 잘 알려준다. 호 텔에서 가이드를 고용하는 것도 좋다.

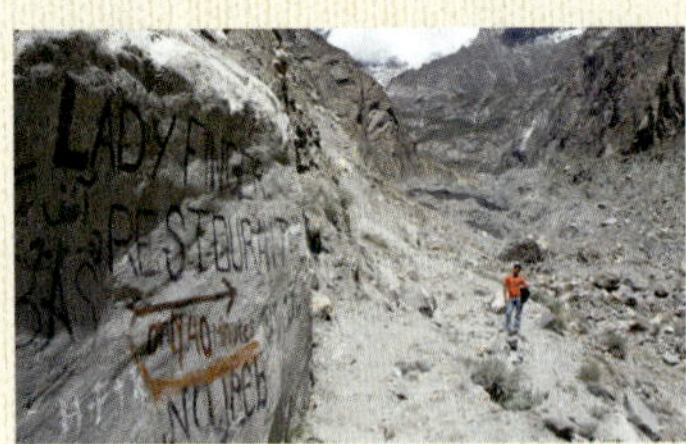

돌에 써 놓은 안내판

☑ check list

- **일정** : 준비 15일 + 트레킹 여행 7박 8일
- **경비** : 약 300만 원
- **교통** : 항공, 버스 등
- **숙박** : 캠핑, 게스트하우스
- **장비** : 텐트, 침낭, 스틱, 취사도구, 중등산화, 의류 등
- **비자** : 파키스탄 대사관 (pkembassy.or.kr)에 신청. 비자신청서, 여권, 여권 사본 1부, 여권 사진 2장, 항공권 예약증, 호텔 예약증, 영문 여행일정표, 영문 재직증명서 등이 필요하며 처리 기간은 3일.
- **환전** : 루피(Rs), 현지에서 환전.
- **언어** : 우르두어, 영어

#1st Day: "훈자 워터, 아차 해!"

훈자는 수로가 흐르는 마을이다. 울타르 빙하가 녹은 물은 돌을 하나씩 맞춰서 만든 예쁜 수로를 타고 사람들의 집으로 흘러든다. 훈자 사람들은 이 물을 '훈자 워터'라고 부르며 그대로 마신다. 훈자 워터의 근원을 찾아가는 길이 울타르 메도 코스다.

출발점은 발티트 마을의 힐탑 호텔이다. 호텔 맞은편에 알티트 마을로 가는 임도가 이어진다. 임도를 따라 구불구불 모퉁이를 몇 번 돌면 갑자기 시야가 열리면서 알티트 마을이 한눈에 보인다. 쭉쭉 뻗은 미루나무와 다랑이밭, 그 뒤로 카라코람 설산이 어우러져 한 폭의 그림 같다. 길에서 만난 아이들, 청년들, 아주머니들은 하나같이 인물이 좋다. 알티트 사람들은 발티트 사람들과 생김새가 약간 다른데, 인상이 부드럽다.

발티트에서 임도를 따르다 보면 알티트 마을이 한눈에 펼쳐진다.

1 알티트 마을의 귀염둥이 아이들
2 알티트 마을에서 만난 노인들
3 이글네스트 언덕에서 바라본 웅장한 카라코람 일몰

Hunza Ultar Meadows

이글네스트로 올라가면서 본 풍경. 카라코람 설산과 마을이 잘 어우러진다.

넓은 운동장이 보이는 곳이 알티트 학교다. 운동장에는 예쁜 아이들이 설산을 배경으로 뛰어논다. 학교를 지나 골목길로 들어서면 알티트성을 만난다. 이 성은 벼랑을 뒤로하고 마을과 훈자강 일대를 굽어보고 있다. 규모는 발티트성보다 작지만 마을의 집들과 어우러져 아름다우며 위엄을 갖추었다.

듀이가르 Duikar 갈림길의 나무 그늘은 마을의 사랑방이다. 나이 지긋한 할아버지들이 이야기를 나누고 있다. 그중 최고령자는 80세의 하만디 할아버지다. 연세가 더 드신 분이 있냐고 물어보니 카리마바드에 84세 할아버지가 한 명 있다고 한다. 이것이 장수 마을 훈자의 현재 모습이다. 중국 카슈가르 Kashgar 지역과 파키스탄 북부를 잇는 카라코람하이웨이가 뚫리기 전인 1970년까지는 평균 100세까지 살았다고 한다. 길이 뚫리고 문명이 들어오자 아이러니하게도 훈자 사람들의 평균 수명이 줄어들었다.

마을 수로에서는 폭포처럼 물이 콸콸 쏟아진다. 한 아이가 컵으로 물을 떠 벌컥벌컥 마시더니 물통에 담아간다. 할아버지에게 물맛이 어떠냐고 물었더니,

"훈자 워터 아차 해!(훈자 워터는 몸에 좋아요!)"

라는 대답이 돌아온다. 훈자 사람들은 자신들의 장수 비결이 훈자 워터에 있다고 철석같이 믿고 있다. 철분 등 몸에 좋은 영양소가 듬뿍 들어 있다는 것이다. 하지만 장수를 연구하던 학자들이 훈자 워터를 조사했는데, 훈자인들이 믿는 만큼의 영양 성분은 없었다고 한다.

듀이가르 마을은 자줏빛이다. 밭두렁마다 자주색 감자꽃이 활짝 피었다. 산꼭대기에 자리한 이글네스트 호텔은 생각보다 시설이 훌륭했다. 해 저물 무렵 이글네스트 언덕에 오르자 카라코람 설산들이 펼쳐진다. 설산은 신기하게도 아침저녁으로 구름옷을 벗고 눈부신 알몸을 보여 준다. 아침저녁은 신과 설산, 그리고 인간의 영혼이 소통하는 신성한 시간이다. 이글네스트 언덕은 장대한 카라코람의 특급 전망대다. 카라코람의 7,000m가 넘는 명봉인 라카포시, 디란, 하라모시 피크 Haramosh Peak, 스판틱 Spantik(골든 피크 Golden Peak) 등이 한 줄기로 흘러가는 모습은 참으로 장관이다. 뒤로는 울타르 피크와 그 위성봉인 부불리모틴 Bubulimating(레이디 핑거)이 화강암 송곳니를 드러내고 있다. 이글네스트 호텔로 내려오니 날이 저물었다. 호텔 앞 정원에서 올려다본 밤하늘은 별들로 빽빽하다. 아래를 내려다보니 훈자 마을의 불빛이 별빛처럼 아름답다.

#2nd Day: 훈자 워터의 원천을 만나다

일찍 아침을 먹고 길을 나선다. 이글네스트 호텔 사장인 알리가 나와서 인사를 한다. 울타르 메도로 간다고 하니, 노르딘이란 청년을 길라잡이로 붙여줬다. 잘생기고 건강한 청년과 함께 걸으니 마음이 든든하다. 길은 호텔 뒤편의 스카이 캠핑 쪽으로 이어진다. 절벽을 따라 아슬아슬하게 이어진 길은 묘하게 아래로 조금씩 내려간다. 뒤를 돌아보니 호텔 건물 너머로 스판틱 봉우리가 마치 이글네스트의 수호신처럼 버티고 있다. 참으로 기막힌 곳에 자리 잡은 호텔이다. 나이 먹으면 저런 호텔의 주인장 노릇을 하는 것도 괜찮겠다 싶다. 마음에 드는 손님의 눈을 가리고 전망 좋은 곳에서 눈가리개를 풀어 주면 깜짝 놀라겠지. 생각만 해도 즐겁다.

울타르 메도로 가는 길에서 만난 사람들

힘준한 산비탈을 깎아 만든 수로는 훌륭한 전망대 역할을 한다.

모퉁이를 몇 번 돌자 뜻밖에도 수로를 만났다. 수로를 따라 난 길은 평지처럼 순하다. 다시 걸음을 재촉하자 앞쪽으로 거대한 절벽을 깎아 만든 수로가 긴 선으로 보였다. 그리고 울타르 피크 아래 빙하에서 내려온 물이 거대한 폭포처럼 쏟아지고 있었다. 수로를 따라가니 시멘트 둑을 만들어 물을 가둔 거대한 물탱크가 보인다. 이곳에서 모인 물은 수로를 따라 양옆으로 흘러갔다. 내가 걸어온 방향의 수로는 듀이가르와 알티트로 흘러가고, 건너편 수로는 발티트와 카리마바드로 내려간다. 놀라운 것은 거대한 절벽의 허리를 깎아서 수로를 만들었다는 사실이다. 그야말로 훈자의 지혜와 노동력이 총집결한 대역사가 아닐 수 없다. 순간 "훈자 워터 아차 해!" 하며 웃던 할아버지들이 떠올랐다. 훈자 워터에 대한 애정이 깊을 수밖에 없는 이유를 이제야 알겠다.

Hunza Ultar Meadows

　　훈자의 관개수로 공사를 완성한 지도자는 10세기 이후 훈자 왕가의 현군으로 불리는 나짐 카이한이다. 훈자 사람들은 카이한의 지시대로 바위투성이 산비탈을 계단식으로 깎아내고 2~3m 높이의 방벽을 쌓아 훈자강 주변의 흙을 올려 그 속에 부었다. 그렇게 훈자 사람들은 수십 년을 노역해 10세기경 카라코람의 산비탈에 비옥한 다랑이밭을 만들어 냈다. 마지막으로 울타르 피크의 해발 3,000~5,000m 지대에서 흘러내리는 빙하수를 경작지로 끌어 들이는 관개수로를 완성했다.

　　울타르 피크의 빙하수가 수직의 절벽을 가로지르는 수로를 타고 마을로 흘러드는 광경이야말로 훈자의 새로운 역사를 보여주는 감동적인 풍경이다. 덕분에 실크로드 무역상들을 습격하며 살아가던 훈자족은 온순한 농경족으로 변했고, 황량한 마을은 미루나무와 살구나무가 우거진 아름다운 풍경으로 바뀔 수 있었다.

울타르 메도에서 본 울타르 빙하

노르딘을 따라 거친 계곡을 건너면 길은 주계곡을 타고 울타르 메도까지 이어진다. 오르는 길에 수로 공사를 하는 사람들을 만났다. 수로 관리인들은 상시로 망가진 수로를 보수하고 보살핀다고 했다. 1시간쯤 더 오르자 갑자기 드넓은 초지가 펼쳐졌다. 여기가 울타르 메도로, '메도'는 초원을 가리키는 말이다. 초원 뒤로는 설산 울타르 피크와 화강암 덩어리인 레이디 핑거가 우뚝했다. 훈자 워터의 발원지인 울타르 빙하는 예상외로 시커먼 덩어리였다. 죽음의 지대에서 생명수가 샘솟고 있었던 것이다.

울타르 초원을 충분히 즐겼으면 이제 하산이다. 다시 길을 되짚어 내려가 계곡 갈림길에서 오른쪽 수로를 따른다. 수로는 조망이 일품이다. 발티트성과 어우러진 훈자 마을이 한눈에 들어온다. 건너편의 라카포시와 나가르 마을의 모습도 멋지다. 수로는 슬금슬금 마을로 내려와 발티트 마을의 꼭대기에 닿는다. 휘파람을 불며 골목길을 내려오면 트레킹이 마무리된다.

울타르 피크가 거느리고 있는 화강암 봉우리들

Course Guide

1일　이글네스트 언덕의 감동적인 일몰　[LEVEL] ★★☆☆☆

코 스　발티트(힐탑 호텔)~알티트~이글네스트 호텔~이글네스트 언덕

거리 4㎞　**시간** 2시간 30분
포인트 카라코람의 특급 전망대인 이글네스트 언덕
숙소 이글네스트 호텔

알티트를 거쳐 이글네스트 언덕을 오른다. 알티트 마을 구경이 재미있다. 학교와 알티트성, 마을 골목 등 구석구석을 둘러보자. 알티트에서 1시간쯤 오르면 이글네스트 호텔에 도착한다. 이글네스트 언덕에서 보는 장대한 카라코람의 일몰과 일출이 절경을 이룬다.

2일　수로를 따라 울타르 메도로　[LEVEL] ★★★★☆

코 스　이글네스트 호텔~울타르 메도~발티트

거리 12.4㎞　**시간** 7시간
포인트 훈자 워터의 원천인 울타르 빙하

울타르 메도에 올라 훈자 워터의 원천인 울타르 빙하를 만난다. 이글네스트 호텔에서 울타르 메도로 가는 길이 헷갈릴 수 있다. 수로를 찾는 것이 포인트다. 계곡을 건너는 지점이 다소 위험하니 각별히 조심한다. 계곡을 건너 울타르 메도까지 가는 길은 어렵지 않다. 울타르 메도에서는 수로를 따라 발티트 마을로 내려오면 된다.

nanga parb

— 10 —
Nanga Parbat Rupal
낭가파르바트 루팔
t rupal

악마의 벽, 낙원의 베이스캠프

낭가파르바트 루팔 Nanga Parbat Rupal

장소 파키스탄 길기트 · 발티스탄주

난이도 ▲▲△△△ 풍경 ▲▲▲▲▲ 편의성 ▲▲△△△

험준한 낭가파르바트(8,125m)는 '죽음의 산 Killer Mountain'으로 통한다. 1953년 초등되기까지 31명의 목숨을 앗아갔다. 하지만 낭가파르바트 주변은 낙원처럼 아름답고 평화롭다. 연녹색의 풀들이 페르시아 양탄자처럼 펼쳐진 베이스캠프(3,800m)에 누워 4,500m 높이의 루팔벽을 보는 맛은 통쾌하고 경이롭다. 악명 높은 낭가파르바트의 베이스캠프로 가는 길은 아이러니하게도 산책하듯 편하다.

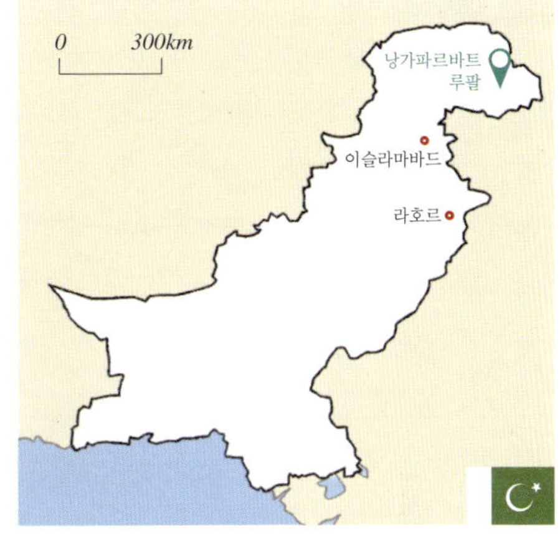

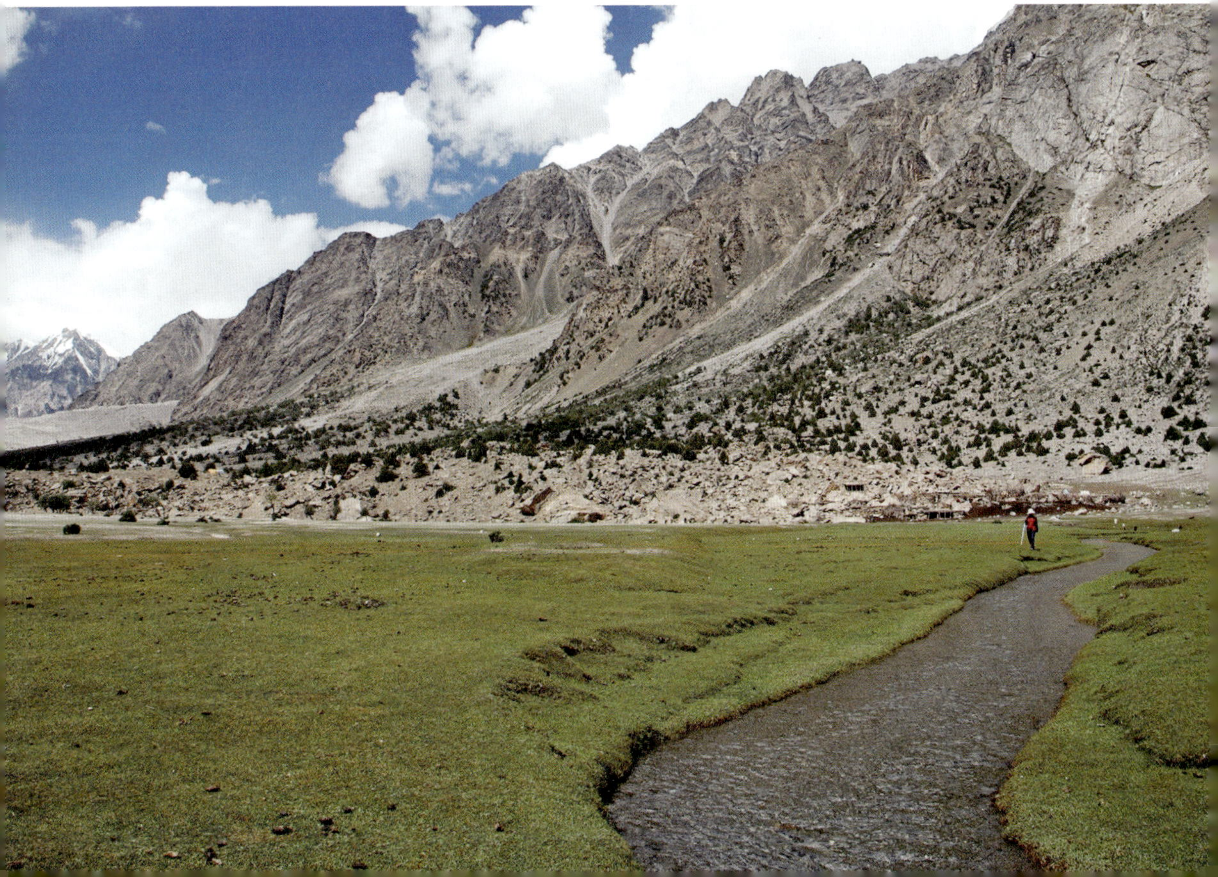

[기본 정보]

일정 : 2박 3일(1박 2일)   **시즌** : 5~9월(베스트 시즌 7~8월)

베스트 뷰포인트 : 설산을 병풍처럼 두른 타라싱, 웅장한 낭가파르바트가 잘 보이는 헤르리히코퍼 Herrlichkoffer 베이스캠프 등

코스 : ❶ 타라싱 ❷ 루팔 마을 ❸ 헤르리히코퍼 베이스캠프 ❹ 토빈 ❺ 라토바 ❻ 샤이기리

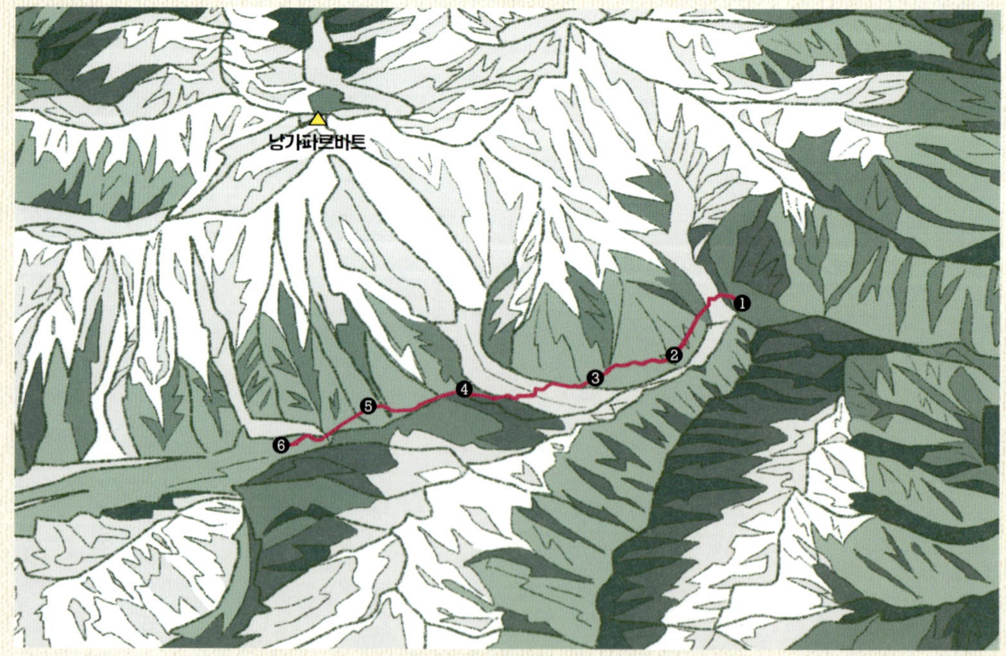

Nanga Parbat Rupal

낭가파르바트는 히말라야 Himalayas 8,000m급 14좌 중 사연이 가장 많은 봉우리다. 1895년 영국의 머메리 Mummery 에 의해 8,000m급 봉우리 중에서 가장 먼저 등반이 시도됐고, 1953년 초등되기 전까지 무려 31명의 목숨을 앗아갔다. 1934년 빌리 메르클 Willy Merkl 대장이 이끄는 대규모 독일 원정대는 베첸바흐 Betzen Bach를 포함한 드림팀이었지만 결과는 참담했다. 원정대가 2주일 동안 지속된 폭풍설 속에서 대참사를 당했다. 이어 1937년 히말라야 등반 사상 최대인 16명이 등반을 시도했으나 전원이 눈사태로 목숨을 잃었다. 이러한 비극은 1953년 헤르만 불 Hermann Buhl이 정상에 오르며 막을 내리게 된다.

03	BOOK & MOVIE

BOOK 『벌거벗은 산』, 라인홀스 메스너 Reinhold Messner, 이레, 2004
1970년 낭가파르바트 루팔벽 세계 첫 등정과 동생의 죽음, 조난과 생환에 관한 이야기를 담은 책이다.
MOVIE 〈운명의 산 낭가파르밧〉, 2010
1970년 메스너 형제의 세계 첫 낭가파르바트 루팔벽 등정에 관한 영화. 동생의 죽음, 조난과 생환에 관한 이야기를 담았다.

04	HOW TO ENJOY

3개 베이스캠프의 아름다운 풍경을 즐기자. 루팔 코스는 8,000m급 14좌 봉우리 중에서 가장 쉽고 빠르게 베이스캠프에 도달할 수 있다. 트레킹은 헤르리히코퍼, 라토바 Latobah, 샤이기리 등 3개 베이스캠프를 차례로 거치게 된다. 모든 캠프지에 맑은 물이 흐르고 드넓은 초원이 펼쳐져 아름답다. 이 지역을 트레킹할 때는 가이드나 포터를 꼭 고용해야 하는데, 타라싱의 게스트하우스에서 구할 수 있다.

05	HOW TO PLAN

거점 도시는 길기트 Gilgit다. 길기트에서 루팔 입구인 타라싱으로 갈 때는 데오사이 Deosai 고원을 거쳐 가는 길을 추천한다. 데오사이 고원은 '알라신의 정원'으로 불릴 만큼 야생화가 가득한 아름다운 국립공원이다. 서두르면 당일치기로 갈 수 있지만 데오사이 고원의 캠핑장에서 1박하는 일정을 추천한다. 길기트에서 1박 2일 전세 지프를 빌리면 된다. 루팔 트레킹을 천천히 즐기려면 2박 3일 코스가 정석이다. 일정에 여유가 없으면 1박 2일 코스도 괜찮다.

1 DAY	타라싱 ➡ 아래 루팔 ➡ 위 루팔 ➡ 헤르리히코퍼 베이스캠프
2 DAY	헤르리히코퍼 베이스캠프 ➡ 토빈 ➡ 라토바 ➡ 샤이기리 베이스캠프
3 DAY	샤이기리 베이스캠프 ➡ 라토바 베이스캠프 ➡ 헤르리히코퍼 베이스캠프 ➡ 타라싱

> **TIP**
>
> **루팔 2일 코스**
> 1 DAY : 타라싱 ➡ 헤르리히코퍼 베이스캠프(10km, 4시간 30분 소요)
> 2 DAY : • 헤르리히코퍼 베이스캠프 ➡ 타라싱(10km, 3시간 30분 소요)
>   • 헤르리히코퍼 베이스캠프 ➡ 라토바 베이스캠프 ➡ 타라싱(15km, 6시간 소요)

Traveler's Note

[여행작가의 노트]

항공 : 한국 국적기 중 직항은 없다. 보통 타이항공이나 파키스탄항공(PIA)을 이용한다. 파키스탄항공보다 타이항공이 편하고 값도 싼 편이다. 대개 방콕을 경유해 파키스탄으로 들어가며 이슬라마바드 Islamabad와 라호르 Lahore 중 어디로 들어갈지 선택할 수 있다. 이슬라마바드와 라호르는 버스로 4~5시간 거리이며 라호르가 남쪽에 있다.

교통 : 길기트가 기점이다. 이슬라마바드에서 길기트까지 버스로 1박 2일 걸린다. 길기트에서 타라싱까지 대중 지프로 가려면 자글롯 Jaglot과 아스토르 Astor에서 갈아타야 한다. 하지만 시간이 정확하지 않고 자리가 매우 불편해 추천하고 싶지 않다. 길기트~타라싱은 전세 지프를 이용하자. 길기트 마디나 호텔 Madina Hotel(+92 05811 53536)에서 쉽게 구할 수 있다.

숙소 : 길기트의 마디나 호텔은 여행자를 위한 시스템이 잘 갖추어져 있어 전 세계 배낭여행자들이 애용하는 숙소다. 타라싱에는 낭가파르바트 호텔 Nanga Parbat Hotel과 뉴루팔 호텔 New Rupal Hotel이 있다. 뉴루팔 호텔이 시설도 좋고 가격도 싸며 식사도 괜찮은 편이다.

타라싱의 뉴루팔 호텔

캠핑 : 트레킹 중에 꼭 캠핑을 해야 한다. 캠핑 비용은 없지만 간혹 근처 유목민이 캠핑 비용을 요구할 수 있다. 거절하면 문제가 생길 수 있으니 일정 금액을 주는 것이 좋다.

헤르리히코퍼 베이스캠프에서 캠핑하는 모습

장비 : 캠핑 장비를 가져가는 것이 가장 좋지만 텐트가 없으면 게스트하우스에서 빌리면 된다. 신발은 트레킹화도 괜찮다. 날씨가 변화무쌍해 우비와 보온의류, 바람막이 등을 챙겨야 한다.

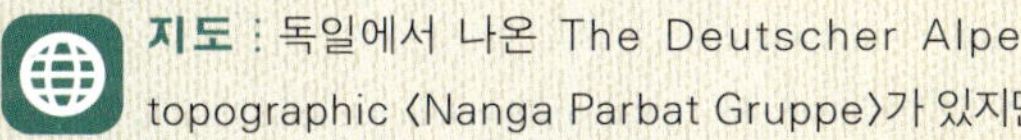

지도 : 독일에서 나온 The Deutscher Alpenverein 1:50,000 topographic 〈Nanga Parbat Gruppe〉가 있지만 구하기 어렵다.

안내 표시 : 안내 표시는 없지만 가이드 혹은 포터와 함께하기 때문에 길 잃을 염려는 없다.

말로 짐을 운반하는 포터

- 일정 : 준비 15일 + 트레킹 여행 7박 8일
- 경비 : 약 300만 원
- 교통 : 항공, 지프 등
- 숙박 : 호텔, 캠핑, 게스트하우스
- 장비 : 텐트, 침낭, 스틱, 취사도구, 중등산화, 의류 등
- 비자 : 파키스탄 대사관 (pkembassy.or.kr)에 신청. 비자신청서, 여권, 여권 사본 1부, 여권 사진 2장, 항공권 예약증, 호텔 예약증, 영문 여행일정표, 영문 재직증명서 등이 필요하며 처리 기간은 3일.
- 환전 : 루피(Rs), 현지에서 환전.
- 언어 : 우르두어, 영어

#1st Day: 홀로 독야청청한 산의 치명적인 유혹

파키스탄의 수도 이슬라마바드에서 북부 지역의 수도인 길기트까지는 지긋지긋하게 버스를 타야 한다. 대략 16~18시간, 운이 없으면 24시간, 만약 폭우로 길이 끊기면 도착 시간을 기약할 수 없다. 오후 2시경에 탄 버스의 에어컨은 선풍기 수준이었다. 게다가 옆자리에는 덩치 큰 펀자비 Punjabis(파키스탄 소수민족 사람들이 지배층인 펀잡 지역 사람들을 낮춰 부르는 말) 사내가 특유의 느끼한 웃음을 지으며 아는 체를 했다.

위 루팔로 가는 길엔 드넓은 밀밭이 펼쳐져 있다.

트레킹의 출발점인 타라싱 마을

　밤새 어둠을 달려온 버스가 인더스강 Indus River이 흐르는 칠라스 Chilas를 지날 무렵이면 옹색한 자리에서 시달린 몸은 말 그대로 파김치가 된다. 바로 그때, 찬란한 아침 빛을 받은 낭가파르바트가 나타났다. 잠을 못 자 '헛것을 보았나' 하고 눈을 씻고 쳐다봐도 거대한 만년설 덩어리는 더욱 또렷해졌다. 낭가파르바트와 눈을 맞추자 신기하게도 그동안의 피곤이 씻은 듯 사라졌다.

　산스크리트어로 '낭가'는 벌거벗은 몸, '파르바트'는 산이다. 따라서 낭가파르바트는 벌거벗은 산이란 뜻이다. 산이 수직으로 치솟아 눈과 얼음이 붙지 않은 생김새에서 따온 이름이다. 그 이름에서 알 수 있듯이 낭가파르바트의 특징은 수직으로 치솟은 벽에서 찾을 수 있다. 그 벽을 살펴보면 동북쪽에는 라키오트 Rakhiot벽(3,400m), 남쪽으로는 루팔 Rupal벽(4,500m), 그리고 서쪽으로는 디아미르 Diamir벽(4,500m)이 있다. 이 중에서 압권은 '수직의 벽'으로 불리는 루팔벽이다.

　　낭가파르바트는 지질학적으로 독특한 봉우리다. 히말라야는 5,000만 년 전 인도 대륙판과 유라시아 대륙판의 충돌로 만들어졌다고 한다. 비유하자면 충돌 과정에서 소형 차인 인도판은 대형 트럭인 유라시아판 아래로 깔려 들어갔고, 유라시아판이 솟구치면서 형성된 산맥이 히말라야다. 그런데 인도판에 속했던 낭가파르바트는 깔리기를 거부하고 아시아판을 타고 넘으면서 살아남았다. 그래서 낭가파르바트는 다른 8,000m급 봉우리들이 서로 이웃해 있는 것에 비해 홀로 독야청청하다.

　　낭가파르바트 트레킹은 북쪽으로 페어리 메도 Fairy Meadow 코스, 남쪽으로 루팔 코스로 나뉜다. 두 곳 모두 아름다운 길이다. 루팔은 파키스탄에서 가장 아름다운 마을로 손꼽힌다. 루팔 마을의 들머리는 타라싱 마을이다. 길기트에서 시커먼 흙탕물이 흐르는 강을 4시간 거슬러 올라가면 느닷없이 밀밭이 펼쳐지는데, 이곳이 타라싱이다. 마을에는 두 개의 게스트하우스가 있었고 그중 전망 좋은 숙소에 묵었다.

　　다음 날, 이클라쿠 센이라는 청년을 가이드 삼고 짐을 실은 당나귀 한 마리를 앞세워 베이스캠프로 떠났다. 마을 언덕에 오르면 타라싱 빙하가 나타나면서 본격적인 산길이 시작된다. 언덕에서 바라본 마을은 밀이 익어가면서 황금빛으로 넘실거린다. 작은 빙하를 건너자 루팔 마을이 눈에 들어온다. 과연 파키스탄에서 가장 아름다운 마을이라는 명성이 헛되지 않다.

　　밭에는 밀, 감자, 옥수수 등이 자란다. 길은 돌담을 따라 이어지고 길섶에는 형형색색의 야생화가 흐드러졌다. 히잡을 쓴 아낙들이 밭에서 일하는 모습은 우리의 들녘과 크게 다르지 않다. 마을의 손바닥만 한 가게에서 사과를 2kg 샀다. 사과는 작고 볼품없어 보였지만 제법 단맛이 났다.

마을을 벗어나 언덕을 넘어서자 수초가 가득한 호수가 나타난다. 이어 산허리를 오른쪽으로 크게 돌자 갑자기 양탄자를 깔아놓은 듯한 넓은 초지가 펼쳐진다. 그 가운데서 맑은 개울물이 흘러온다. 이 낙원처럼 아름다운 공간이 낭가파르바트 루팔벽의 베이스캠프이며, 헤르리히코퍼 베이스캠프(3,550m)라고 부른다. 헤르리히코퍼는 원정대를 이끌고 이곳에 20회 이상 찾아온 독일의 의사이자 등반가로, 반평생을 낭가파르바트와 함께했다.

낭가파르바트 루팔벽은 구름 속에 얼굴을 묻고 몸에는 암벽과 얼음을 갑옷처럼 두르고 웅크리고 있었다. 그 모습은 '죽음의 산'이란 별칭답게 무시무시하고 음산했다. 캠프에 텐트를 치니 기다렸다는 듯 소나기가 쏟아진다. 빗줄기와 강한 바람이 텐트를 사정없이 할퀸다. 그렇게 3시간 정도 지나니 잠잠하다. 낭가파르바트에 온 신고식을 톡톡히 치렀다.

루팔벽이 가장 웅장하게 펼쳐지는 헤르리히코퍼 베이스캠프. 양탄자를 깔아놓은 듯한 드넓은 초원에 맑은 개울이 흐른다.

#2~3rd Day: 농사짓기 위해 매일 루팔과 타라싱을 오르내리는 아낙

다음 날 새벽, 우르르 쾅! 빙하 무너지는 소리가 몇 번 들리고, 가이드가 소리를 지르기에 '무슨 사달이라도 났나?' 하고 텐트 문을 여니 맙소사! 여명 속에서 낭가파르바트 루팔벽이 완벽하게 드러났다. 가이드가 루팔벽을 보라고 깨운 것이다. 낭가파르바트 정상은 예리한 삼각형의 바위가 선명하게 보여 쉽게 알아볼 수 있다. 아침 빛은 가장 먼저 정상 삼각형을 비추더니 시나브로 얼음과 바위로 이루어진 루팔의 몸을 더듬기 시작한다.

이 강렬한 빛에 얼마나 많은 등반가가 매혹되었던가. 가장 먼저 낭가파르바트의 치명적 유혹에 넘어간 사람은 머메리였다. 머메리는 '보다 어려운 등반'을 추구한 머메리즘 Mumerism(등로주의)의 선구자답게 1895년 낭가파르바트를 등반하기 위해 루팔 마을을 찾았다. 유럽의 등반가들이 계속 알프스에 매달리고 있을 때, 히말라야로 눈을 돌린 것이다. 머메리 역시 이곳에서 루팔벽을 보았을 것이다. 알프스 일대에서 온갖 등반 기록을 갈아치운 머메리가 루팔벽을 보았을 때의 심정은 어땠을까.

고도차 4,500m, 험준한 버트리스 Buttress(산체를 지지하듯 산정이나 능선을 향해 치닫고 있는 암벽), 단층애, 현수 빙하(낭떠러지 또는 산비탈에 있는 빙하)를 거느리고 있는 엄청난 급경사를 이룬 상반부. 아무리 낙천적인 등반가라 할지라도 이 무시무시한 벽 앞에서는 시도라는 말조차 꺼내지 못할 것이다.

– 디렌푸르트 Dyhrenfurt

1 이른 아침, 헤르리히코퍼 베이스캠프에서 바라본 4,500m 높이의 루팔벽
2 파키스탄에서 아름답기로 손꼽히는 루팔 마을

불행히도 머메리가 루팔벽을 보고 남긴 기록은 없다. 아마도 독일의 유명한 등반가인 디렌푸르트가 남긴 말처럼 '무시무시한 벽' 앞에서 그저 입만 쩍 벌리지 않았을까. 머메리는 등반 가능한 루트를 찾아 루팔 마을을 지나 마제노 고개 Mazeno Pass (5,399m)를 넘어 디아미르로 이동했다. 그는 디아미르 계곡에서 6,100m 지점까지 오른 후 등반을 포기하고 북면인 페어리 메도 방향으로 넘어가다가 홀연히 실종된다. 머메리의 죽음은 비극의 서막이었다. 1934년 빌리 메르클 대장이 이끄는 대규모 독일 원정대와 1937년에 독일 원정대가 등반을 시도했으나, 며칠 동안 지속된 눈폭풍에 갇혀 대부분의 대원이 목숨을 잃고 만다.

바진 빙하를 건너면 평화로운 토빈의 초원이 나타난다.

Nanga Parbat Rupal

낭가파르바트를 향한 빌리 메르클의 꿈은 그의 이복동생인 헤르리히코퍼가 이어받는다. 그는 1953년 빌리 메르클 추모 원정대를 조직해 등정을 시도한다. 원정대원이었던 헤르만 불은 정상 등정을 포기하라는 원정대장의 명령을 어기고 마지막 베이스캠프(6,900m)를 떠나 단독으로 대망의 낭가파르바트 정상에 오른다. 헤르리히코퍼는 헤르만 불의 등정에 만족하지 않고 당시 엄두도 내지 못했던 루팔벽을 오르려는 야심 찬 계획을 세운다. 이 불가능해 보이는 꿈은 1970년 라인홀트 메스너에 의해 기적적으로 실현된다. 메스너는 루팔벽을 오른 후 반대편인 디아미르 서벽으로 내려오는 대기록을 세우지만, 동생 귄터 메스너 Günther Messner를 잃고 만다. 본인 역시 조난당했다가 그곳 목동에게 발견되어 기적적으로 살아난다. 메스너는 평생 동생을 잃었다는 자책과 주변의 손가락질 속에서 괴로워했지만 히말라야 등반을 멈추지 않았다. 결국 메스너는 낭가파르바트 루팔벽을 시작으로 1986년 로체 Lhotse에 올라 8,000m급 14좌를 인류 최초로 완등하는 대기록을 세운다.

노새들이 풀을 뜯고, 새가 지저귀는 베이스캠프의 아침은 그야말로 낙원이었다. 어젯밤의 그 음산한 분위기가 사라진 낭가파르바트 루팔벽은 무섭지 않고 든든했다. 오전 9시가 넘으면서 루팔벽은 구름 속으로 숨는다. 베이스캠프에서 빙퇴석 지대를 150m 정도 올라서면 제법 넓은 바진 빙하 Bazhin Glacier가 시작된다. 이 빙하는 낭가파르바트 주봉과 라이코트 빙하 Raikhot Glacier 사이에서 만들어진 거대한 얼음 강이다. 빙하를 건너다보면 돌과 자갈 밑에 웅크리고 있는 얼음을 볼 수 있다. 물이 고여 작은 호수를 이룬 곳도 보인다. 빙하가 끝나는 지점은 제법 높아 전망이 좋다.

빙하 전망대를 내려서면 드넓은 초원, 토빈이다. 죽음의 지대 같은 빙하를 지나 나타나기에 더욱 아름답다. 맑은 냇물이 유연한 곡선을 그리며 초원 가운데를 흐르고 양과 야크들이 한가로이 풀을 뜯는다. 토빈을 지나면 라토바가 나온다. 라토바는 루팔 코스를 통틀어 가장 아름다운 캠프 사이트다. 계곡을 가득 메운 뭉툭한 나무들, 맑은 개울, 드넓은 초지, 구름 속에 웅크리고 있는 루팔벽…

1 라토바 계곡에서는 뭉툭한 나무들이 설산과 어우러진다.
2 하산길에 만난 붙임성 좋은 아낙과 아이
3 라토바의 광대한 초원과 개울. 이른 아침에는 라토바에서도 루팔벽을 볼 수 있다.

샤이기리의 목동들. 낭가파르바트가 길러낸 맑고 투명한 아이들이다.

라토바에서 계곡을 건너 샤이기리로 향한다. 샤이기리 직전에 목동들이 사는 마을을 지나는데 꼬마 녀석들이 길을 막는다. 아이들이 꼬마 여자애를 가리킨다. 얼굴에 상처가 있었다. 연고를 발라주니 웃으며 도망간다. 목동 마을을 지나 큰 계곡을 건너면 커다란 바위가 놓여 있는 샤이기리(3,655m)다. 샤이기리는 작은 언덕 위에 자리 잡아 제법 바람이 세다. 언덕을 5분쯤 걸으면 적당한 장소가 나온다. 맑은 식수가 흐르고 바람이 잠잠해 캠프 사이트로 그만이다.

캠프 사이트 위로는 거대한 루팔 빙하가 끝없이 펼쳐진다. 마제노 고개를 넘는 길은 루팔 빙하를 따르는 어려운 길이다. 루팔 트레킹은 샤이기리가 종착점이다. 텐트를 치고 쉬었다가 언덕에 올라 노을을 맞는다. 루팔벽과 주변 산이 은은한 노을빛에 젖는다. 루팔에서의 마지막 밤을 아쉬워하며 모닥불을 피우고 가이드와 함께 노래 부르며 춤을 췄다.

다음 날, 샤이기리에서 타라싱(2,911m)까지 한 번에 내려왔다. 하산길에 위 루팔의 아낙들과 동행하게 되었다. 그들 중에 아이가 둘이나 되는 젊은 아낙은 무슬림답지 않게 사교성이 좋고 호기심이 많아 금방 친해졌다. 그들은 타라싱으로 밭일하러 간다고 했다. 밭이 타라싱에 있으니 매일같이 루팔과 타라싱을 오르내려야 한다. 매일 쳐다보는 낭가파르바트는 그들에게 어떤 모습일까. 그저 꽤 높은 동네 뒷산 정도 아닐까.

루팔 마을 밀밭에서 일하는 아낙들의 모습이 평화롭다.

Course Guide

1일 | 루팔벽이 보이는 황홀한 캠프지에 묵다 [LEVEL] ★★☆☆☆

코 스 타라싱 ~ 아래 루팔 ~ 위 루팔 ~ 헤르리히코퍼 베이스캠프

거리 10km **시간** 4시간 30분 **포인트** 초원 위에 우뚝 솟은 낭가파르바트 루팔벽
숙소 헤르리히코퍼 베이스캠프

아름다운 루팔 마을을 지나 4,500m의 루팔벽이 보이는 황홀한 캠프지에 묵는다. 타라싱 마을 언덕에 오르면 조망이 시원하게 열린다. 여기서부터 타라싱 빙하가 시작된다. 20분쯤 걸어 빙하를 건너면 루팔 마을이 나온다. 마을에는 황금빛 밀밭이 출렁이고, 온갖 야생화가 피어 있다. 아래 루팔과 위 루팔을 거치면 울창한 향나무 군락이 나온다. 여기서 완만한 고개를 넘으면 헤르리히코퍼 베이스캠프가 나온다. 새벽부터 오전 9시 전까지 루팔벽의 선명한 모습을 볼 수 있다.

2일 | 천국의 초원이 펼쳐진 라토바 [LEVEL] ★★☆☆☆

코 스 헤르리히코퍼 베이스캠프 ~ 토빈 ~ 라토바 ~ 샤이기리

거리 8.5km **시간** 4시간 **포인트** 바진 빙하를 건너면 나타나는 토빈과 라토바
숙소 샤이기리의 숙소

캠프지에서 150m 정도 언덕을 오르면 바진 빙하가 시작된다. 빙하를 건너는 데 40~50분쯤 걸린다. 주민들이 많이 다니므로 길 찾기는 어렵지 않다. 빙하가 끝나는 지점의 언덕은 전망이 좋다. 언덕을 내려오면 넓고 아름다운 토빈 초원을 만나고 눈이 휘둥그레진다. 개울을 건너면 라토바가 나온다. 목동 마을에서 계곡을 건너면 큰 돌이 놓여 있는 곳이 샤이기리다.

3일 | 왔던 길을 되짚어 타라싱으로 [LEVEL] ★★★☆☆

코 스 샤이기리 ~ 라토바 ~ 헤르리히코퍼 베이스캠프 ~ 타라싱

거리 18.5km **시간** 7시간
포인트 올라갈 때는 보지 못했던 풍경을 감상할 수 있는 하산길

일정에 여유가 있으면 라토바에서 하루 묵고 다음 날 천천히 타라싱으로 내려올 수 있다. 보통 하루에 타라싱까지 내려와 걷기를 마무리한다.

카라코람하이웨이(KKH) 둘러보기

카라코람하이웨이 Karakoram Highway (KKH)는 파키스탄 북부 지역과 중국 신장웨이우얼 Xinjiang Uygur 자치구를 연결하는 산악 도로다. 파키스탄 아보타바드 Abbottabad 에서 파키스탄 북부의 카라코람산맥과 파미르 고원 Pamir Plateau 을 관통해 중국 카슈가르 Kashgar 까지 약 1,200km가 이어진다. 이 도로에서 가장 높은 쿤제랍 고개 Khunjerab Pass (4,693m)가 파키스탄과 중국의 국경이다. 트레킹 후 카라코람하이웨이의 주요 명소인 파수 Passu, 쿤제랍 고개 등을 둘러보자.

험준한 투포단 봉우리 사이로 카라코람하이웨이가 유장하게 흘러간다.

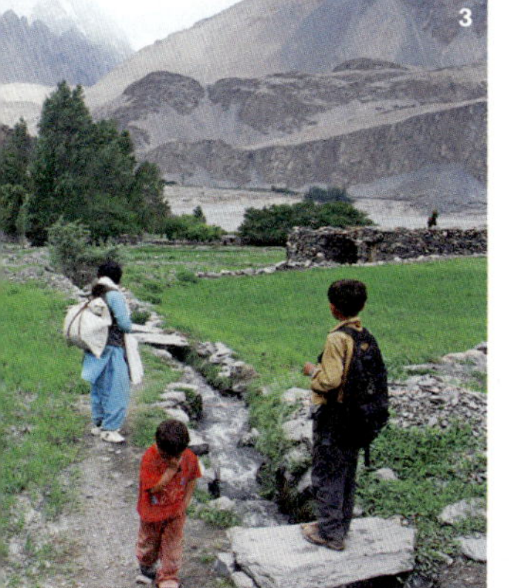

#SCENE1: 파수 후싸이니 두트 다리

파수 입구에 자리한 후싸이니 Hussaini 마을은 카라코람하이웨이의 특징을 잘 보여준다. 마을을 둘러싼 산은 마치 사막처럼 거칠고 황량하지만 묘한 매력을 풍긴다. 1~2일 머물면서 파수 빙하, 두트 다리 Dut Bridge 등을 둘러보는 게 좋다.

두트 다리는 일명 '서스펜션 브리지'로, 론리 플래닛 파키스탄판의 표지 사진으로 등장해 유명해졌다. 후싸이니 마을 앞에서 강변으로 내려가면 거칠고 탁한 훈자강에 어설프게 걸린 다리가 보인다. 강 북쪽으로 악마의 뿔처럼 솟구친 투포단 Tupopdan (파수 피크 Passu Peak, 6,000m)의 침봉들이 하늘을 찌르고 있다. 산과 강의 거친 기운에 다리는 금방이라도 산산조각날 것 같지만, 굳건하게 버티고 있다. 다리 길이는 약 800m이며 끝까지 가는 데 10분쯤 걸린다. 다리를 건너면 벼랑을 깎아 만든 잔도가 이어지고, 샤르 밧 마을까지 30분 걸린다.

#SCENE2: 파키스탄과 중국의 국경, 쿤제랍 고개

쿤제랍 고개는 파키스탄과 중국의 국경으로 카라코람하이웨이에서 가장 높은 곳이다. 육로를 통해 파키스탄에서 중국으로 여행하는 사람들은 자연스럽게 쿤제랍 고개를 넘을 수 있다. 파키스탄을 여행하는 사람들은 훈자나 파수에서 지프 투어로 다녀올 수 있다. 파수 위쪽의 소스트 Sost 마을을 지나면 한동안 적막강산이 이어진다. 이어 체크포인트가 나오는데 이곳을 지나면 왼쪽으로 킬릭 계곡 Killik Valley이 합류한다. 합류점을 지나면 산줄기는 카라코람에서 파미르 고원으로 이름을 바꾼다. 파미르 고원은 카라코람산맥, 힌두쿠시산맥 Hindu Kush Mt., 천산산맥 Tian Shan Mt., 곤륜산맥 Kunlun Mt. 등이 모여 형성된 거대한 고원 지대로, '세계의 지붕'이라 불린다. 또한 파미르 고원은 유라시아 대륙 모든 산맥의 출발점이기 때문에 동서양을 나누는 자연적인 국경 역할을 했다. 전한시대(기원전 139~126년) 장건의 서역 착공 이후 파미르를 횡단하는 길이 뚫리면서 비로소 실크로드는 동서양을 연결하는 길이 되었다.

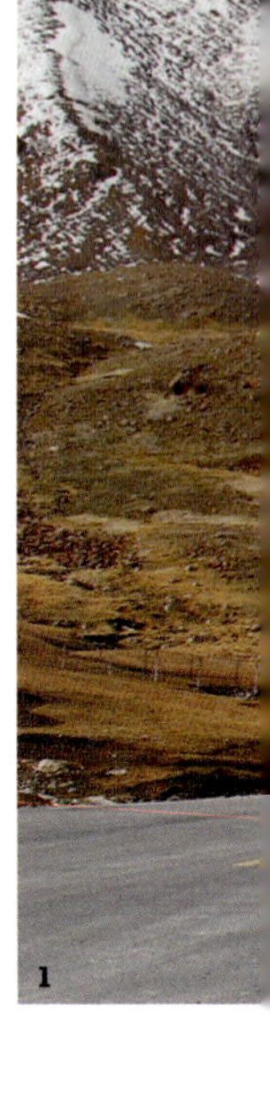

1 쿤제랍 고개의 파키스탄 국경
2 쿤제랍 고개를 넘어 중국과 파키스탄을 오가는 트럭은 화려하게 치장되어 있다.
3 파키스탄 가이드북에 단골로 등장하는 데오사이 발라파니 캠핑장 앞의 다리

세 번째 체크포인트에서 국경 경찰이 지프에 오른다. 경찰이라고 하지만 제복을 입은 것이 아니라서 동네 아저씨처럼 친근하다. 체크포인트를 지나면 구절양장 같은 고갯길이 시작된다. 한동안 엉덩이가 들썩거리며 드디어 고원 위로 올라선다. '타슈쿠르간 Tashkurghan 143㎞, 카슈가르 438㎞' 이정표를 지나면 쿤제랍 정상이다. 파키스탄 국경을 알리는 비석이 앞을 가로막는 곳이 국경선이다. 앞쪽으로 중국의 국경 건물이 보인다.

#SCENE3: '알라신의 정원', 데오사이 고원

파키스탄 북부 지역의 주도인 길기트에서 타라싱 마을까지 가는 방법은 두 가지다. 첫 번째는 길기트에서 아스토르를 거쳐 가는 길이고, 두 번째는 스카르두 Skardu에서 데오사이 고원 Deosai Plains을 넘는 길이다. 첫 번째 길이 빠르지만 두

번째 길을 추천한다. 스카르두에서 지프를 대절해 아침 일찍 출발하면 데오사이
고원을 넘어 타라싱까지 갈 수 있다. 하지만 데오사이 고원의 발라파니 캠핑장에
서 하룻밤 묵으면 평생 잊지 못할 고원의 하룻밤을 보낼 수 있다. '알라신의 정원'
이라 불리는 데오사이 고원은 고산 초원지대로, 여름철에는 각양각색의 야생화와
곰, 여우 등 야생 동물을 볼 수 있다.

교통 : 알리아바드 Aliabad에서 파수행 미니버스가 다닌다. 파수의
대표적인 게스트하우스는 시스퍼뷰 호텔 Shisper View Hotel과 파수
인 Passu Inn이다. 쿤제랍 고개를 다녀오려면 지프를 대절해야 한다. 훈자, 파
수 등의 게스트하우스에 문의하면 지프를 연결해준다. 시간은 넉넉하게 7~8
시간 잡아야 한다. 스카르두에서 데오사이로 가려면 지프를 대절해야 한다. 데
오사이 발라파니 캠핑장에서 1박하는 여정을 추천한다.

데오사이 고원의 세오사르 호숫길

동북아시아

Northeast Asia

白馬岳
시로우마다케(하쿠바다케)

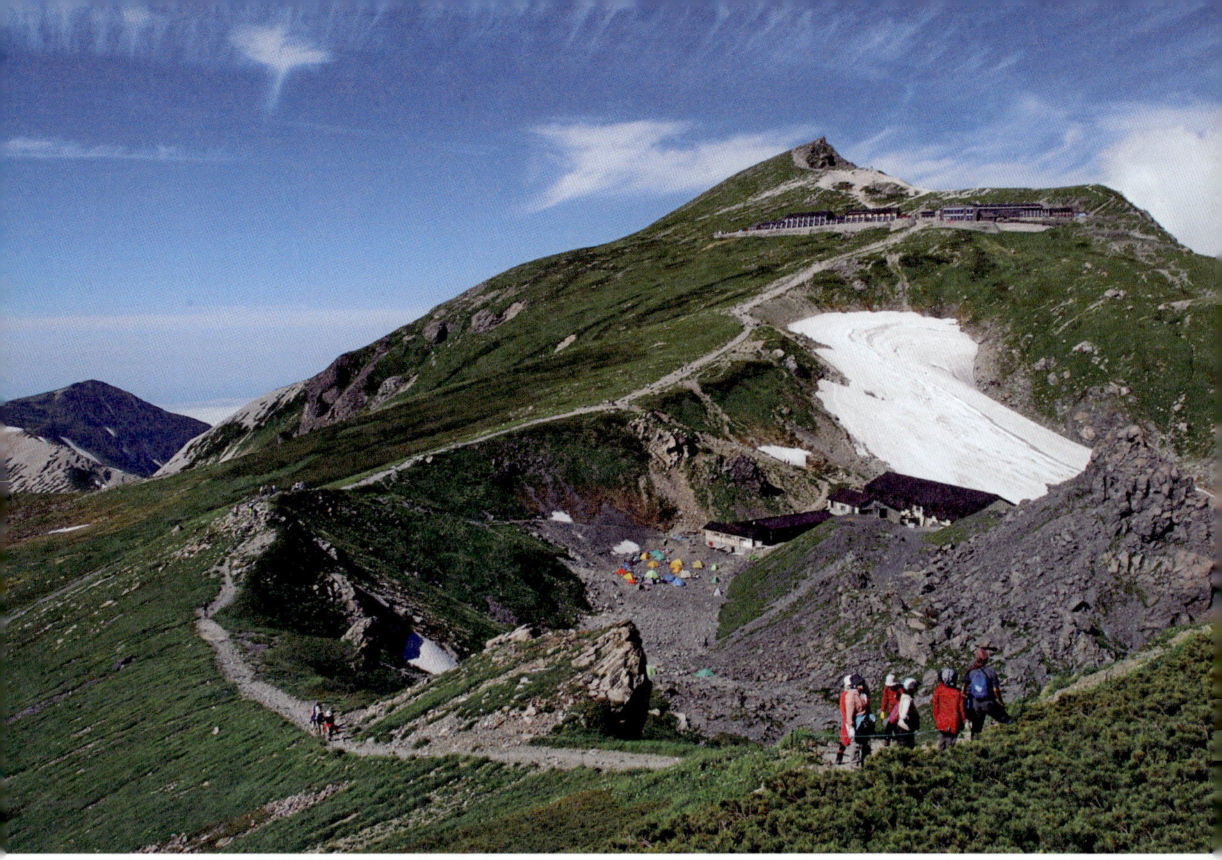

북알프스의 꿈꾸는 풍경을 찾아서

시로우마다케 白馬岳

장소 일본 북알프스

난이도 ▲▲▲▲△ 풍경 ▲▲▲▲▲ 편의성 ▲▲▲▲△

산장은 추위를 피해 하룻밤 묵어가는 단순한 숙소가 아니다. 사람들을 만나 꿈을 나누고 문화를 형성하는 공간이다. 일본 하쿠바 산장 앞에서 북알프스 산맥이 흘러가는 감동적인 풍경을 만났다. 그 풍경은 사람들을 꿈꾸게 하고 희망과 호연지기 浩然之氣를 불어넣는다. 북알프스의 시작점인 시로우마다케는 한여름에도 눈이 남아 있고, 야생화가 흐드러지게 핀 천상의 화원이다.

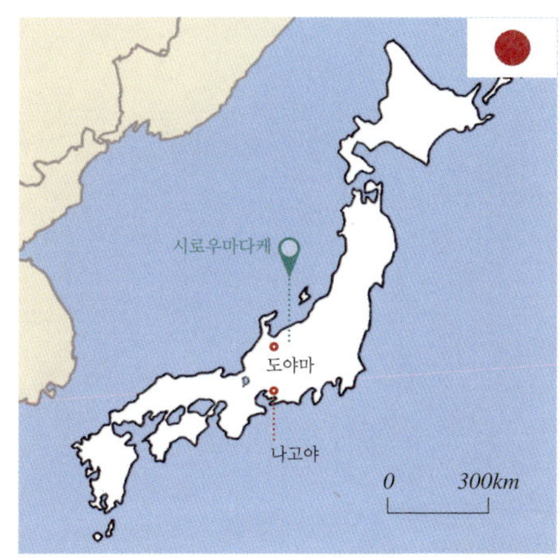

[기본 정보]

01 SUMMARY

일정 : 2박 3일 **시즌** : 5~10월(베스트 시즌 7~8월)

베스트 뷰포인트 : 북알프스가 한눈에 보이는 하쿠바 산장, 360도 조망이 열리는 야리가다케 정상 등

코스 : ❶ 사루쿠라 산장 ❷ 시리고야 산장 ❸ 하쿠바 산장 ❹ 하쿠바야리 산장

白馬岳

일본에도 우리나라의 백두대간 같은 산줄기가 있는데, 이를 일본 알프스라 부른다. 일본 국토의 등줄기를 이루는 일본 알프스는 혼슈 本州의 중앙 지역에 남북으로 길게 뻗어 있다. 그중 북쪽을 북알프스, 중앙을 중앙알프스, 남쪽을 남알프스라고 부른다. 북알프스는 일본 알프스 중에서 일본인이 가장 사랑하는 산이다. 3,000m가 넘는 주요 봉우리들은 설악산처럼 빼어난 경관을 자랑하고 그 주변으로 수려한 계곡이 흐른다. 곳곳에 온천이 펑펑 솟아나 시민들에게 휴식의 공간을 제공한다.

| 03 | BOOK |

『日本百名山』中, 山&溪谷, 2001
일본 원서. 총 3권 중 하나로 시로우마다케, 야리가다케, 다테야마 立山黒部 등 일본 북알프스의 명산에 대해 소개한 책이다.

| 04 | HOW TO ENJOY |

일본의 아기자기한 산장을 즐기자. 시설 좋은 하쿠바 산장에서 바라보는 북알프스 조망이 일품이고, 하쿠바야리 산장에서는 온천욕을 즐길 수 있다. 백패킹 마니아라면 산장에 딸린 야영장에 텐트를 치고 북알프스의 자연을 만끽하자.

| 05 | HOW TO PLAN |

하쿠바 마을은 웅장한 산으로 둘러싸인 전형적인 산악마을로, 1998년 나가노 長野 동계올림픽에서 스키점프 경기가 열린 곳이다. 하쿠바 마을을 기점으로 다양한 트레킹 루트가 있는데, 시로우마다케는 눈이 가득한 대설계 大雪渓(계곡에 쌓인 눈이 일년 내내 녹지 않고 남은 구역) 코스다. 하쿠바 산장 1박, 산정 온천이 명물인 하쿠바야리 산장 白馬鑓温泉小屋(2,100m)에서 1박을 한 후 원점 회귀하는 2박 3일 코스를 추천한다.

1 DAY	사루쿠라 산장 ➡ 시리고야 산장 ➡ 대설계 ➡ 하쿠바 산장
2 DAY	하쿠바 산장 ➡ 샤쿠시다케 ➡ 야리가다케 ➡ 하쿠바야리 산장
3 DAY	하쿠바야리 산장 ➡ 사루쿠라 산장

Traveler's Note
[여행작가의 노트]

항공 : 나고야 주부국제공항 名古屋 中部国際空港으로 들어간다. 국내 저비용 항공사가 많아 비행기값이 저렴하다. 아시아나항공과 에어서울은 도야마 富山 직항을 운항한다.

교통 : 나고야 주부국제공항에서 지하철을 타고 메이테쓰 나고야역 名鉄名古屋駅까지 이동한다. 여기서 나고야역까지는 도보 5분 거리다. 나고야역 → 마쓰모토역 松本駅 → 시나노오마치역 信濃大町駅 → 하쿠바역까지는 기차를 두 번 갈아타면 된다. 하쿠바역에서 사루쿠라로 가는 버스가 다닌다. 비행기를 타고 도야마에 도착했다면 하쿠바까지 버스를 타면 된다. 2~3시간 소요.

숙소 : 산에서는 하쿠바 산장과 하쿠바야리 산장을 이용한다. 1박 2식에 약 10,000¥ 정도. 트레킹 전후에는 마쓰모토의 비즈니스 호텔에서 묵으면 된다.

캠핑 : 하쿠바 산장 아래의 시로우마다케초조슈쿠샤 산장 白馬岳頂上宿舎과 하쿠바야리 산장은 야영장을 운영한다.

장비 : 길이 좀 험한 편이기 때문에 신발은 중등산화가 좋고 스틱도 반드시 갖추어야 한다. 우비와 보온의류, 바람막이 등도 챙기자. 캠핑하려면 야영장비를 준비해야 한다.

안내 표시 : 안내판이 잘 나와 있다. 곳곳에 산장이 많아 산장 표시를 이정표 삼으면 길 찾기가 쉽다.

白馬岳

- 일정 : 준비 5일 + 트레킹 여행 5박 6일
- 경비 : 약 200만 원
- 교통 : 항공, 기차, 버스 등
- 숙박 : 비즈니스 호텔, 산장, 캠핑
- 장비 : 텐트, 중등산화, 스틱, 의류 등
- 비자 : 무비자
- 환전 : 엔(¥)
- 언어 : 일본어, 영어

시로우마다케초조슈쿠샤 산장의 야영장

산장 표시를 이정표로 삼으면 된다.

#1st Day: 대설계를 올라 만난 하쿠바 산장

과거 화산이 들끓었던 지역은 후대에 자연의 혜택을 듬뿍 받기 마련이다. 제주도가 한반도와 달리 풍성한 자연을 간직한 이유는 화산섬이기 때문이다. 마찬가지로 화산섬인 일본은 질투가 날 정도로 자연의 혜택을 많이 받았다. 비행기와 버스, 기차를 갈아타고 시로우마다케(2,932m) 입구인 하쿠바 마을에 도착한 것은 오후 11시. 미리 예약한 민숙에 들어서니 오래된 다다미방 냄새가 코를 찌른다. 이상하게 냄새가 싫지 않다. 설레는 마음을 지그시 누르며 잠을 청한다.

하쿠바 정상 아래에 있는 하쿠바 산장

다음 날, 하쿠바역에서 산행 입구인 사루쿠라행 5시 45분 첫차에 몸을 실었다. 평일이지만 7월이라 그런지 버스정류장 앞은 사람들로 북적북적하다. 대부분 나이 지긋한 사람들이다. 일본에는 중장년층 등산 인구가 압도적으로 많은데, 특히 머리가 희끗희끗한 분들이 무거운 배낭을 메고 노익장을 과시하는 모습은 안쓰럽다 못해 감동적이다. 등산을 어려워하는 우리 할아버지들을 생각하니 그들의 도전적인 모습이 부럽기만 하다.

시로우마다케의 루트 중에서 가장 인기 있는 곳이 사루쿠라(1,230m)를 들머리로 하는 대설계 코스다. 설계는 여름에 눈이 녹지 않고 남아 있는 계곡 일대를 가리키는 말이다. 고도가 높고 눈이 많은 일본의 산에서 흔히 볼 수 있는데, 그중에서 가장 유명한 곳이 대설계다. 대설계는 평균 폭 100m, 표고차 60m, 길이 3km로 일본 최대 규모를 자랑한다.

구름이 치솟는 대설계를 오르는 등산객들. 대설계는 마치 빙하를 걷는 것처럼 짜릿하다.

1
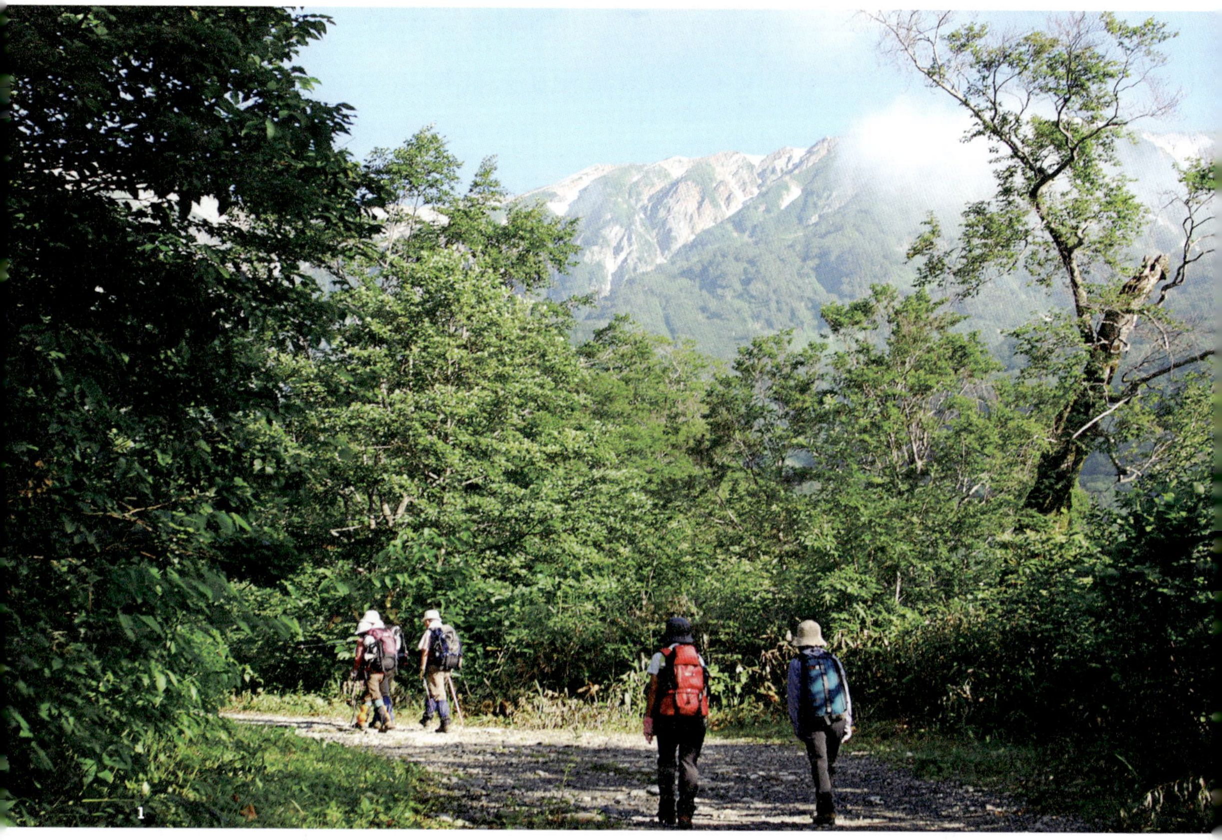

1 시리고야 산장으로 가는 임도에 웅장한 산줄기가 고개를 내민다.
2 대설계가 시작되는 시리고야 산장
3 출발점이자 종착점인 사루쿠라 산장은 항상 사람들로 붐빈다.

2

3

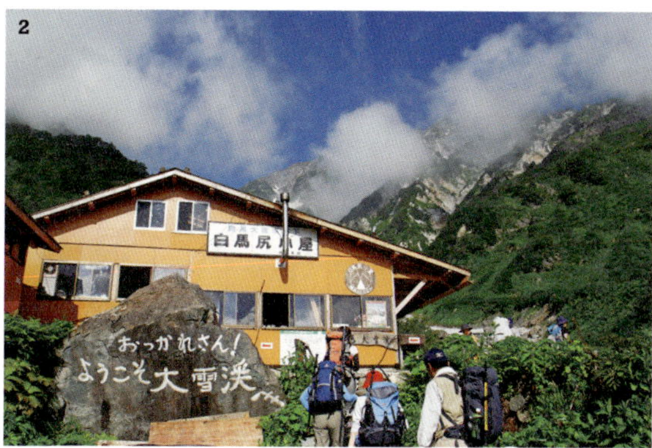

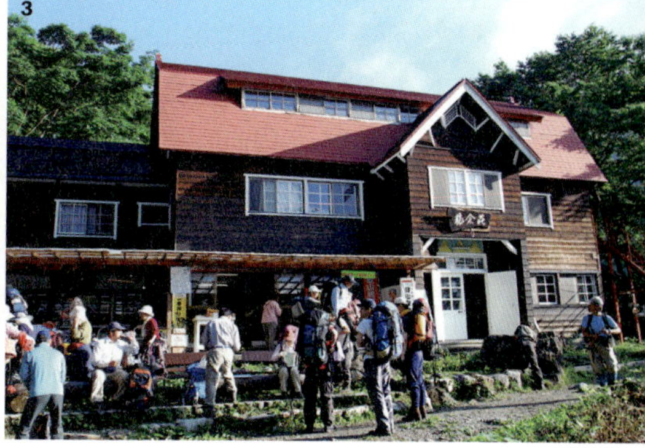

지역 경찰이 사루쿠라 산장 앞에 나와 등산객들에게 입산 신고서를 받고 있다. 입산 신고서에는 이름, 일정, 연락처 등을 적어 내는데, 조난 혹은 실종 사고가 났을 때 귀중한 자료가 된다. 중간중간 계곡 너머로 나타나는 우람한 산세에 감탄하며 비포장길을 따라 1시간쯤 가면 시리고야 산장 白馬 尻小屋(1,530m)이 나온다. 대설계는 여기서부터 시작한다. 산장 뒤편 나무 의자에 앉으니 대설계로 오르는 사람들이 일렬을 그리며 올라가는 모습이 장관이다.

거대한 눈밭에 서자 기분이 날아갈 것 같다. 눈밭에서는 차가운 공기가 상승하고, 하늘에서는 훈훈한 공기가 내려온다. 그래서 대설계에는 맑은 날에도 몽롱한 구름이 가득하다. 대설계 중간쯤에 눈이 없는 부분은 영락없이 섬처럼 보인다. 그곳의 별칭이 오아시스다. 오아시스부터 한 노부부와 앞 서거니 뒤서거니 하며 올랐다. 부부는 머리가 하얗게 셌지만 초록색 두건을 머리에 둘러 세련된 인상이었다. 우연히 말문을 튼 할아버지가 이것저것 설명해 주며 힘들 때 먹으라고 매실 사탕을 내민다.

구름을 헤치고 얼마나 올랐을까. 서서히 구름이 걷히며 흐드러지게 핀 야생화 군락이 나타난다. 꽃향기에 취한 채로 산을 오르자 멀리 뾰족한 산 정상과 하쿠바 산장이 눈에 들어온다. 이윽고 도착한 곳이 하쿠바 산장 아래의 시로우마다케초조슈쿠샤 산장이다. 야영장은 이곳에 있다. 하쿠바 산장은 야영장을 운영하지 않는다.

산장지기의 안내에 따라 건물 뒤편의 야영장으로 갔다. 맙소사! 야영장은 주능선 바로 아래에 있었는데, 주변 산비탈이 온통 꽃밭이었다. 코를 간질이는 향기를 마시며 텐트를 쳤다. 야영장에는 책을 보는 사람, 누워서 자는 사람, 이른 저녁을 준비하는 사람들이 있었는데 모두 아주 평화로웠다.

白馬岳

대설계가 끝나면 야생화 꽃밭 지대가 나타난다.

하쿠바 산장 앞에서
북알프스를 바라보며 마시는
생맥주 맛은 최고다.

배낭 없이 설렁설렁 하쿠바 산장에 올랐다. 하쿠바 산장 앞에서 그만 입이 쩍 벌어졌다. 1,200명을 수용하는 산장의 규모보다 그 앞에 펼쳐진 북알프스의 장쾌한 전망 때문이었다. 사람들은 산장 앞 의자에서 한가롭게 생맥주를 마시고 있었다. 하쿠바 산장이 문을 연 것은 1905년이다. 마쓰자와 데이이쯔 松澤貞逸(1889~1926)가 군막사를 이용해 일본 최초로 산장을 열었다. 그는 일본의 청소년들에게 아름다운 산하를 보여주고 싶었다고 한다. 하쿠바 산장은 규모뿐만 아니라 시설, 서비스 면에서도 일본 최고다.

나도 야외 의자에 앉아 생맥주를 한 잔 쭉 들이켰다. 앞쪽으로 시로우마다케와 함께 하쿠바의 3봉이라 부르는 샤쿠시다케 杓子岳(2,812m)와 야리가다케(2,903m) 연봉이 사무라이 장군처럼 버티고 있었고, 그 뒤로 북알프스의 연봉들이 수백km 이어졌다. 그 풍경을 하염없이 바라보다가 무언가를 상상하는 나 자신을 발견했다. 그것은 저 능선을 모두 넘어 세상 끝까지 걷는 모습이었다. 다시 맥주를 사왔다. 마쓰자와의 안목이 부러웠고, 조금씩 질투가 나기 시작했다. 우리나라에도 이런 산장 하나쯤은 있어야 하지 않을까. 하쿠바 산장에서 정상까지는 15분 정도 걸린다. 정상에 올라 북알프스의 하늘, 바람, 구름을 마음껏 즐겼다.

白馬岳

#2~3rd Day: 산정에서 온천을 즐기다

야영장은 새벽부터 분주하다. 오전 5시가 되자 야영객 절반이 빠져나갔다. 일본 산꾼들은 정말 부지런하다. 붉게 물드는 하늘을 바라보며 누룽지를 끓여먹고 7시쯤 길을 나선다. 텅 빈 야영장은 처음 들어왔을 때처럼 깨끗하다. 모든 쓰레기는 각자 가져가는 것이 기본이다. 밤에 술 마시고 고성방가를 하는 사람, 시끄럽게 떠드는 사람은 한 명도 없었다. 사람들은 조용히 하룻밤을 머물고 흔적 없이 떠났다. 그들의 성숙한 등산 문화가 부러웠다. 우리나라는 언제쯤 지리산과 설악산에서 다시 야영할 수 있을까.

거칠고 매력적인 샤쿠시다케로 가는 능선

배낭을 단단히 메고 능선 위에 올라서자 감탄이 나온다. 발아래로 장대한 구름바다가 펼쳐졌다. 골짜기를 메운 구름은 스멀스멀 걸어올라 순식간에 산을 넘는다. 잠시 구름 속을 걷는다. 하늘을 걷는 기분이다. 샤쿠시다케와 야리가다케 연봉을 연달아 넘으면 갈림길이 나온다. 야리 온천 이정표를 따라 2시간쯤 더 가면 하쿠바야리 산장에 닿는다. 산장 옆은 거대한 눈밭인데, 그 옆의 계곡에서는 거짓말처럼 더운 김이 모락모락 피어오른다.

2,100m 높이의 노천 온천에 몸을 담그고 저무는 노을을 바라보는 맛을 어떻게 말로 설명할 수 있을까. 일본의 산꾼들과 함께 옷을 홀라당 벗고 멍하니 앞산을 바라보는 모습이 우스워서 킥킥 웃음이 나왔다. 그 모습을 일본 산꾼들이 이상하게 쳐다본다. 말린 생선이 반찬으로 올라온 저녁밥은 꽤나 맛있었다. 일본 산장들은 싱싱한 식자재를 매일 헬기로 나른다고 한다.

다음 날은 느지막이 길을 나섰다. 급경사 내리막이 끝나면 대설계 못지않은 거대한 설계를 가로지른다. 설계가 없는 곳은 예외 없이 꽃밭이다. 눈밭과 꽃밭을 번갈아 걸으며 4시간쯤 내려오면 반가운 사루쿠라 산장을 만나면서 트레킹이 마무리된다.

1 하쿠바야리 산장의 노천 온천. 몸을 담그고 해 저무는 풍경을 바라보는 색다른 감동이 있다.
2 사루쿠라 가는 길에 만난 원추리 군락지가 몽환적인 느낌을 준다.

白馬岳

Course Guide

1일 　대설계를 지나 하쿠바 산장으로
[LEVEL] ★★★★☆

코 스　사루쿠라 산장~시리고야 산장~
대설계~하쿠바 산장

거리　6km　**시간**　7~8시간
포인트　하쿠바 산장에서 바라보는 북알프스
숙소　하쿠바 산장, 시로우마다케초조슈쿠샤 야영장

하쿠바 산장에서 맥주를 한 잔하며 바라보는 북알프스 조망이
압권이다. 사루쿠라 산장~시리고야 산장 구간은 임도길이다.
대설계부터 하쿠바 산장까지 가파른 급경사가 이어진다. 눈밭
과 꽃밭이 어우러진 황홀한 풍경 덕분에 힘이 덜 든다.

2일 　노을을 바라보며 온천을 하는 맛
[LEVEL] ★★★☆☆

코 스　하쿠바 산장~샤쿠시다케~
야리가다케~하쿠바야리 산장

거리　6km　**시간**　5시간
포인트　360도 조망이 열리는 야리가다케
숙소　하쿠바야리 산장

장쾌한 북알프스 능선을 타는 맛이 일품이다. 아침 일찍 출발
하는 것이 좋고 운이 좋으면 장대한 구름바다를 볼 수 있다. 하
쿠바야리 산장의 노천 온천에 몸을 담그며 피로를 풀어보자.

3일 　눈과 꽃이 어우러진 길
[LEVEL] ★★★☆☆

코 스　하쿠바야리 산장~사루쿠라 산장

거리　5.1km　**시간**　4시간
포인트　거대한 설계와 꽃밭을 만나다

산장에서 내려오는 길이 제법 급경사다. 이후 엄청난 규모의
온센 설계를 가로지른다. 눈과 꽃이 번갈아가면서 나타나 지루
하지 않다. 종착점은 출발점인 사루쿠라 산장이다.

yakushima

12
屋久島
야쿠시마

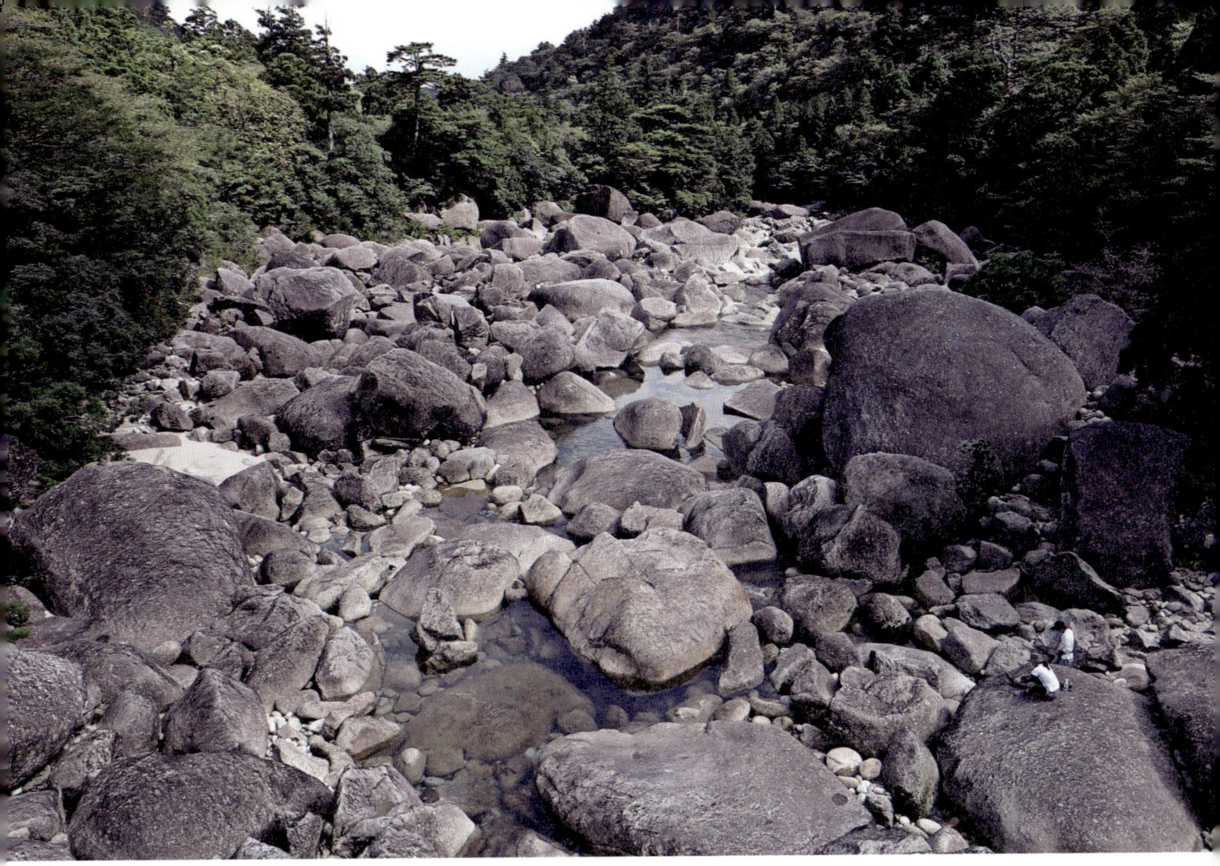

7,200살 석기 시대 나무가 사는 섬

야쿠시마 屋久島

장소 일본 가고시마

난이도 ▲▲▲△△ 풍경 ▲▲▲▲△ 편의성 ▲▲▲△△

1993년 세계자연유산으로 지정된 야쿠시마는 태곳적 자연이 살아 있는 섬이다. 규슈 九州와 오키나와 沖縄의 중간 지점으로 아열대와 온대가 교차하는 바다 한가운데에 있으며, 해저에서 화강암이 솟구쳐 만들어졌기 때문에 화산섬이지만 화산 폭발의 흔적이 없다. 섬에는 약 2,000m의 산들이 있고 울창한 숲에는 석기 시대부터 살아온 것으로 추정되는 7,200살 조몬스기 縄文杉가 살고 있다.

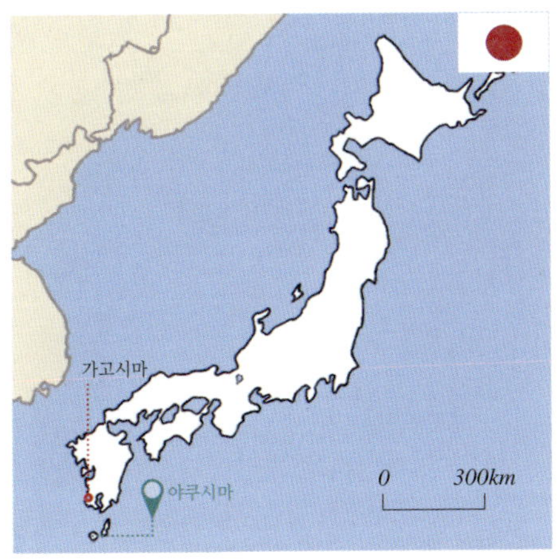

Information

[기본 정보]

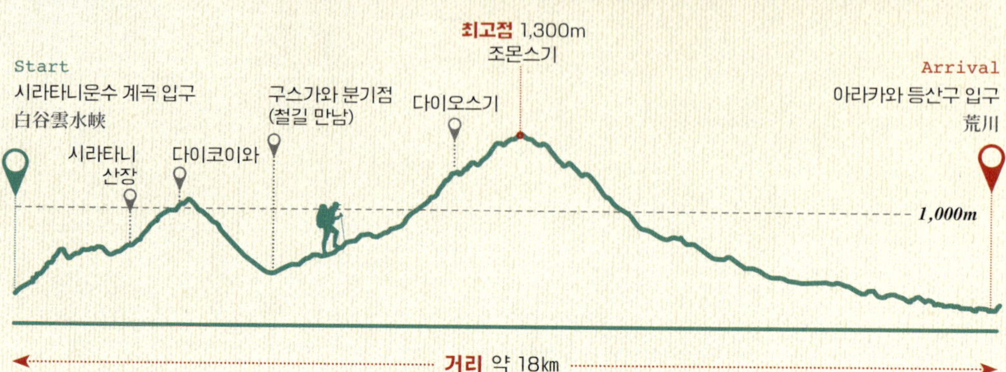

일정 : 1박 2일 **시즌** : 연중(베스트 시즌 5월, 9~11월, 6~8월(강수량 많음))

베스트 뷰포인트 : 유일하게 조망이 탁 트이는 다이코이와 太鼓岩

코스 : ❶ 시라타니운수 계곡 입구 ❷ 시라타니 산장 ❸ 쓰지 고개 ❹ 다이코이와 ❺ 구스가와 분기점 ❻ 오카부 등산로 입구 ❼ 월슨 그루터기 ❽ 다이오스기 ❾ 조몬스기 ❿ 아라카와 등산로 입구

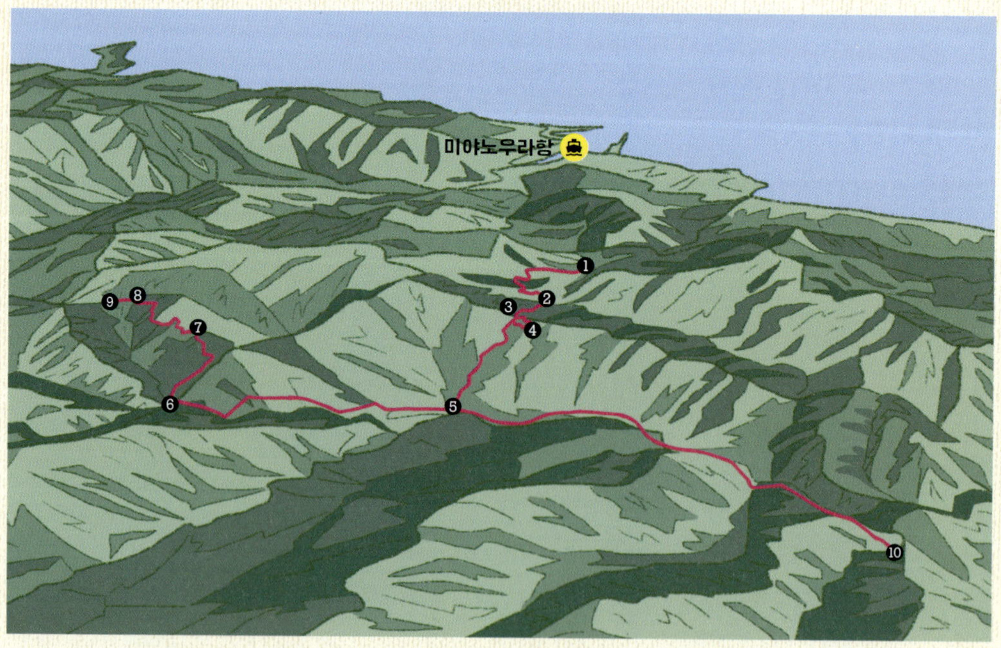

屋久島

야쿠시마는 규슈 남단 가고시마 鹿兒島 오스미 반도 大隅半島에서 60㎞쯤 떨어져 있다. 섬은 둥그스름한 오각형이며 면적 504.88㎢, 둘레 132㎞로, 서울보다 조금 작고 제주도의 1/4 정도 된다. 야쿠시마 트레킹은 조몬스기로 가는 순례길이라고 할 수 있다. 1966년 조몬스기가 발견된 이후 일명 '성스러운 노인'을 만나기 위해 꾸준히 순례객이 다녀가면서 트레킹으로 자리 잡았다. 또한 미야자키 하야오의 애니메이션 〈모노노케 히메 The Princess Mononoke(원령공주)〉의 배경지인 시라타니운수 계곡의 원생림도 인기가 좋다. 이렇게 두 곳이 야쿠시마의 대표적 트레킹 코스로 꼽힌다.

BOOK 『애니미즘이라는 희망』, 야마오 산세이, 달팽이출판, 2012
유기농업을 하는 농부이자 시인인 저자가 삼라만상이 신성하다고 여기는 애니미즘에 대한 이야기를 들려준다. 그중 야쿠시마 조몬스기에 관한 이야기가 들어 있다. 저자에게 조몬스기는 '하나의 신으로 존재하는 나무'다.
MOVIE 〈모노노케 히메〉, 미야자키 하야오, 1997
자연과 공존을 꿈꾸는 미야자키 하야오의 철학이 잘 드러난 영화.

야쿠스기 屋久杉 거목들을 찾아 특징을 관찰하는 재미가 쏠쏠하다. 시라타니운수 계곡의 니다이오스기 二代大杉(높이 32m, 둘레 4.4m)는 어미 위에 거대한 자식 나무가 자라 있는 형태로, 1대와 2대 삼나무가 공존한다. 산봉아시스기 三本足杉(높이 24m, 둘레 3.9m)는 세 개의 뿌리가 마치 세 개의 발처럼 보인다. 조몬스기 코스의 윌슨 그루터기는 둘레가 13.8m로 안으로 들어서면 거대한 방처럼 아늑하다. 3,000살의 다이오스기 大王杉(높이 24.7m, 둘레 11.1m)는 조몬스기가 발견되기 전까지 가장 오래된 나무로 알려졌고, 연리목인 메오토스기 夫婦杉는 두 나무가 연결된 모습이다. 2,000살인 남편은 높이 22.9m, 둘레 10.9m이고, 1,500살인 부인은 높이 22.5m, 둘레 5.8m다. 전망대에서 보는 조몬스기는 그리 거대해 보이지 않지만, 수령은 최대 7,200살, 높이는 25.3m다. 특히 둘레가 16.4m로 지금까지 발견된 야쿠스기 중 가장 넓다.

야쿠시마의 웅장한 숲과 야쿠스기를 둘러보는 길은 시라타니운수 코스와 조몬스기 코스가 있다. 두 길은 쓰지 고개를 통해 연결되므로 시라타니운수를 들머리로 해서 조몬스기까지 둘러보는 길을 추천한다. 1박 2일이 걸리며 무인산장인 시라타니 산장 白谷小屋에서 1박해야 한다. 산에서 자는 것이 부담스럽다면 하루는 시라타니운수 코스, 하루는 조몬스기 코스를 둘러보면 된다. 시라타니운수 코스는 원생림과 다이코이와를 모두 거쳐 원점 회귀하는 길이 5.4㎞로 4시간쯤 걸린다. 조몬스기 코스는 19㎞로 9~10시간 걸린다.
등산 마니아라면 위의 1박 2일 코스와 연결해 미야노우라다케 宮之浦岳를 다녀오면 된다. 코스는 시라타니운수 계곡 주차장~시라타니 산장(1박)~쓰지 고개~조몬스기~신다카츠카 산장(2박)~미야노우라다케~요도가와 산장~야쿠스기 랜드로 하면 된다. 2박 3일의 식량을 지고 가야 하며 길이 험해 매우 힘들다.

Traveler's Note

 **항공** : 대한항공과 이스타항공이 가고시마를 운항한다. 후쿠오카 福岡는 국내 저비용 항공사가 많이 취항하여 운임이 저렴하다.

교통 : 후쿠오카에서 가고시마로 이동할 때 신칸센 新幹線은 2시간, 버스는 4시간 50분 정도 걸린다. 가고시마 고속선 터미널에서 야쿠시마로 가는 고속선은 2시간, 페리는 4시간 정도 걸린다. 후쿠오카 공항에 내리면 셔틀버스를 타고 국내선 청사로 이동하여 지하철을 타고 하카타역 博多駅으로 간다. 가고시마 공항에 내렸다면 고속선 터미널 가는 버스를 타면 된다.

숙소 : 산에서는 시라타니 산장을 이용한다. 이용 요금이 없는 대피소로 시설이 낙후됐으니 감안해야 한다. 가고시마 숙소는 고속선 터미널 근처의 그린게스트하우스 グリーンゲストハウス(+81 99 802 4301, green-guesthouse.com)를 추천한다. 숙박비가 저렴하고 고속선 터미널과 가까워 좋다. 야쿠시마에는 고급 호텔에서 게스트하우스까지 다양한 숙소가 있다. 야쿠시마 게스트하우스 屋久島ゲストハウス(+81 997 47 3866, guesthouse-yakushima.com)는 시설이 깔끔하고, 유카이나 나카마타치 게스트하우스 ゆかいな仲間たち ゲストハウス(+81 997 46 3661)는 안보 安房 마을에 있어 교통이 편리하다.

캠핑 : 야쿠시마에는 캠핑장이 드물다. 미야노우라항 宮ノ浦 근처의 민숙에서 운영하는 캠핑장과 야쿠시마 청소년 여행촌 안에 캠핑장이 있다.

장비 : 길이 험하고 미끄러워 신발은 중등산화가 좋고 스틱도 가져가는 게 좋다. 비가 많이 오는 지역이라 우비와 보온의류를 잘 챙겨야 한다. 산장을 이용하려면 침낭과 코펠 등을 가져가야 하고, 동글이 부탄가스는 미야노우라항 고속선 터미널 매점에서 살 수 있다.

 **안내 표시** : 길이 단순하고 안내판이 잘 나와 있다. 안내판이 없는 곳에서는 분홍 리본이 길 안내를 한다.

---

check list

- 일정 : 준비 10일 + 트레킹 여행 5박 6일
- 경비 : 약 200만 원
- 교통 : 항공, 버스, 기차 등
- 숙박 : 비즈니스 호텔, 산장, 캠핑
- 장비 : 텐트, 침낭, 중등산화, 스틱, 의류 등
- 비자 : 무비자
- 환전 : 엔(¥)
- 언어 : 일본어, 영어

야쿠시마 청소년 여행촌의 캠핑장

길을 안내하는 분홍 리본

#1st Day: '모노노케 히메'의 배경 시라타니운수 계곡

시라타니운수 계곡 입구 - 원생림(부교스기) 코스 - 시라타니 산장

야쿠시마는 7,200살로 추정되는 조몬스기로 유명하다. '조몬'은 일본어로 석기 시대, '스기'는 삼나무를 말한다. 예로부터 목건축이 발달한 일본에서는 야쿠시마 삼나무를 최고의 목재로 꼽았다. 야쿠시마의 600~1,800m 고도에서 1,000년 이상 자랄 수 있는 삼나무를 '야쿠스기'라고 부른다. 야쿠스기는 수명이 대략 3,000년 정도로 알려졌지만, 1966년 발견된 조몬스기가 최고 7,200살임이 알려지면서 큰 화제가 되었다.

이끼가 덮인 시라타니운수 계곡은 신비스러운 분위기로 가득하다.

　　야쿠스기가 오래 사는 이유는 천혜의 자연환경 덕분이다. 아열대와 온대가 만나는 지점에 있는 야쿠시마에는 '바다 위의 알프스'로 불리는 1,936m 높이의 미야노우라다케를 비롯해 1,800m가 넘는 봉우리들이 즐비하다. 이런 지형적 영향으로 1년 366일 비가 온다는 말이 있을 만큼 강수량이 풍부하다. 삼나무가 살기에 최적의 조건이다. 하지만 섬은 화강암으로 덮여 있어 나무가 뿌리를 내리고 살기에 매우 척박하다. 이 풍요로움과 척박함이 어우러져 야쿠스기가 느린 속도로 자라게 되었다.

　　야쿠시마 미야노우라항에 도착해 대망의 첫발을 내디딘다. 여기까지 오면서 1박 2일 동안 비행기, 지하철, 버스, 여객선 등 거의 모든 교통수단을 이용했다. 첫 느낌은 왠지 울릉도와 비슷하다. 섬 중심부의 산악지대는 구름 모자를 썼다. 뭔가 굉장히 거대한 것이 웅크리고 있는 느낌이다.

　　버스를 타고 시라타니운수 계곡으로 향한다. 30분쯤 구불구불 이어진 산길을 오르자 주차장이 나온다. 시라타니운수 계곡은 미야자키 하야오 감독의 애니메이션 〈모노노케 히메〉의 배경지로 유명하지만, 정작 현장에는 별다른 안내가 없다.

　　화장실을 지나 관리동 입구에서 쏴~ 하는 소리와 함께 폭포가 어우러진 계곡이 반겨준다. 청정한 기운에 정신이 맑아진다. 시라타니 계곡에는 메인 코스 이외에도 야요이스기 코스와 원생림 코스 등 2개 코스가 더 있다. 메인 코스에 원생림 코스를 넣으면 더욱 알찬 트레킹이 된다. 관리동 건물을 지나 계곡길을 따르면 흰 암반 위에 오르게 된다. 여기가 '시라타에노 타키'로, 암반 옆으로 와폭이 쏟아진다. 다시 길을 나서면 히류교 飛流橋에 닿는다. 다리 위에 서면 앞뒤로 쏟아지는 폭포가 장관이다. 히류교를 지나면 다리에서 멀리 보던 히류오토시 飛流おとし 폭포를 가까이서 만난다. 흰 물보라를 일으키는 폭포가 시원하다. 폭포 위가 사츠키 현수교 さつき吊橋로 갈림길이다. 다리를 건너면 메인 루트로 이어지고, 다리를 건너지 않고 계곡을 따르는 길이 원생림 코스다. 원생림 코스는 산허리를 둘러가며 야쿠스기들과 이끼 숲을 둘러본 뒤 메인 루트와 만난다.

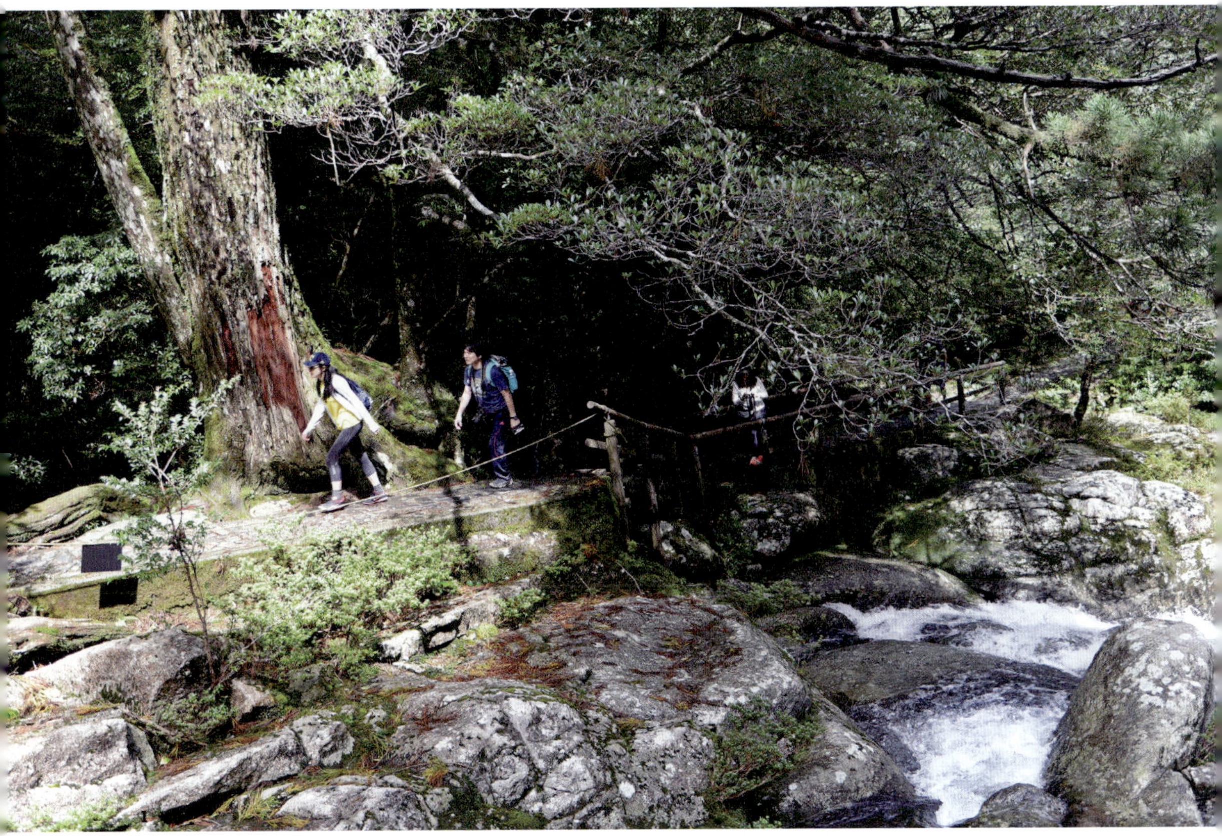

1 맑은 햇살이 비치는 시라타니운수 계곡은 말할 수 없이 청청하다.
2 야쿠시마 미야노우라항에 도착한 고속선
3 히류교에서 본 히류오토시 폭포

1 어미와 자식 나무가 함께 자라는 니다이오스기
2 삼발이처럼 세 개의 뿌리를 가진 산봉아시스기. 가운데로 사람이 들어갈 수 있다.

원생림 코스에서 가장 먼저 만난 삼나무는 니다이오스기다. 높이 32m, 둘레 4.4m의 거목이다. 그 앞에 서니 인간의 존재가 초라해 보인다. 나무 뒤쪽으로 돌아가자 자식 나무가 어미 나무에 기대서 우뚝 솟은 모습이 보인다. 니다이오스기는 이름처럼 2대에 걸쳐 자라는 가족 나무다. 야쿠시마 숲에는 3대 나무도 가끔 발견된다고 한다. 니다이오스기를 지나면 숲은 더욱 깊어진다. 나무와 돌에 두꺼운 이끼가 가득하다. 이끼들은 숲을 신비롭게 한다. 그 묘한 분위기는 예술가들에게 강렬한 영감을 불러일으켰다. 대표적인 사람이 미야자키 하야오다. 그는 시라타니 숲에서 감동을 받았고, 여러 장면을 스케치했다. 그의 영화는 숲을 파괴하는 인간에 대한 자연의 경고를 담고 있다.

산봉아시스기를 만나고 웃음이 나왔다. 다리가 세 개인 삼나무이며 다리 안의 공간으로 사람이 다닐 수 있다. 이 나무는 성큼성큼 걸어서 자유롭게 걸어 다닐 것만 같다. 높이는 24m이고 꼭대기는 나뭇가지에 가려 잘 보이지 않는다. 산봉아시스기를 지나면 이끼가 가득한 계곡을 건넌다. 물이 불었을 때는 매우 위험한 곳이다. 조심조심 계곡을 건너 다시 산허리를 타고 돈다. 부교스기를 지나면 드디어 시라타니운수 계곡의 메인 코스를 만나게 된다.

메인 코스로 들어서면 길은 완만한 오르막이다. 길이 거대한 나뭇등걸 안으로 이어지는 게 재미있다. 이 나무가 구구리스기 くぐり杉다. 여기서 좀 더 오르면 시라타니 산장에 닿는다. 공터에 오래된 산장 건물이 있고, 식탁과 의자가 마련되어 있다. 식탁 옆 작은 공간에 텐트를 쳤다. 야쿠시마의 숲을 좀 더 가까이 느끼고 싶어서다. 서둘러 라면을 끓여 야쿠시마 특산품인 고구마 소주로 반주를 한다. 몸은 노곤했지만 마음은 편안했다. 서서히 어두워지는 숲을 바라본다. 잠시 땅거미가 일어나는가 싶더니 순식간에 칠흑처럼 캄캄해졌다. 완벽한 어둠이 반갑다. 나뭇가지에 가려 보자기만 하게 보이는 하늘에는 별이 초롱초롱하다. 별을 보면 왜 이리 기분이 좋을까. 내 마음도 반짝반짝 빛난다.

#2nd Day: 신화의 나무 조몬스기를 찾아서

다음 날, 어둑어둑한 오전 6시에 산장을 출발했다. 갈 길이 멀어 일찍 서둘렀다. 랜턴 불빛에 보이는 숲은 장벽처럼 견고하다. 무한한 힘이 느껴진다. 시나브로 빛과 어둠이 몸을 섞으면서 희미하게 길이 보이기 시작한다. 나나홍스기 七本杉를 지나자 이끼의 숲 苔の森이 나타난다. 이곳이 일명 '모노노케 히메'의 숲이다. 이끼가 지상의 모든 것을 덮고 있는 듯하다. 이곳에 잠시 서 있으면 이끼가 발목까지 자랄 것 같다. 여기서 몇 개의 삼나무를 더 지나면 쓰지 고개에 닿는다.

쓰지 고개에서는 꼭 다이코이와 太鼓岩를 다녀와야 한다. 시라타니운수 계곡과 조몬스기 코스를 통틀어 유일하게 조망이 열리는 곳이기 때문이다. 배낭을 내려놓고 이정표를 따라 10분쯤 걸어 거대한 바위에 오르자 조망이 탁 트인다. 저절로 탄성이 나오는데 산은 온통 빽빽한 숲이다. 숲 가운데에 커다란 계곡이 흐르고 그 우렁찬 소리가 여기까지 들린다. 저 숲속 어딘가에 사는 조몬스기를 만나고 계곡으로 내려가는 길이 조몬스기 코스다. 야쿠시마 최고봉 미야노우라다케와 여러 봉우리들은 구름으로 얼굴을 가리고 있다.

다시 쓰지 고개에서 완만한 내리막길을 40분쯤 내려오면 느닷없이 철길을 만나는데 여기가 구스가와 분기점 楠川分かれ이다. 철길은 예전에 삼나무들을 기차로 실어나른 흔적으로, 잘린 삼나무는 기차에 실려 고스기타니 마을로 옮겨졌다. 철길은 굽이굽이 돌아 숲의 품을 파고들면서 작은 다리를 여러 번 건넌다. 마치 완행열차를 타고 가는 느낌이다.

1 야쿠시마의 사슴. 사람을 무서워하지 않으며 작고 예쁘다.
2 철길이 끝나고 산길이 시작되는 오카부 등산로 입구
3 야쿠스기를 나르던 철길. 조몬스기 코스는 이 철길을 따라 이어진다.

1 윌슨 그루터기의 열린 천장은 잘 살펴보면 하트 모양이다.
2 약 300년 전에 베어진 윌슨 그루터기. 안으로 들어가면 넓은 공간이 펼쳐진다.
3 1966년 발견된 조몬스기는 최고 7,200살로 추정된다. 둘레가 16.4m로 지금까지 발견된 야쿠스기 중 가장 넓다.

屋久島

갈림길에서 1시간이 좀 지나면 오카부 등산로 입구를 만난다. 철길이 끝나고 본격적인 산길이 시작되는 지점이다. 이곳에 소박한 나무 다리가 놓여 있다. 조몬스기 코스는 1년에 1만 명쯤 찾는 길인데, 이 다리로 버틸 수 있을지나 모르겠다. 산길에는 등산객의 안전을 위해 한 사람이 지나갈 만한 나무 데크를 만들었다. 이런 시설물들은 모두 나무를 재활용한 것이다.

오카부 등산로는 고목들의 전시장이다. 뿌리가 드러난 고목, 그루터기 고목, 미끈하게 하늘을 찌르는 고목 등이 펼쳐진다. 오키나스기 翁杉를 지나면 주변이 온통 삼나무로 빽빽한 곳에 닿는다. 여기에 윌슨 그루터기가 있다. 그루터기 안으로 들어서자 100명은 너끈히 들어올 수 있는 거대한 공간이 나타난다. 천장이 뚫려 있어 하늘이 보인다. 윌슨 그루터기는 '하트 그루터기'로 통한다. 각도를 잘 잡아서 올려다보자 하트 모양이 나타난다. 마음에 하트가 있는 사람만 볼 수 있지 않을까. 이 나무는 2,000살쯤으로 추정되는데, 300여 년 전에 잘려 그루터기만 남았다.

윌슨 그루터기에서 1시간쯤 더 오르면 다이오스기 大王杉에 닿는다. 많은 사람이 이 정표 옆의 거대한 나무가 다이오스기인 줄 알지만 진짜는 뒤에 있다. 뒤를 돌아보면 거대한 나무가 우뚝하다. 다이오스기는 조몬스기가 발견되기 전까지 최고의 스기로 알려졌다. 생김새가 그야말로 대왕처럼 위풍당당하다. 다이오스기 위에 메오토스기가 나란히 서 있다. 이 나무는 가지가 연결된 연리목으로 남편은 2,000살, 아내는 1,500살로 추정된다. 어떤 사연으로 두 나무는 하나가 됐을까. 척박한 환경을 이기기 위한 선택이었을까.

메오토스기에서 30분쯤 더 오르면 제법 큰 전망 데크가 나온다. 조몬스기는 보호를 위해 여기서 바라봐야 한다. 멀리서 본 조몬스기는 작게 보인다. 다소 실망스럽지만 예사롭지 않은 포스가 흘러넘친다. 하지만 7,200살 먹은 나무가 아직도 살아 있어 나와 눈을 마주친다고 생각하니 가슴이 뜨거워진다.

그동안 걸어온 먼 길은 여기서 정점을 찍는다. 왔던 길을 되짚어 가는 길은 어렵지 않다. 시라타니운수 계곡 코스가 시작되는 구스가와 분기점을 지나 30분쯤 더 가자 고스기타니 휴식터가 나온다. 이곳은 벌목으로 생계를 이어가던 산마을 사람들이 살았던 곳이다. 휴식터 안에 마을의 역사를 알리는 안내판이 붙어 있다. 고스기타니 초·중학교가 있던 곳은 터만 남았다. 1923년 목재 반출용 철도가 개설되면서 마을이 형성됐고, 1960년에는 133세대 540명의 인구가 살 정도로 규모가 컸다. 당시 고스기타니 초·중학교를 다니던 학생 수만 108명에 이르렀다고 한다. 1970년 목재사업소 폐쇄로 마을은 사라지고 만다. 잔디가 깔리고 스기 한 그루가 기념식수로 남은 운동장에 서니 왠지 애잔해진다.

학교를 지나면 거대한 다리를 건너게 된다. 다리에서 아래 계곡을 내려다보니 오금이 저린다. 계곡은 속이 시원하게 뚫릴 만큼 장대하다. 둥그런 바위들이 널려 있는데, 크기가 상당하다. 태풍이 불거나 폭우가 쏟아질 때 거센 물살은 저 바위들을 공깃돌처럼 굴렸을 것 같다. 마침 사람이 바위 위에 앉아 있다. 나도 그곳을 찾아 계곡에 발을 담그고 벌컥벌컥 물을 마셨다. 물의 부드러운 촉감이 일품이다. 마치 나를 쓰다듬어 주는 듯하다. 계곡에서 1시간을 더 가면 바위를 뚫어서 만든 동굴을 지나고, 아라카와 등산로 입구에 도착하면서 길고 위대했던 트레킹이 마무리된다.

연리목인 부부 삼나무 메오토스기

Course Guide

[코스별 가이드]

1일 · **폭포와 이끼가 어우러진 시라타니운수 계곡** · [LEVEL] ★★★☆☆

코 스 시라타니운수 계곡 입구~
원생림(부교스기) 코스~시라타니 산장

거리 2.2km **시간** 2시간
포인트 청정 계곡을 따라 삼나무 거목을 만나는 길
숙소 시라타니 산장

풍광은 시라타니운수 계곡이 조몬스기 코스보다 한 수 위
다. 이끼 가득한 계곡과 삼나무 거목들이 어우러진 모습이
장관이다. 시라타니운수 계곡은 원생림 코스를 통해 메인
코스보다 조금 길게 걷는 게 좋다. 비가 많이 와서 물이 불
었을 때는 계곡을 건너지 못할 수 있다. 각별히 조심해야 한
다. 시라타니 산장은 시설이 낙후되어 있으니 감안하자.

2일 · **조몬스기로 가는 순례길** · [LEVEL] ★★★★☆

코 스 시라타니 산장~쓰지 고개~다이코이와~구스가와 분기점~오카부 등산로 입구~윌슨 그루터기~
다이오스기~조몬스기~아라카와 등산로 입구

거리 15.9km **시간** 9시간
포인트 길고 긴 철길을 지나 계곡 꼭대기에 있는 조
몬스기

이른 아침 출발해야 버스 시간을 맞출 수 있다. 산장을 출발
해 쓰지 고개를 넘는다. 고개에 도착하면 트레킹 중 유일하
게 전망이 열리는 다이코이와 바위를 다녀오는 게 좋다. 왕
복 30분쯤 걸린다. 미야노우라다케 등 여러 봉우리와 울창
한 숲을 볼 수 있다. 다시 쓰지 고개를 내려오면 구스가와
분기점인 철길을 만난다. 철길을 따라 1시간쯤 가면 오카부
등산로 입구다. 본격적인 산길을 걸으며 삼나무 고목들을
만나게 된다. 조몬스기를 보고 다시 철길을 따라 내려와 아
라카와 등산로 입구에서 마무리한다. 여기서 안보항으로 가
는 버스가 운행한다.

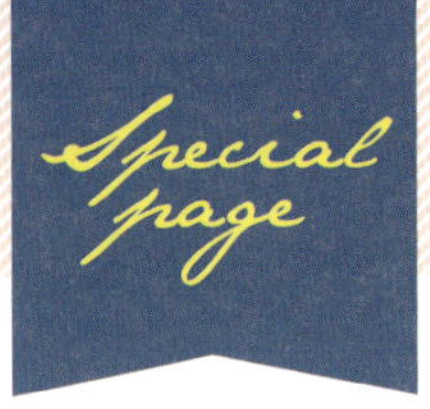

야쿠시마 명소 드라이브하기

야쿠시마 트레킹을 즐겼으면 차를 렌트해 섬을 한 바퀴 돌아보자. 버스는 시간 맞추기가 힘들고 서부임도는 버스가 다니지 않으니 국제운전면허증을 미리 발급받아 차를 렌트하는 것이 좋다. 여러 명소 중 야쿠스기 자연관, 히라우치카이추 온천, 오코 폭포, 서부임도를 소개한다. 안보항을 기준으로 시계 방향으로 한 바퀴 돌면 된다.

야쿠스기 자연관에 전시된 조몬스기의 부러진 가지

야쿠스기의 모든 것을 알 수
있는 야쿠스기 자연관

#SCENE1: ‘야쿠스기의 모든 것’ 야쿠스기 자연관

1989년에 문을 연 야쿠스기 자연관 屋久杉自然館은 야쿠스기 랜드와 안보항의
중간쯤에 있다. 야쿠스기의 생태, 야쿠스기에 얽힌 섬의 역사를 알 수 있다. 수령
1,660년의 야쿠스기 단면이 전시되어 있으며 나이테로 야쿠스기의 성장 과정, 고
스기 小杉(수령 1,000년 이하)와 야쿠스기(수령 1,000년 이상)의 차이점을 알 수
있다. 부러진 조몬스기의 가지를 ‘생명의 가지’란 이름으로 전시하고 있다. 가지에
불과하지만 길이 5m, 둘레 1m, 무게 1t이 넘는다. 이 가지의 나이는 나이테를 통
해 약 1,000살로 추정한다.

해 질 녘 안보항의 평화로운 풍경

#SCENE2: '거친 바다 바라보며 온천하는 맛' 히라우치카이추 온천

히라우치 마을의 해변에 있는 히라우치카이추 온천 平内海中温泉에는 서너 개의 온탕이 있다. 거친 파도가 치는 모습을 보면서 여유롭게 온천을 즐길 수 있다. 남녀 공용탕으로 대개 남성은 옷을 벗고, 여성은 옷을 입는다. 간이 수도 시설이 있어 온천 후 몸을 씻을 수 있고, 탈의실은 따로 없다.

#SCENE3: '일본 100대 폭포 선정' 오코 폭포

오코 폭포 大川の滝는 야쿠시마에서 가장 큰 폭포다. 주변이 울창한 숲으로 둘러싸여 있고 풍부한 물줄기가 우레와 같은 소리를 내며 떨어진다. 일본 100대 폭포에 이름을 올릴 만큼 풍광이 압도적이다. 폭포 앞까지 들어갈 수 있어 그 모습을 자세히 볼 수 있다. 버스정류장에서 가까워 버스를 이용하기에도 좋다.

일본 100대 폭포로 선정된 오코 폭포

1 바닷가에 자리한 히라우치카이추 온천
2 야쿠시마 원숭이와 사슴의 낙원인 서부임도
3 야쿠시마 정식

#SCENE4: '원숭이와 사슴의 낙원' 서부임도

오코 폭포를 지나면 서부임도가 시작된다. 이곳은 세계자연유산에 속하며 원숭이와 사슴의 낙원이다. 길 한가운데서 한가롭게 노는 원숭이와 사슴은 사람과 차를 무서워하지 않는다. 서부임도는 자동차 한 대가 겨우 지나갈 정도로 길이 좁고 버스가 다니지 못한다. 서부임도 끝에는 야쿠시마 등대가 있다.

TIP

교통 : 안보항 바로 앞에 있는 신지야마 렌터카가 저렴하다. 미야노우라항과 안보항 픽업은 무료다. 렌터카는 미야노우라항과 안보항의 관광안내센터를 통해 예약할 수 있다. 렌터카를 빌리려면 국제운전면허증이 필요하니 국내에서 미리 발급받아야 한다.

맛집 : 미야노우라항과 안보항의 식당에서 야쿠시마 정식을 먹어보자. 섬에서 잡은 신선한 활어회 3~4종과 야쿠시마 특산품으로 유명한 날치 튀김 등을 내놓는데 그 맛이 일품이다. 안보 마을의 가모가와 かもがわ(+81 997 46 2101) 레스토랑이 유명하다.

tiger leap

— 13 —
虎跳峡
호도협

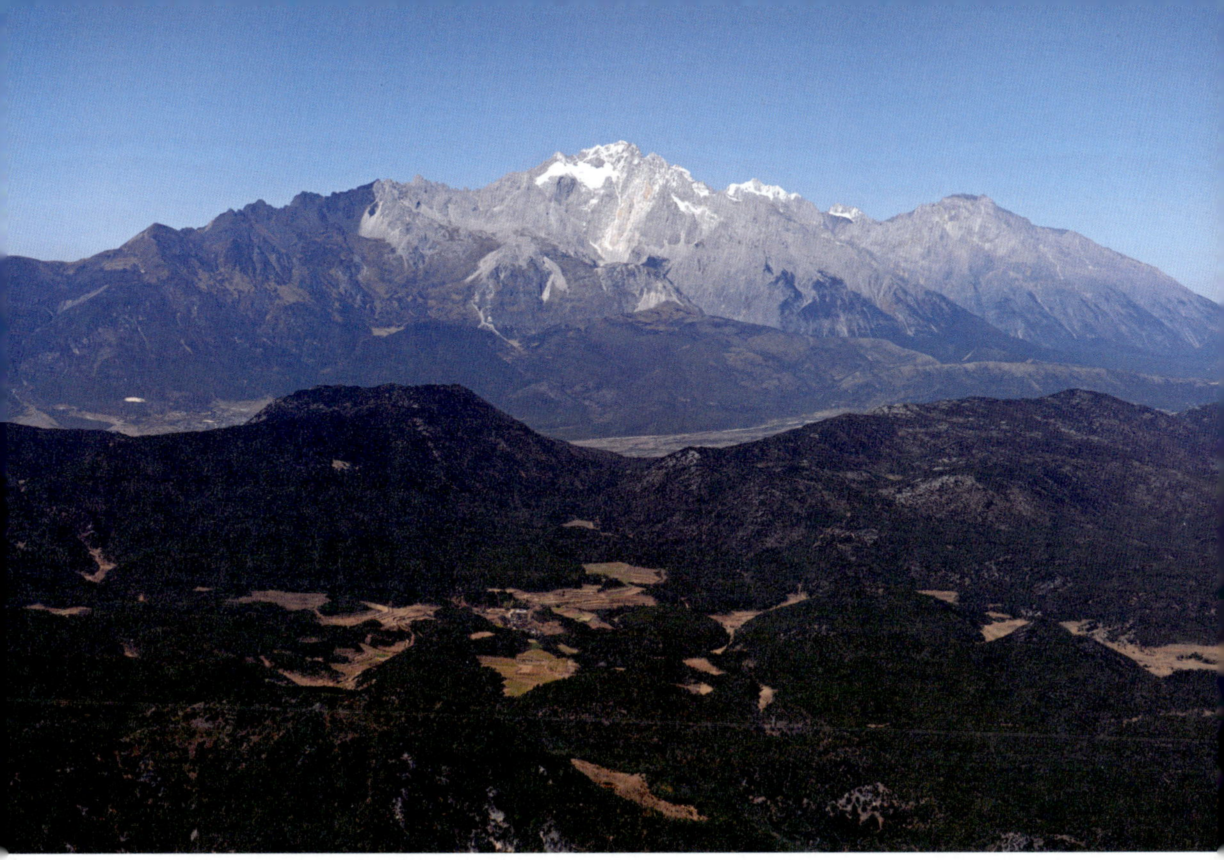

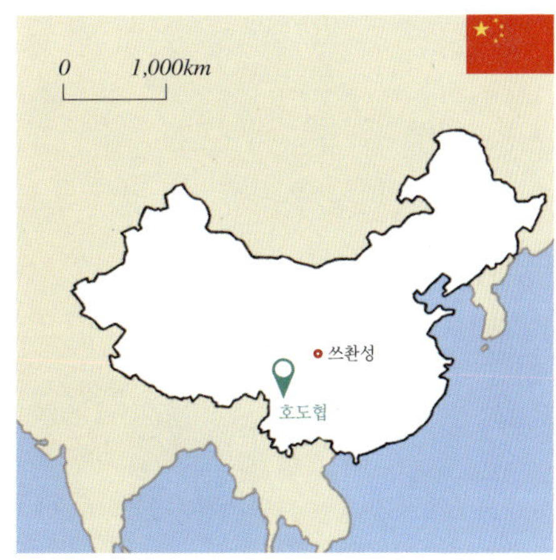

호랑이가 뛰놀던 차마고도의 은밀한 길

호도협 虎跳峽

장소 윈난성 호도협

난이도 ▲▲▲△△ 풍경 ▲▲▲▲△ 편의성 ▲▲▲△△

'차마고도 茶馬古道'는 인류가 만든 가장 오래된 교역로로 실크로드 Silk Road보다 약 200년이나 앞서 만들어졌다. 중국 서북부 윈난 雲南성과 쓰촨 四川성에서 티베트를 넘어 네팔과 인도까지 5,000㎞에 달하는 장대한 길이다. 윈난의 차와 티베트의 말을 교역하던 길이라 해서 '차마고도'라고 부른다. 호도협은 윈난성 리장 麗江의 진사장 金沙江 협곡을 따라 옥룡설산 玉龍雪山을 바라보며 짜릿하게 이어진다.

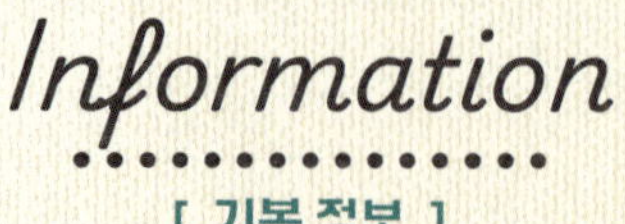

Information

[기본 정보]

01 SUMMARY

Start
교두 桥头
(일출소우 日出小隅)
나시객잔
최고점 2,605m
28밴드 정상
차마객잔
중도객잔
Arrival
장선생객잔
張老师客栈
2,200m
거리 약 19km

일정 : 1박 2일 **시즌** : 연중(베스트 시즌 4~5월, 10~11월)

베스트 뷰포인트 : 옥룡설산이 잘 보이는 일출소우 전망대와 28밴드 정상, 호도협이 웅장하게 보이는 장선생객잔

코스 : ❶ 교두 ❷ 일출소우 ❸ 나시객잔 ❹ 28밴드 정상 ❺ 차마객잔 ❻ 중도객잔 ❼ 장선생객잔

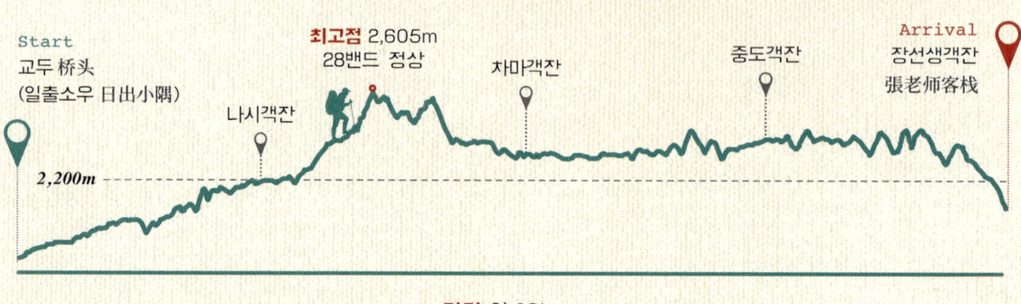

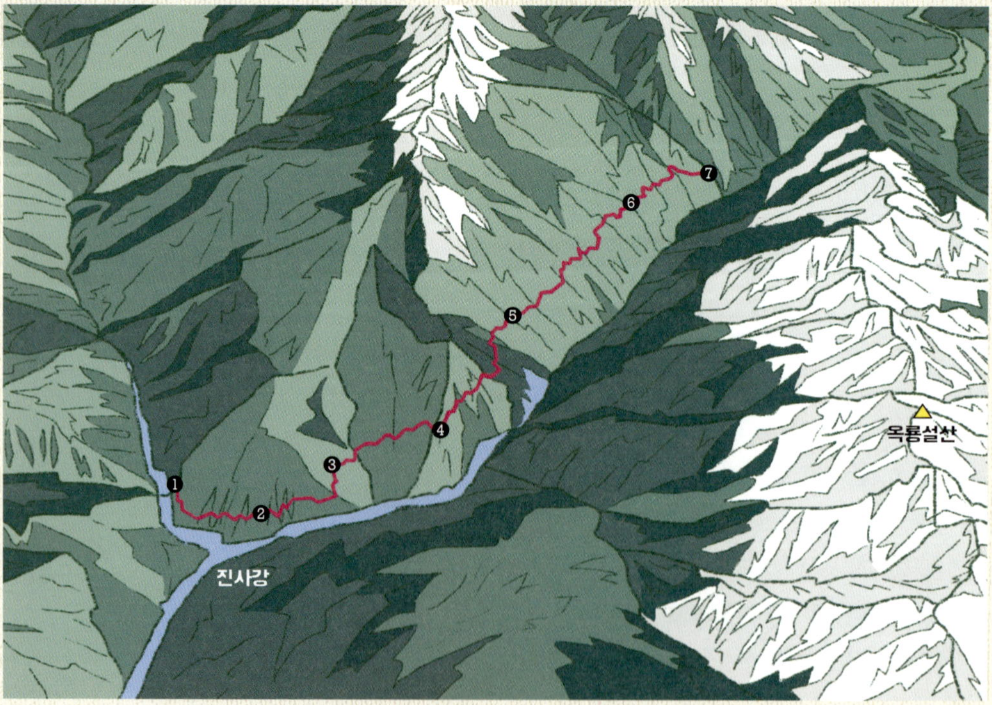

1
2
3
4
5
6
7
진사강
옥룡설산

옥룡설산은 길이 35*km*, 넓이 12*km²*에 이르는 광범위한 산군이다. 히말라야 Himalayas산맥에 속하지만, 생김새는 창검 같은 카라코람 Karakoram산맥의 봉우리처럼 험악하다. 무수한 봉우리 중에서 덩치 큰 13개 봉우리를 옥룡설산 13봉 이라 부른다. 주봉은 마치 부채처럼 펼쳐졌다고 해서 선자두 扇子陡(5,596m)라고 한다. 시종일관 옥룡설산 연봉을 바라보며 걷는 호도협 트레킹은 '옥룡설산 해바라기 코스'라 해도 과언이 아니다.

〈인사이트 아시아-차마고도〉, KBS, 2007
1년 4개월 동안 5,000여*km*에 달하는 차마고도 전 구간을 HD 영상으로 촬영한 다큐멘터리 프로그램. 차마고도가 알 려지는 데 결정적인 역할을 했다.

윈난성은 52개 소수민족이 저마다 독특한 풍습과 문화를 일군 평화로운 땅이다. '윈난은 사계절이 봄이다'라는 말이 있을 만큼 연중 날씨가 온난하다. 리장에서는 세계문화유산인 윈난고성과 수허고성 등 아직도 사람이 살고 있는 고성 마을이 운치 있다.

거리는 약 19*km*로 9시간쯤 걸린다. 1박 2일로 계획하는 것이 정석이다. 코스의 중간쯤인 차마객잔에서 1박을 한다. 아침 일찍 출발했다면 중도객잔에서 묵는 것도 좋다. 객잔은 네팔의 로지와 비슷한 곳으로 숙박과 식사를 해결할 수 있다.

1 DAY   교두 ➡ 일출소우 ➡ 나시객잔 ➡ 28밴드 정상 ➡ 차마객잔

2 DAY   차마객잔 ➡ 중도객잔 ➡ 장선생객잔

Traveler's Note

 **항공** : 한국에서 윈난성 리장으로 가는 직항편은 없고 대개 청두 成都를 경유한다. 대한항공, 아시아나항공, 중국국제항공 등이 운항한다.

교두에서 일출소우까지 가는 빵차

교통 : 리장 버스터미널에서 샹그릴라 香格里拉로 가는 버스를 타고 교두에서 내린다. 07:30부터 30분 간격으로 운행하며 2시간쯤 걸린다. 교두에서 일출소우까지 빵차(미니밴)를 타면 15분 정도 소요된다.

차마객잔에서 먹은 오골계백숙

숙소&식사 : 트레킹 중에는 객잔을 이용한다. 리장고성과 수허고성 안의 숙박시설을 이용하면 고성의 정취를 즐길 수 있다. 고성에는 배낭여행자를 위한 민박과 게스트하우스, 호텔 등이 많다. 리장고성 근처의 마마 나시 게스트하우스 Mama Naxi Guesthouse는 배낭여행자들에게 인기 있다.

 **장비** : 길이 좀 험한 편이라서 신발은 중등산화가 좋고 스틱이 있으면 편하다. 궂은 날을 대비해 우비와 보온의류, 바람막이 등을 챙겨야 한다.

 **안내 표시** : 호도협 트레킹의 정식 안내판은 없고 바위나 벽에 지명과 진행 방향이 적혀 있다. 길이 단순해 길 잃을 염려는 없다.

☑ check list

- **일정** : 준비 5일 + 트레킹 여행 4박 5일
- **경비** : 약 180만 원
- **교통** : 항공, 버스, 밴 등
- **숙박** : 호텔, 객잔(산장)
- **장비** : 중등산화, 스틱, 의류 등
- **비자** : 중국비자신청서비스센터 홈페이지(www.visaforchina.org)에 들어가 온라인 신청 후 서울역 부근 사무실에서 수령.
- **환전** : 위안(¥)
- **언어** : 중국어, 영어

#1st Day: 28밴드를 넘어 차마객잔으로

호도협은 옥룡설산(5,596m)과 합파설산(5,396m) 사이에 깊이 파인 협곡이다. 인도 대륙판과 유라시아 대륙판이 충돌하여 하나였던 산이 둘로 갈라졌다. 그 과정이 괴로웠는지 두 산의 생김새는 험준하기 그지없다. 두 산의 갈라진 틈으로 강이 흘러들면서 길이 16km , 높이 2,000m에 달하는 길고 거대한 협곡이 만들어졌다. 협곡을 흐르는 물줄기는 창장 長江의 상류인 진사장이다.

진사장은 란창장 瀾滄江, 누장 怒江과 함께 2003년 유네스코 세계자연유산으로 등재될 만큼 풍광이 수려하다. 호도협이란 이름은 '호랑이가 건너뛸 만큼 좁다'라는 뜻으로, 포수에 쫓기던 호랑이가 돌을 한 번 밟고 계곡을 건너갔다는 전설이 내려온다.

1 말 탈 손님을 기다리는 옛 마망들의 모습이 왠지 안쓰럽다.
2 빵차를 타고 도착한 일출소우. 여기서 트레킹이 시작된다.

일출소우에서 나시객잔으로 가는 길. 옥룡설산이 멋지게 나타난다.

虎跳峽

호도협 트레킹의 출발점은 교두다. 예전에는 교두에서 걸어갔지만 지금은 길이 좋아져 빵차(미니밴)를 타는 것이 좋다. 빵차를 타면 일출소우까지 15분쯤 걸린다. 본격적인 트레킹은 일출소우에서 시작된다. 마을 앞에는 말과 마부가 사람들을 하염없이 기다리고 있다. 예전 같으면 차마고도를 누비던 사람들인데 지금은 관광객에게 말 태우는 일을 주업으로 하고 있다. 그 모습이 다소 안타깝다. 다리가 불편한 사람은 말을 타고 가도 되지만 몸이 흔들려 좀 어지러울 수 있다. 되도록 걸어갈 것을 권한다.

호도협은 먼 옛날부터 차마고도의 일부였다. 윈난성에서 티베트로 향하는 차마고도는 시솽반나 西雙版納에서 푸얼 普耳시를 지나 다리 大理, 리장, 샹그릴라를 거쳐 라싸 拉薩에 이르는데, 리장에서 샹그릴라로 향하는 길목에 호도협이 자리한다.

호도협의 산길은 옥룡설산을 마주 보는 합파설산의 산비탈을 타고 이어진다. 일출소우에서 이어진 길을 10분쯤 걸으면 첫 번째 전망대가 나온다. 진사장이 협곡 아래로 굉음을 내며 흘러가고, 협곡 가운데 눈을 머리에 인 옥룡설산 봉우리가 저 멀리 우뚝하다. 그 풍경은 마치 안나푸르나 라운딩 코스의 바훈단다 일대와 비슷하다. 그래서 걷다 보면 이곳이 중국인지 네팔인지 헷갈린다.

28밴드 꼭대기. 손을 뻗으면 옥룡설산이 손에 닿을 듯하다.

전망대를 지나면 길의 곡선을 따라 시야가 바뀌면서 옥룡설산의 모습도 역동적으로 펼쳐진다. 그 모습을 바라보는 맛에 힘든 줄 모른다. 몇 개의 모퉁이를 더 돌면 나시객잔에 이른다. 인심 좋아 보이는 나시객잔 주인아주머니가 건네는 따뜻한 우롱차 한 잔을 마시고 길을 나서면, 호도협 트레킹의 가장 난코스인 28밴드가 시작된다. 밴드는 '굽이'라고 해석하면 된다. 굽이가 28번 이어진다고 해서 28밴드다.

왼쪽, 오른쪽으로 꺾어지면서 가파른 고개를 1시간쯤 타고 넘다 보면 어느 순간 고갯마루에 올라선다. 이제야 반대쪽 조망이 열린다. 옥룡설산 연봉이 끝없이 이어지고 그 아래 협곡이 까마득하다. 고개를 넘으면 길은 평지처럼 순해진다. 1시간쯤 더 걸으면 숙소인 차마객잔에 닿는다.

차마객잔의 잠 못 이루는 밤. 무수한 별화살이 옥룡설산에 박힌다.

차마객잔에서 받은 저녁상에 입이 떡 벌어졌다. 한국에서도 먹기 힘든 오골계백숙이었다. 직접 키운 닭이라 살이 질긴 편이지만 맛은 일품이다. 든든하게 배를 채웠으면 객잔 마당에서 별 구경을 할 차례다. 별을 보고 있으면 마음이 설레고 미지의 땅을 찾아 떠나고 싶은 마음이 간절해진다. 마당에서 본 밤하늘은 상상한 것 이상으로 별이 가득하고 은하수가 흘렀다.

#2nd Day: 관음폭포를 지나 장선생객잔까지

차마객잔 – 중도객잔 – 관음폭포 – 장선생객잔

맑은 아침 공기를 마시며 길을 떠난다. 둘째 날은 중도객잔을 지나 장선생객잔에서 마무리하는 평탄한 코스다. 마을을 벗어나면 오솔길이 이어지고 1시간쯤 산비탈을 돌면 중도객잔에 닿는다. 이곳은 호도협 트레킹 코스 중 가장 시설이 좋다. 조망 좋고 주인장이 영어를 제법하기에 외국인들도 많이 묵는다. 이곳의 명물은 화장실이다. 진사장 방향으로 큰 창문이 뚫려 있는데, 그곳으로 호도협 경관이 기막히게 펼쳐진다.

해가 옥룡설산 위로 떠오르면 광채가 눈부시게 비친다.

호도협의 명물인 관음폭포

1 장선생객잔으로 내려가는 길에서 호도협 협곡이 잘 보인다.
2 호도협 중간쯤에 자리한 중도객잔은 시설이 좋다.

중도객잔을 떠나 마을을 빠져나오면 짜릿한 벼랑길이 이어진다. 오전 10시가 넘었지만 해는 옥룡설산에 막혀 떠오르지 않고 있다. 10시 30분쯤 설산 능선에서 광채가 비친다. 서서히 해가 떠오르며 빛의 폭포가 쏟아진다. 해가 뜨자 몸이 따뜻해지면서 발걸음에 속도가 붙는다. 산비탈을 칼로 자른 듯 반듯하게 난 길을 굽이굽이 돌면 관음폭포가 보인다.

눈대중으로 봐도 500m가 넘는 긴 폭포다. 폭포를 지나면 한동안 오르막이 이어지고, 그곳을 넘어서면 갈림길이 나온다. 티나객잔과 장선생객잔의 갈림길이다. 예전에는 티나객잔에서 마무리했지만 최근에는 교통이 편리한 장선생객잔을 선호한다. 웅장한 호도협 계곡을 바라보며 1시간쯤 내려오면 도로를 만난다. 구불구불한 도로를 따라 내려오면 장선생객잔에 도착하면서 트레킹이 마무리된다.

虎跳峽

Course Guide

1일 옥룡설산을 바라보며 28밴드를 넘다

[LEVEL] ★★★☆☆

코 스 교두~일출소우~나시객잔~
28밴드 정상~차마객잔

거리 10.5㎞ **시간** 5시간

포인트 일출소우 지나 펼쳐지는 옥룡설산,
28밴드 정상의 옥룡설산 파노라마

숙소 차마객잔

강물 소리를 배경음악 삼아 옥룡설산을 우러러보
며 걷는 길이다. 28밴드 넘을 때가 다소 힘들지만
전체적으로 무난한 길이다.

2일 호도협 진수를 맛보다

[LEVEL] ★★★☆☆

코 스 차마객잔~중도객잔~
장선생객잔

거리 10.4㎞ **시간** 4시간

포인트 차마객잔 뒤로 펼쳐진 옥룡설산,
장선생객잔에서 내려가는 길에 본 호도협

산허리를 타고 걷는 길로 옥룡설산과 진사장의 진
수를 만날 수 있다. 장선생객잔에서 트레킹을 마
치면 진사장 바닥을 찍는 중호도협을 꼭 구경하
자. 호도협을 온몸으로 느낄 수 있다.

윈난성과 쓰촨성 명소 둘러보기

중국 서남쪽 끝에 있는 윈난성은 베트남, 라오스, 미얀마, 티베트와 접하고 26개 소수민족이 살고 있어 중국의 색다른 매력을 느낄 수 있는 곳이다. 그중 해발 2,400m에 자리한 리장은 옥룡설산과 여러 고성이 어우러져 풍광이 일품이다. 세계문화유산으로 지정된 리장고성과 수허고성은 소수민족인 나시족 문명의 꽃으로, 송원 宋元 이래 형성된 역사와 문화가 잘 남아 있다. 우리나라에서 리장으로 가는 직항이 없고 대개 쓰촨성을 경유하기 때문에 쓰촨성 청두에 들러 주요 명소를 둘러보자.

규모가 큰 상호도협

#SCENE1: 중호도협과 상호도협

호도협 트레킹의 종착점인 장선생객잔 아래 중호도협이 있다. 협곡 안으로 이어진 벼랑길을 40~50분쯤 내려가면 세상을 집어삼킬 듯한 중호도협의 거친 물살을 만날 수 있다. 상호도협은 중호도협에서 출발점 방향으로 차를 타고 15분쯤 가면 나온다. 상호도협은 중호도협보다 깊은 골짜기는 아니지만 강줄기의 규모는 더 크다.

1 깊고 거친 중호도협
2 리장고성의 찻집

#SCENE2: 리장고성과 수허고성

리장고성과 수허고성은 리장에 자리한 대표적인 고성이다. 리장고성 안에는 300개가 넘는 돌다리가 있다. 다리, 강물, 오래된 나무와 전통가옥이 어우러져 '동방의 베니스'로 불린다. 수허고성은 나시족이 가장 먼저 거주한 곳으로 알려졌다. 두 곳 모두 당대 唐代에 개통된 차마고도의 중심지 역할을 했다. 규모가 큰 리장고성은 유명세를 타 밤이면 좀 시끄럽다. 반면 작고 아담한 수허고성은 조용하다.

#SCENE3: '삼국지 유적' 무후사와 금리거리

쓰촨성 청두에는 삼국지와 관련된 유적이 많다. 무후사는 유비, 장비, 관우 등 촉 蜀의 명장을 거느린 전설의 전략가 제갈량을 기리기 위한 사당이다. 무후사는 제갈량의 시호인 충무후 忠武候에서 유래됐다. 경 내에는 제갈량, 유비, 관우, 장비 등 문·무관 28인의 동상이 있고, 무후사 뒤편에는 유비의 묘인 혜릉 惠陵과 제갈량의 덕을 칭송하는 당비 唐碑가 있다. 무후사 옆의 금리거리는 삼국시대의 거리 모습을 그대로 재현해 놓은 곳으로 전통기념품과 먹거리 등을 즐길 수 있다.

Part — 4.

동남아시아
South East Asia

kinabalu

14
Kinabalu
키나발루

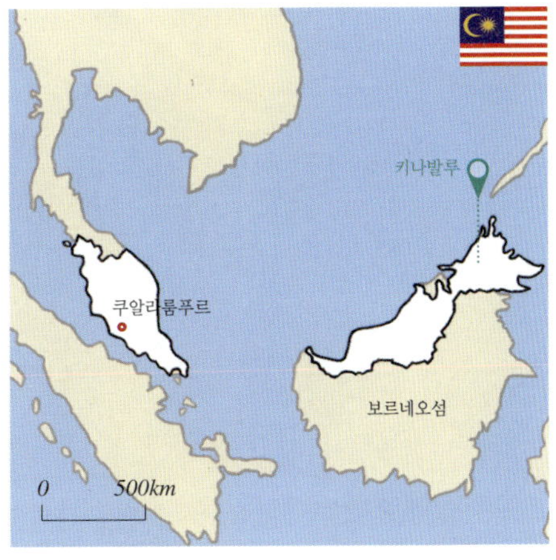

구름 나라 '영혼의 안식처'를 엿보다

키나발루 Kinabalu

장소 말레이시아 코타키나발루

난이도 ▲▲▲▲△   풍경 ▲▲▲▲△   편의성 ▲▲▲△△

세계에서 세 번째로 큰 섬인 보르네오 Borneo 북단에 있는 코타키나발루는 산꼭대기에서 바다 깊은 곳까지 자연의 보물로 가득하다. '바람 아래의 땅 The Land Below the Wind'이란 별칭처럼 태풍 궤도의 아래쪽에 있어 태풍 피해가 거의 없는 축복받은 땅이다. 코타키나발루 북단의 동남아 최고봉 키나발루(4,095m)는 열대 우림과 거대한 화강암이 어우러져 독특한 아름다움을 선사한다.

Information

[기본 정보]

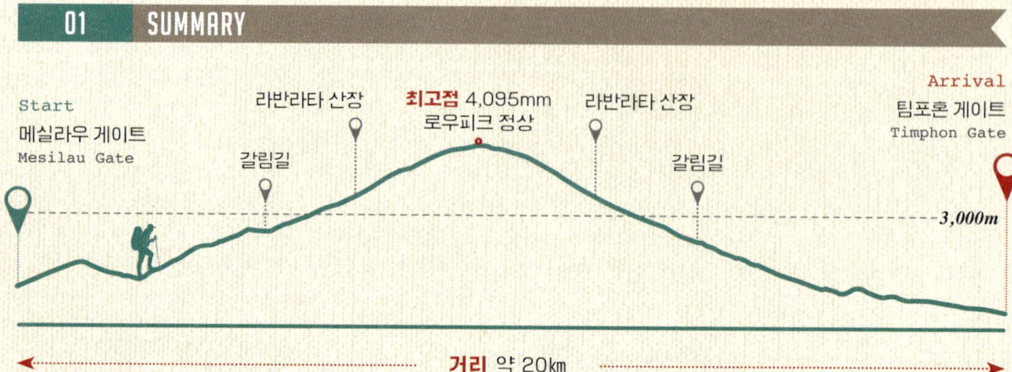

일정 : 1박 2일 **시즌** : 연중(베스트 시즌 5~8월)

베스트 뷰포인트 : 키나발루 암봉을 병풍처럼 두른 라반라타 산장 Laban Rata Rest House, 구름과 바다가 어우러진 로우 피크 Low's Peak(정상) 등

코스 : ❶ 메실라우 게이트 ❷ 갈림길 ❸ 라반라타 산장 ❹ 로우 피크 ❺ 팀포혼 게이트

02　STORY

열대식물, 온대식물, 고산식물이 모두 자라고 있는 키나발루는 다양한 동물이 서식하고 있으며, 정상 일대의 기암괴석들이 빼어난 자태를 자랑한다. 이러한 아름다움과 생태적 가치가 인정되어 2000년 말레이시아 최초로 세계자연유산으로 선정되었다.

03　BOOK

『프렌즈 말레이시아』, 전혜진·김준현, 중앙북스, 2018
코타키나발루 Kota Kinabalu의 툰구 압둘라만 해양국립공원 Tunku Abdul Rahman Marine National Park, 키나발루 국립공원 등에 대한 정보를 담은 책이다.

04　HOW TO ENJOY

● 식물을 보는 재미가 쏠쏠하다. 고도가 높아지면서 열대식물, 온대식물, 고산식물이 차례로 나타난다. 정상 일대의 기암괴석도 독특한 풍경을 연출한다.
● 키나발루 트레킹 후에는 남중국해의 낭만을 즐기는 것이 좋다. 키나발루의 거점 도시인 코타키나발루에는 마누칸 Manukan, 사피 Sapi, 마무틱 Mamutik, 가야 Gaya, 슈르그 Sulug 등 5개 섬을 묶어 만든 툰구 압둘라만 해양국립공원이 있다. 휴양과 해양 스포츠의 명소로 수심이 얕고 백사장이 넓은 마누칸섬이 가장 인기 있다.

05　HOW TO PLAN

키나발루 트레킹은 다른 곳과 달리 전문 여행사를 통해 가는 것이 좋다. 개인적으로 준비하면 라반라타 산장 예약이 쉽지 않고, 비용도 그리 저렴하지 않다. 여행사를 통해 트레킹을 할 경우 메실라우 게이트~라반라타 산장~로우 피크~팀포혼 게이트 코스를 갈 수 있다. 여행사에서 입산 허가, 가이드, 숙소 등을 일괄 처리해줘 편리하다.
개인적으로 트레킹하려면 팀포혼 게이트를 출발점으로 하는 정상 왕복 코스가 좋다. 팀포혼 게이트 입구에 있는 관리공단에서 입산 허가, 가이드를 배정받아야 한다. 문제는 키나발루산에 하나밖에 없는 라반라타 산장 예약이다. 대개 3개월 전 마감되며 개인적으로 예약하기가 쉽지 않다.

1 DAY　메실라우 게이트 ➡ 갈림길 ➡ 라반라타 산장

2 DAY　라반라타 산장 ➡ 로우 피크(정상) ➡ 라반라타 산장 ➡ 갈림길 ➡ 팀포혼 게이트

Traveler's Note

 **항공** : 대한항공, 아시아나항공, 말레이시아항공, 국내 저비용 항공사들이 코타키나발루를 운항한다. 소요 시간은 5시간 정도.

 **교통** : 시내를 왕복하는 공항버스를 타고 공용터미널에 내린다. 이곳에서 키나발루로 가는 버스가 출발한다. 약 2시간 소요.

숙소 : 트레킹 중에는 반드시 라반라타 산장에서 묵어야 하는데 개인적으로 예약하기가 쉽지 않다. 여행사를 통하면 출발점인 메실라우 게이트, 산속의 라반라타 산장, 코타키나발루 시내의 수트라하버 리조트를 함께 이용할 수 있다.

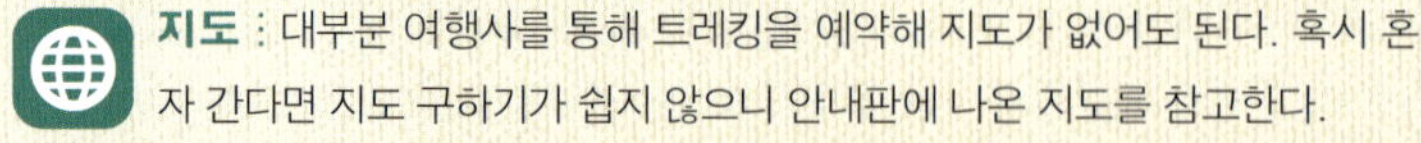

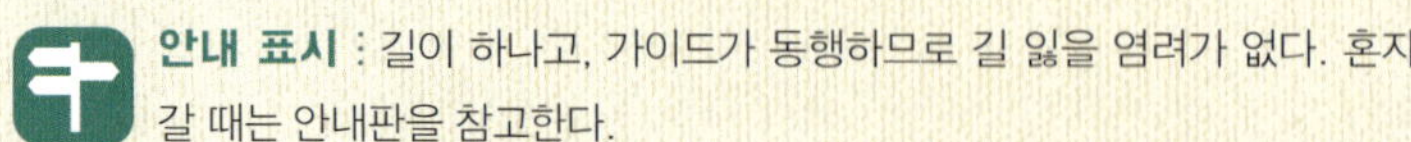

코타키나발루 시내의 수트라하버 리조트

check list

- 일정 : 준비 5일 + 트레킹 여행 5박 6일
- 경비 : 약 200만 원
- 교통 : 항공, 버스 등
- 숙박 : 산장, 리조트
- 장비 : 중등산화, 스틱, 의류 등
- 비자 : 90일 동안 무비자
- 환전 : 링깃(RM). 현지에서 환전
- 언어 : 말레이어, 영어

장비 : 길이 험한 편이라서 신발은 중등산화가 좋고 스틱도 반드시 갖추어야 한다. 비는 거의 항상 내린다고 생각하고 우비와 보온의류, 바람막이 등을 잘 챙겨야 한다.

지도 : 대부분 여행사를 통해 트레킹을 예약해 지도가 없어도 된다. 혹시 혼자 간다면 지도 구하기가 쉽지 않으니 안내판에 나온 지도를 참고한다.

안내 표시 : 길이 하나고, 가이드가 동행하므로 길 잃을 염려가 없다. 혼자 갈 때는 안내판을 참고한다.

정상 등정 코스 안내판

#1 Day: 메실라우 게이트를 들머리로 열대 우림 속으로

비행기와 버스를 갈아타고 키나발루 입구의 메실라우 게이트에 도착하자 기다렸다는 듯 굵은 빗줄기가 쏟아진다. 서울에서 키나발루까지 하루 만에 이동한 것에 감사하며 설레는 마음을 지그시 누르고 잠자리에 든다. 세계에서 손꼽히는 열대 우림 지역인 보르네오섬 북쪽에 동남아시아 최고봉 키나발루가 솟아 있다. 섬 남쪽은 인도네시아령의 칼리만탄주이고 북쪽은 말레이시아령으로 사라왁 Sarawak주와 사바 Sabah주로 나뉘는데, 둘 사이에 브루나이 Brunei가 있다. 키나발루는 사바주의 주도인 코타키나발루에 속해 있다.

열대 우림을 온몸으로 만날 수 있다는 것이 키나발루의 매력이다.

1 출발점인 메실라우 게이트
2 산길은 울창한 열대 우림으로 이어진다.
3 라반라타 산장 근처에서 바라본 숲은 열대림과 온대림이 뒤섞여 신성한 느낌을 준다.

Kinabalu

키나발루는 약 150만 년 전에 만들어진 산으로 오랫동안 풍화 작용을 받아 기암절벽이 발달했다. 키나발루라는 이름은 카다잔 ^{Kadazan}족의 '죽은 자를 숭배하는 장소'라는 말에서 유래했다. 그들은 조상의 혼이 산꼭대기에 살고 있으며 정상 부근에서 자라는 이끼는 선조들이 먹는 식량이라고 믿고 있다. 1581년 영국인 로우가 초등했기에 정상에 로우 피크란 이름이 붙었다. 2000년 유네스코 세계자연유산으로 지정되면서 더욱 많은 관광객이 찾는다. 키나발루는 세계적인 트레킹 명소답게 숙박 시설, 등산로 관리, 가이드 제도 등을 잘 갖췄다.

다음 날은 맑고 화창했다. 현지 가이드 다왕과 함께 메실라우 리조트 안의 메실라우 게이트(2,000m)를 통해 트레킹을 시작한다. 키나발루 트레킹에는 팀포혼 코스와 메실라우 코스가 있다. 팀포혼 코스는 오래된 길이고, 메실라우 코스는 10년 전에 개발되어 길이 좀 더 길다. 두 길은 중간에서 만나고 다음부터는 외길이다.

생태계의 보고인 열대 우림 지대를 통과하자 첫 번째 휴게소에서 전망이 트였다. 저 멀리 산정 부근에 예사롭지 않은 암봉들이 악마의 뿔처럼 돋아 있다. 두 번째 휴게소에 도착하기도 전 키나발루는 구름 속으로 몸을 숨겼고 이내 빗방울이 떨어진다. 가이드 다왕의 말에 의하면 오후에는 거의 비가 내린다고 한다.

다섯 번째 휴게소를 지나자 길섶에 벌레나 곤충을 잡아먹는 식물인 피처 플랜트 ^{Pitcher Plant}가 눈에 들어온다. 이 식물 중에서 가장 큰 것을 라플레시아 ^{Rafflesia}라고 부르는데, 세계에서 가장 큰 꽃으로 유명하다. 라플레시아는 독특하게도 기생 식물이다. 꽃의 지름이 1m가 훨씬 넘는다. 활짝 피는 데 8~13개월 걸리지만 일주일이면 진다고 한다. 그야말로 피기는 힘들어도 지는 건 순식간인 꽃이다.

비는 일곱 번째 휴게소 앞에서 그쳤고, 키나발루 여신은 멀리서 온 이방인을 위해 구름옷을 벗어 속살을 보여줬다. 뜻밖에도 속살은 눈부신 화강암이었고 바위 표면에는 고산 식물들이 자라 신성한 숲을 이루었다. 숲은 여신의 은밀한 부분처럼 느껴졌으며 짙은 향기가 났다. 우리나라 찔레꽃을 닮은 '시마'라는 꽃에서 나는 향기로운 냄새였다.

1 하산길에 바라본 풍경. 드넓은 화강암 뒤로 보르네오섬의 초록 대지가 펼쳐진다.
2 정상 등정을 위한 베이스캠프인 라반라타 산장. 뒤로 화강암 봉우리들과 어우러진다.

여덟 번째 휴게소를 지나면 라반라타 산장(3,273m)에 도착한다. 산장 뒤로 거대한 화강암 벽이 펼쳐지고 주변은 아득한 숲이다. 산장의 위치는 인간과 키나발루 여신의 영역 중간쯤에 해당하는 장소로 보였다. 산장에서 저녁 식사를 마치고 앞마당으로 나오자 비가 그친 봉우리들은 구름을 모락모락 피워놓는다. 그리고 구름을 뚫고 나온 거대한 빛이 먼바다 쪽을 비춘다. 마치 거대한 레이저 광선 같다. 그런 다음 일몰 쇼가 펼쳐진다. 산장에 투숙한 사람들이 모두 나와 이 위대한 자연의 변화를 숨죽이며 지켜봤다.

일몰을 앞두고 빛줄기가 레이저 광선처럼 쏟아진다.

#2nd Day: 키나발루 여신이 선물한 황홀한 일출

키나발루 트레킹은 둘째 날이 고비다. 보통 오전 2~3시 사이에 산장을 출발해 정상에서 일출을 보고 내려오기 때문이다. 잠을 설친 사람들은 2시부터 정상으로 출발했다. 고도가 3,200m 이상이고 길은 심한 된비알이어서 발걸음 옮기기가 쉽지 않다. 잠시 뒤를 돌아보니 수많은 헤드랜턴 빛줄기가 꼬리에 꼬리를 물고 이어진다.

급경사 길이 끝나면 암벽에 설치된 고정 로프를 잡고 오른다. 마침 쏟아지는 달빛에 바위가 훤히 빛난다. 시원한 바람이 불어와 졸음과 피로를 날려버린다. 체크 포인트를 지나도 황홀한 달빛 밟기는 계속됐다. 고도가 올라갈수록 심상치 않은 바람이 점점 세차게 불어온다. 날카롭게 하늘을 찌르는 남봉 South Peak이 손에 잡힐 듯한 지점에서 바람도 난폭해졌다. 바람 한 줄기가 뺨을 때리고 우우~ 기괴한 소리를 지르며 정상으로 사라진다.

산장에서 정상인 로우 피크 앞까지 거의 3시간이 걸렸다. 추위와 거센 바람에 지쳐 거의 탈진 직전이었다. 하늘에서는 신비로운 빛이 쏟아진다. 바야흐로 일출이 시작되었다. 그 빛에 힘을 얻어 기어코 정상에 오르니 많은 사람이 추위에 떨고 있었다. 바다에서 붉은 빛이 솟구치면서 구름바다를 물들인다.

정상에 서니 그동안 볼 수 없었던 반대편 바다와 암봉들이 눈에 들어온다. 이제야 키나발루의 산세를 짐작할 수 있겠다. 길은 남쪽에서 정상으로 뻗어 있고, 북쪽은 온통 절벽이다. 서쪽의 당나귀귀봉 Donkey Ears Peak, 동쪽의 오야유비봉 Oyayubi Peak 등 기암 괴석들이 자태를 뽐낸다. 특히 오야유비봉 일대는 원시적이고 신비로운 분위기가 가득하다.

1 정상 로우 피크에 서면 저 멀리 찰랑거리는 바다를 만날 수 있다.
2 종착점인 팀포혼 게이트
3 키나발루 트레킹 안내판 뒤로 뾰족한 남봉이 솟아 있다.

1 곤충을 잡아먹는 식물인 피처 플랜트
2 열대 우림에는 화려한 꽃이 많다.

뒤를 돌아보니 존스 피크 John's Peak(4,091m)가 우뚝하고, 왼쪽으로 뾰족한 남봉이 눈에 들어온다. 존스 피크와 남봉 사이에서 일출을 본 등산객들은 거대한 물줄기처럼 아래로 내려가고 있다. 가이드 다왕이 하산을 서두른다. 황홀한 일출을 허락한 키나발루 여신에 감사의 인사를 드리며 떨어지지 않는 발걸음을 옮긴다. 다시 산장으로 돌아와 늦은 아침을 먹는다. 고생한 뒤에 먹는 아침이라 꿀맛이다. 다시 멀고 긴 숲길을 걸어 팀포혼 게이트에 이르면 트레킹이 마무리된다.

키나발루 정상부는 거대한 화강암이 펼쳐져 있어 신비롭다.

Course Guide

1일　열대 우림의 숲길　[LEVEL] ★★★★☆

코 스　메실라우 게이트~갈림길~
라반라타 산장

거리 7.5㎞　**시간** 6시간
포인트 라반라타 산장에서 보는 일몰
숙소 라반라타 산장

메실라우 게이트에서 라반라타 산장(3,273m)
까지 약 7.5㎞이며, 6~7시간이 걸린다. 고도가
1,200m 이상이니 되도록 천천히 가는 것이 좋
다. 산소가 풍부한 지역이라 고소 순응에 무리가
없지만 서두르지 않는 것이 좋다.

2일　보르네오섬 최고의 일출　[LEVEL] ★★★★★

코 스　라반라타 산장~로우 피크~
라반라타 산장~갈림길~팀포혼 게이트

거리 13.9㎞　**시간** 9시간
포인트 로우 피크에서 보는 일출
숙소 시내 호텔 및 리조트

산장에서 오전 3시쯤 출발하는 것이 좋다. 너무
일찍 떠나면 정상에서 추위에 떨기 때문이다. 정
상까지 약 2.5㎞로 3시간이 걸린다. 산길에는 데
크와 고정 로프가 깔려 있어 위험하지 않다. 체크
포인트를 지나 2시간 정도 더 가면 정상이다. 정
상 일대는 바람이 강하기 때문에 방풍과 보온에
각별히 신경 써야 한다.

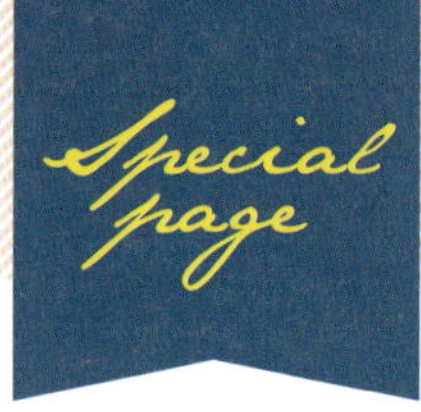

코타키나발루 명소 둘러보기

말레이시아 사바주의 코타키나발루는 인구 약 45만 명의 항구 도시로 에메랄드빛 바다 풍광과 열대 우림의 원시림, 도심이 적절히 조화를 이루고 있다. 코타키나발루는 키나발루산이 있는 도시(코타)라는 뜻이다. 역사적으로 사바주는 19세기 후반 영국의 식민지, 제2차 세계대전 말기에는 일본과 오스트레일리아군의 격전지였다. 이곳은 다른 동남아시아의 휴양지와 달리 키나발루산이 든든하게 지키고 있다. 트레킹 후에는 해변에서 휴양이나 역동적인 해양 스포츠를 즐길 수 있다. 열대 지역에 속하지만 쾌적한 편이고, 밤에도 안심하고 다닐 수 있을 만큼 치안이 좋다.

휴양과 해양 스포츠를 즐기기에 안성맞춤인 마누칸섬

#SCENE1: '해양 스포츠의 천국' 툰구 압둘라만 해양국립공원

코타키나발루 시내 가까이에 크고 작은 섬이 줄줄이 펼쳐져 있다. 이곳은 휴양과
해양 스포츠의 명소로 마누칸, 사피, 마무틱, 가야, 슈그 등 5개의 섬을 묶어 만
든 툰구 압둘라만 해양국립공원이다. 그중 수심이 얕고 백사장이 넓은 마누칸섬이
인기 있다. 마누칸섬은 스노클링부터 제트스키, 윈드서핑, 패러세일링 등 해양 스
포츠를 즐기기에 제격이다. 바다에 뛰어들어 발밑을 내려다보니 이름 모를 열대어
와 산호초가 반긴다. 이뿐만 아니라 특수 고안된 낙하산을 메고 공중비행을 즐길
수 있는 패러세일링은 남중국해의 푸른 바다 위를 자유롭게 오가는 한 마리 새가
된 기분을 선사한다.

#SCENE2: '세계 3대 해넘이 명소' 탄중아루 해변

코타키나발루의 또 하나의 보물은 노을이다. '황홀한 석양의 섬'이라고 불릴 정도
로 일몰이 유명하며, 탄중아루 해변은 세계 3대 해넘이 명소 중 하나다. 멋진 노을
에 구름은 필수 요소다. 낮 동안 바짝 달궈진 태양이 해안선으로 하강을 준비하면
어느새 구름이 몰려와 황홀한 쇼를 준비한다. 이내 구름 사이로 붉은 태양이 빛나
며 하루가 아름답게 마무리된다.

1 마누칸섬은 코타키나발루에서
  가까워 사람들이 많이 찾는다.
2 짜릿한 패러세일링을 즐기는
  마누칸의 관광객들
3 탄중아루 해변은 현지인이
  즐겨 찾는 해넘이 명소다.

\ TIP /

정보 : 마누칸섬 투어는 1일 호핑 투어로 다녀오는 게 좋다. 호텔이나
시내의 여행사를 통해 예약할 수 있으며 점심 식사가 포함되어 있다.

15
Kalaw
껄로

Kalaw

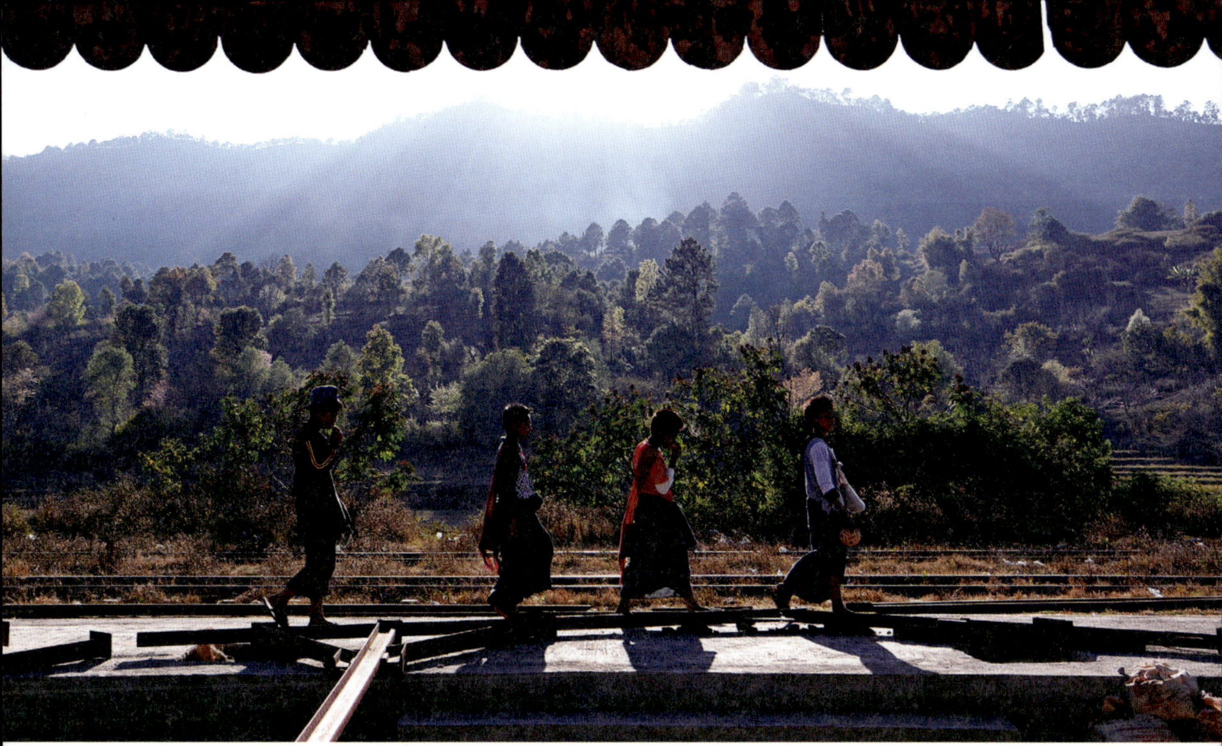

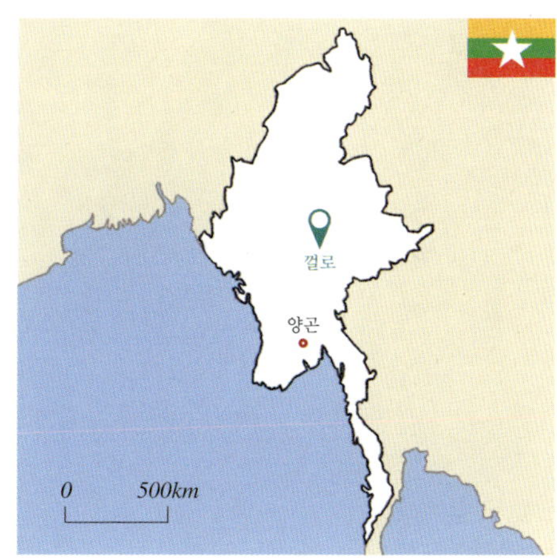

길이 맺어준 인연 따라 미얀마 속살을 걷다

껄로 Kalaw

장소 미얀마 껄로~인레

난이도 ▲▲▲△△ 풍경 ▲▲▲▲△ 편의성 ▲▲▲△△

껄로 트레킹은 미얀마를 대표하는 트레킹 코스다. 이 길은 껄로에서 인레 Inle로 이동하는 방법 중 하나로 정착되어 많은 여행자가 찾는다. 다누족, 빠오족 등 고산족 마을에서 먹고 자며, 미얀마의 풍요로운 들판을 온몸으로 느끼는 여행이다. 우리나라 여행자들에게는 잘 알려지지 않아 생소하지만, 유럽 여행자들은 껄로 트레킹을 미얀마 최고의 여행으로 꼽는다. 2021년 미얀마 군부 쿠데타 여파로 현재는 껄로 일대만 걸을 수 있다. 인레까지는 추후에 길이 열릴 것이다.

Information

[기본 정보]

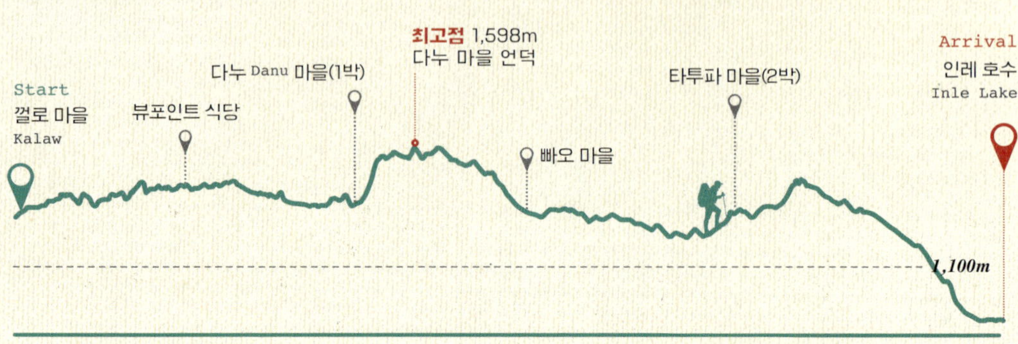

일정 : 2박 3일 **시즌** : 연중(베스트 시즌 12~3월)

베스트 뷰포인트 : 첫날 점심 먹는 뷰포인트 식당, 지나온 길이 한눈에 보이는 다누 마을 언덕 등

코스 : ❶ 껄로 마을 ❷ 뷰포인트 식당 ❸ 민따익역 ❹ 다누 마을 ❺ 빠오 마을 ❻ 타투파 마을 ❼ 빠오족 전통가게 ❽ 인레 호수 입구 ❾ 낭쉐 마을

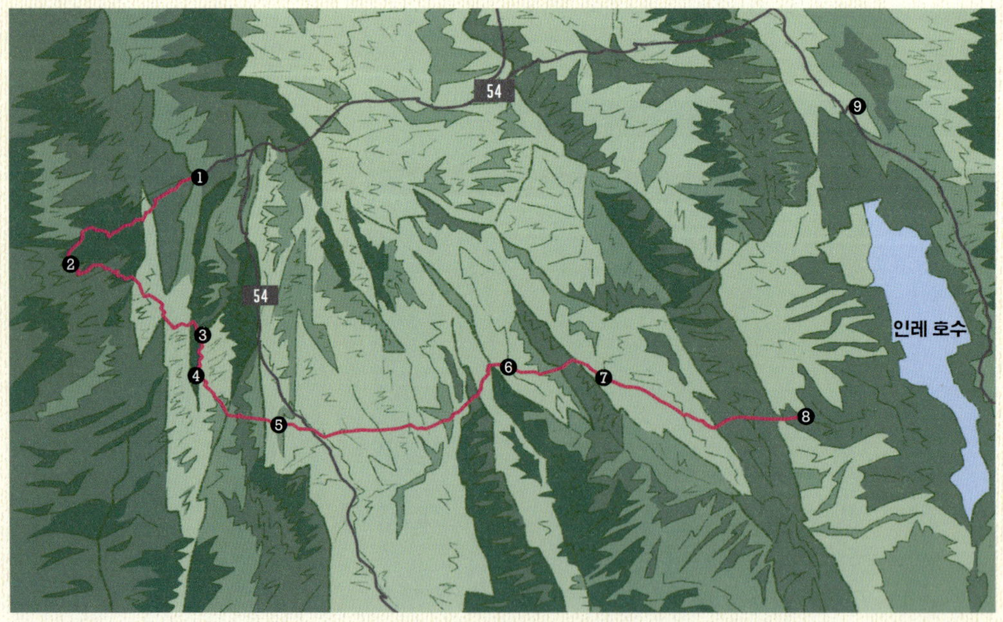

독실한 불교 국가인 미얀마는 순박한 사람들 덕분에 힐링 여행지로 꼽힌다. 다른 동남아 국가와 달리 미얀마는 '껄로 트레킹'이란 걸출한 코스를 보유하고 있다. 트레킹을 즐기는 유럽 여행자들이 껄로~인레 구간을 걸어서 이동하다가 자연스럽게 트레킹 코스로 자리 잡았다. 로컬 여행사들이 트레킹 인프라를 잘 갖추고 있어 누구나 쉽고 저렴하게 트레킹을 즐길 수 있다.

03　BOOK & MOVIE

BOOK 『프렌즈 미얀마』, 조현숙, 중앙북스, 2018
미지의 세계를 꿈꾸는 여행자를 위한 미얀마 여행안내서. 껄로 트레킹을 소개하고 있다.
MOVIE 〈더 레이디 The Lady〉, 2011
미얀마의 지도자 아웅산 수치 여사를 그린 영화다.

04　HOW TO ENJOY

미얀마 고산족과 함께 어우러지는 재미가 으뜸이다. 그들의 풍요롭고 여유로운 삶을 가까이서 들여다볼 수 있고, 계절에 따라 다양한 농작물이 자라는 모습도 정감 있다. 인레 호수에 도착해 호수를 가로질러 마을에 도착하는 것도 재미있다.

05　HOW TO PLAN

껄로 트레킹은 1박 2일과 2박 3일 코스가 있다. 1박 2일 코스는 전체 구간 중 후반 코스만 걷고, 2박 3일 코스는 전체 구간을 걷는다. 자신의 일정에 따라 선택할 수 있는데, 이왕이면 2박 3일 코스를 추천한다. 껄로 트레킹은 여행사에 직접 예약하고 다음 날 출발하는 시스템이다. 껄로 마을에 도착하면 많은 여행사 중 하나를 골라 신청하면 된다. 추천 여행사는 껄로에서 가장 오래된 트레킹 전문 여행사인 샘스패밀리 Sam's Family로, 식당을 함께 운영하고 있다.

1 DAY 껄로 마을 ➡ 뷰포인트 식당 ➡ 민따익역 ➡ 다누 마을

2 DAY 다누 마을 ➡ 빠오 마을 ➡ 54번 도로 ➡ 타투파 마을

3 DAY 타투파 마을 ➡ 빠오족 전통가게 ➡ 인레 호수 입구

Traveler's Note

 **항공** : 대한항공, 베트남항공, 싱가포르항공 등이 운항하며, 직항으로 약 7시간 정도 소요된다. 캐세이퍼시픽은 홍콩을 경유하여 미얀마로 간다.

헤호 공항에 착륙한 비행기

교통 : 미얀마는 도로가 열악한 편이다. 대신 국내선이 구석구석 잘 연결되어 있다. 껄로는 양곤 Yangon에서 북쪽으로 600km쯤 떨어져 있으며, 버스로 8~9시간쯤 걸린다. 비행기는 양곤에서 헤호 Heho로 간다. 헤호 공항에서 껄로로 가는 버스가 없어 택시를 타야 한다.

숙소 : 트레킹 출발점인 껄로와 종착점인 인레에 숙소를 잡아야 한다. 껄로에서는 골든껄로인 Golden Kalaw Inn(+95 81 50 311, goldenkalawinn.com)이 좋다. 배낭여행자를 위한 시스템을 잘 갖췄고, 테라스에서 껄로 마을이 한눈에 들어온다. 인레는 자우지인 Zawgi Inn(+95 81 209 929, zawgiinn.com), 펠리스 낭쉐 게스트하우스 Palace Nyaung Shwe Guest House(+95 81 209 274) 등이 가성비가 좋다. 트레킹 출발 시 여행사에서 인레의 숙소로 짐을 배달하기 때문에 사전에 숙소를 정해야 한다.

작고 소박한 껄로 마을

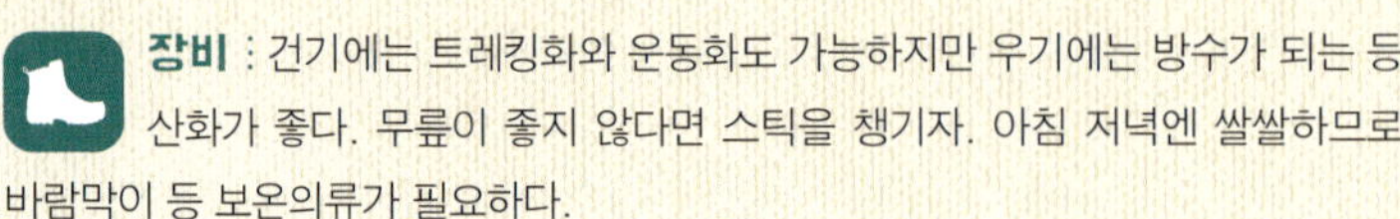

장비 : 건기에는 트레킹화와 운동화도 가능하지만 우기에는 방수가 되는 등산화가 좋다. 무릎이 좋지 않다면 스틱을 챙기자. 아침 저녁엔 쌀쌀하므로 바람막이 등 보온의류가 필요하다.

 **안내 표시** : 이정표와 안내표시는 거의 없다. 하지만 포터 또는 가이드가 동행하기 때문에 걱정 없이 트레킹을 할 수 있다.

☑ check list

- 일정 : 준비 10일 + 트레킹 여행 7박 8일
- 경비 : 약 200만 원
- 교통 : 항공, 버스, 택시 등
- 숙박 : 호텔, 홈스테이
- 장비 : 침낭, 등산화, 의류 등
- 비자 : 미얀마 e비자 신청 사이트(www.mmr-evisa.org)에서 신청.
- 환전 : 짯(K). 현지에서 환전.
- 언어 : 미얀마어, 영어

#1st Day: 다누족과 흥겹게 춤추다

골든껄로인 숙소에 짐을 풀고 2층 테라스에 앉았다. 껄로 마을이 한눈에 들어온다. 한국에서 껄로까지 이동하며 쌓인 여독이 한 방에 풀리는 기분이다. 껄로는 작고 소박한 소도시다. 대도시 양곤, 관광지 바간 Bagan에 비하면 산골마을 수준이다. 덕분에 주민들이 착하고 순박하다. 샘스패밀리 여행사를 찾아가 2박 3일 코스를 예약했다. 껄로 트레킹은 여행사에 직접 예약하고 다음 날 출발하는 아날로그적 시스템이다.

다음 날 오전 8시, 여행사 앞은 사람들로 북적북적하다. 혼자서 온 나는 누구와 함께 걸을까 궁금했다. 우리 팀은 프랑스 남자 라용, 프랑스 여자 모겐과 알베리, 핀란드 여자 한나 그리고 나, 이렇게 5명이다. 가이드는 스무 살의 두 여대생인 밍밍과 모모다. 트레킹 시즌에는 가이드가 부족해 영어를 잘하는 대학생이 아르바이트를 한다.

빠오 마을에서 내려오는 트레커. 껄로 트레킹은 다양한 국적의 여행자와 함께 팀을 이뤄 걷는다.

트레킹 첫날, 첫 번째 휴식 장소인 이야에 호수

다국적 트레커 5명과 가이드 2명. 껄로 트레킹이 맺어준 우리 팀은 서로 인사를 나누고 출발했다. 세계 각국에서 모인 낯선 여행자와 함께 걷는 게 무척이나 흥미롭다. 껄로 마을을 벗어나자 호젓한 논밭이 펼쳐진다. 논둑길과 임도를 한동안 걸어도 가이드 밍밍과 모모는 쉬자는 말을 안 한다. 서서히 지칠 무렵 이야에 호수 Ye Aye Lake가 나오고, 비로소 첫 휴식을 갖는다. 가이드 모모가 나눠준 과자가 꿀맛이다.

호수를 오른쪽으로 둘러 가는 숲길에서 청아한 새소리가 들려온다. 한동안 오르막을 따르면 뷰포인트에 닿는다. 이름처럼 시원한 조망이 펼쳐진 곳에 식당이 있다. 특이하게도 네팔 사람이 운영하는 식당이라 히말라야 로지에 온 기분이다. 주방을 엿보니 밍밍과 모모가 음식 만드는 걸 돕고 있다. 잠시 후 짜파티(화덕에 구운 담백한 빵)와 카레, 오이와 토

마토, 사과와 귤, 과자 등 한 상이 차려진다. 조망을 즐기며 먹는 맛이 일품이다. 뷰포인트를 내려오면 임도가 이어진다. 날이 맑고 하늘은 높다. 영락없는 가을 날씨 같은데 봄꽃이 핀 나무들도 많다. 봄과 가을이 뒤섞인 느낌이다.

첫 번째 만난 고산족 마을은 다누족이 사는 민따익이다. 거리는 깨끗했고 산비탈에 자리한 집들은 대부분 2층으로 번듯했다. 마침 초등학교가 있어 내부를 구경했다. 책상과 의자 등 시설은 낡았지만, 아이들은 놀랄 만큼 해맑다. 교실 안에서 릴레이 시합을 하며 즐거워하는 아이들 모습에 절로 웃음이 나온다. 거리에서 만난 마을 사람들의 얼굴에서 궁핍함은 찾아볼 수 없었고 눈빛은 온화했다.

민따익 마을에서 내려오면 철길을 만난다. 가이드가 우리를 철길로 인도한다. 왜 그럴까. 철길을 따라 걸으면 기분이 좋아진다. 어느새 우리 팀원들은 가까워져 서로 이야기 나누며 깔깔거린다. 민따익역은 손바닥만 한 간이역이다. 역 앞의 노점상들이 정겹다. 기차는 껄로역과 연결된다. 역 옆의 가게에서 간식을 먹었다. 이것도 트레킹 요금에 포함된다. 다시 논밭을 가로질러 헐떡거리며 작은 고갯마루에 올랐다. 여기서 첫날 숙소인 다누 마을이 아스라하게 보인다. 뉘엿뉘엿 해가 서산으로 넘어갈 무렵 다누 마을로 들어섰다.

1 뷰포인트 식당. 식사하며 시원한 조망을 즐길 수 있다.
2 민따익 마을의 초등학교. 때 묻지 않은 귀여운 아이들을 만날 수 있다.

1 민따익역 앞엔 작은 시장이 형성되어 활기차다.
2 민따익 마을을 지나면 철길을 따라 걷는 게 지름길이다.

    숙소 앞에 주인아주머니가 나와 우릴 반겨준다. 2층 마루에는 화려한 색의 이불 5채가 나란히 깔려 있다. 여기가 우리의 침실이다. 주인아주머니가 정성껏 준비한 음식과 미얀마 맥주를 마시면서 하루의 피로를 풀었다. 저녁을 먹고 잠시 마을 산책을 하는데, 어느 집에서 음악이 흘러나온다. 그곳에서는 뜻밖의 춤판이 벌어졌다. 흥겨운 음악에 맞춰 다누족 선남선녀들이 함께 춤추는 모습이 흥겨워 보인다. 나도 모르게 춤판에 뛰어들어 그들을 따라 하면서 축제 같은 밤을 만끽했다.

화려한 이불이 깔린 다누 마을 숙소

#2nd Day 빠오족 아주머니처럼 꾼야를 씹다

다누 마을 – 빠오 마을 – 54번 포장도로 – 타투파 마을

간밤에는 추워서 잠을 설쳤다. 마을 고도가 1,400m가 넘기 때문이다. 이른 아침을 챙겨먹고 걷는 길은 말할 수 없이 상쾌하다. 안개가 낀 들판, 거기서 일하는 아낙과 나무하는 사내, 흐드러지게 과꽃이 핀 아침 풍경은 황홀했다. 해가 올라오면서 안개는 사라지고, 언덕에 오르자 시원하게 조망이 열린다. 하룻밤을 함께한 우리 팀은 훨씬 가까워져 단체사진도 찍고 끼리끼리 기념촬영을 하며 풍경을 즐겼다.

다누 마을을 출발한 후 만나는 과꽃밭

1 구장잎으로 꼰야를 만드는 모습
2 숙소의 저녁 밥상. 야채가 많은 건강식이며 맛도 좋다.
3 둘째 날, 다누 마을을 출발해 도착한 언덕. 껄로 트레킹에서 가장 높은 지점이다.

Kalaw

빠오 마을을 지나다가 만난 빠오족 아낙들. 친절하고 재미있다.

이제 길은 1,500~1,600m 고도의 능선으로 이어진다. 껄로 트레킹 중 가장 높은 지대다. 하지만 주변이 온통 밭이라서 고도감이 느껴지지 않는다. 길섶에는 주홍색 작은 고추들이 가득하다. 고산족 마을을 지나 파란색과 빨간색 수건을 머리에 두르고 마실 나온 빠오마을의 아주머니들을 만났다. 말이 통하지 않아 서로 키득키득 웃으며 함께 걸었다. 한 아주머니가 나뭇잎 같은 걸 꺼내 씹다가 혀를 내밀며 자지러지게 웃는다. 혀가 빨갛다.

빠오족 아주머니들과 헤어지고, 길은 54번 포장도로를 만난다. 껄로 트레킹의 중간으로 1박 2일 코스가 시작되는 지점이다. 점심을 먹은 식당 옆에서 꾼야를 팔고 있다. 우리가 궁금해 하자 가이드 모모가 하나씩 사준다. 미얀마의 독특한 3가지 문화로 론지, 타나카,

꼰야를 꼽는다. 론지는 남자가 입는 치마, 타나카는 여성들이 얼굴에 바르는 천연 선크림을 말한다. 꼰야는 씹는 담배로, 미얀마 남녀 모두가 즐기는 기호식품이다. 꼰야 만드는 방법은 우선 구장잎에 하얀 소석회를 바른다. 그런 다음 빈랑 열매와 담배가루를 넣고 돌돌 말아서 입에 넣어 씹는다. 그러면 처음에는 달다가 매우 쓴맛이 나고, 나중에는 입안이 상쾌해진다. 하지만 빈랑 열매 때문에 혀가 빨개진다. 우리는 그게 재밌어 빠오족 아주머니처럼 서로 혀를 내밀고 깔깔 웃었다.

도로를 건너면 다시 시골길이 펼쳐진다. 들판에는 바오밥나무 같은 나무들이 군데군데 서 있다. 길은 나무들 사이를 휘휘 돌아 길게 S자를 그린다. 그 길을 따라오는 한 무리의 트레커들 모습이 한 폭의 그림이다.

가이드 밍밍이 손가락으로 앞쪽의 바위 지대를 가리킨다. 숙소가 그 너머에 있다고 한다. 발걸음이 살짝 가벼워진다. 흐드러지게 흰 꽃을 피운 나무와 울창한 대숲을 통과하자 빠오족이 사는 타투파 마을에 들어선다. 마을 입구 가게에서 트레커 두 사람이 맥주를 마시고 있다. 꿀꺽! 군침을 삼키고 우리가 묵을 집을 찾아 들어간다. 역시 2층 마루에 정갈하게 이불이 깔려 있다. 지친 우리는 누가 먼저라고 할 것 없이 이불 위에 몸을 던졌다.

저녁을 먹기 전에 마을 산책에 나선다. 해 저물 무렵, 일을 마치고 집으로 돌아가는 농부들의 모습이 평화롭다. 푸짐한 저녁을 먹고 설렁설렁 돌아다닌다. 마을 중앙에 자리한 절을 둘러보고, 달빛 부서진 마당에서 한참을 서성거렸다. 마지막 밤의 아쉬움이 진하게 남는다.

#3rd Day: 배 타고 인레 호수를 건너는 맛

간밤에는 어제보다 더 추웠다. 대도시 양곤에서는 상상도 할 수 없는 날씨다. 아침을 먹고 나오자 주인아주머니는 우리와 일일이 악수하며 배웅한다. 우리나라 시골 할머니처럼 정이 넘친다. 이른 아침 안개에 젖은 들판을 걷는다. 내가 가장 사랑하는 시간이다. 조금씩 해가 뜨자 안개에 젖은 산과 나무들이 몸을 부르르 떨며 이슬을 털어낸다. 우리도 하나하나 껴입은 옷을 벗는다.

거대한 보리수나무 아래는 잠시 쉬었다가 가기 좋은 곳이다.

마을을 벗어나자 빠오족 전통가게를 만난다. 그들의 생활상을 한눈에 볼 수 있고, 의류와 모자 등 기념품을 판매한다. 가게 앞에 매표소가 서 있다. 여기서 10달러를 내고 인레 호수 입장권을 끊어야 한다. 한동안 임도를 따르면 마을을 지나고, 거대한 보리수나무를 만난다. 나뭇등걸에 잠시 배낭을 내려놓고 쉰다. 나무 옆에서 한 부부가 크고 실한 생강을 옮기고 있다.

보리수나무를 지나면 완만한 내리막이 한동안 이어진다. 내리막이 끝나면 인레 호수가 나올 것이다. 하지만 내리막이 끝나도 호수는 보이지 않고 긴 수로만 보인다. 이곳에 드넓은 인레 호수가 펼쳐질 것이라는 생각은 오산이었다. 가이드 밍밍이 수로에 있는 보트를 타고 가야 호수가 나온다고 한다.

이제 보트를 타고 호수 반대편 낭쉐 Nyaung Shwe 마을로 가는 일만 남았다. 탕탕탕! 경쾌한 소리로 시원하게 물살을 가르는 맛을 어떻게 말로 표현할 수 있을까. 호수에 사는 인따족 주민들의 가옥, 배를 쫓아 나는 갈매기들, 낚시하는 어부들을 구경하다 보면 1시간이 훌쩍 지나고 낭쉐 마을에 닿는다. 이제 트레킹이 끝나고 인레 호수 여행이 시작된다.

트레킹을 마치고 보트를 타면 기분이 날아갈 듯하다.

1일 — 시골 마을의 정취가 남아 있는 민따익역

[LEVEL] ★★★☆☆

코 스 껄로 마을~뷰포인트 식당~ 민따익역~다누 마을

거리 20km **시간** 8시간 **포인트** 정겨운 민따익역과 다누 마을의 소박함
숙소 다누 마을의 숙소

길은 전체적으로 고도가 완만해 걷기 쉽다. 하지만 거리가 멀어 체력 관리에 신경 써야 한다. 점심과 두 번의 티 브레이크 시간이 있다. 모두 트레킹 비용에 들어가 있어 부담은 없다. 민따익역의 소박한 정취가 인상적이고, 민따익 마을의 초등학교에서 귀여운 아이들을 만날 수 있다. 숙소인 다누 마을 사람들은 흥이 많다.

2일 — 빠오족 아낙들과 함께 걷는 즐거움

[LEVEL] ★★★☆☆

코 스 다누 마을~빠오 마을~54번 도로~타투파 마을

거리 22km **시간** 9시간 **포인트** 지나온 길이 한눈에 보이는 다누 마을 언덕
숙소 타투파 마을의 숙소

길은 전체적으로 완만하지만 역시 거리가 멀다. 다누 마을을 나오면 제법 오르막이 펼쳐진다. 여기를 올라서면 약 1,600m로, 껄로 트레킹에서 가장 높은 지점을 밟게 된다. 54번 도로를 만나기 전후 구간에 아름다운 길이 몰려 있으며, 친절한 빠오족 아낙들을 만날 수 있다. 점심 이외에 티 브레이크 시간은 없다. 숙소인 타투파 마을의 중앙에 큰 사찰이 있으니 시간 여유가 있으면 절과 마을을 구경하자.

3일 — 보트 타고 호수를 가르는 특별한 맛

[LEVEL] ★★☆☆☆

코 스 타투파 마을~빠오족 전통가게~인레 호수 입구

거리 15.7km **시간** 5시간
포인트 산골 마을을 내려와 만나는 인레 호수

타투파 마을을 벗어나면 빠오족 전통가게 앞에서 도로를 만난다. 여기서 인레 호수 입장권을 구입해야 한다. 왠지 종착점이 얼마 안 남은 느낌이 들지만 그 뒤로 10km를 더 간다. 빠오족 전통가게를 지나면 완만한 내리막이 이어진다. 한 번의 티 브레이크 시간이 있다. 점심은 종착점을 앞두고 인레 호수 입구에서 먹는다.

여행길에서 만나요!

길을 걷는 것만큼 행복한 게 또 있을까요. 이 책에서는
15개의 길을 소개하고 있습니다. 저는 책을 발간한 기
념으로 지인들과 함께 몇몇 코스를 다시 걸어볼까 합
니다. 얼마나 좋을까요. 생각만 해도 빙그레 웃음이 납
니다. 독자 여러분도 마음에 드는 길 또는 해외 여행길
에 들러볼 코스를 선택해 걸어보시기 바랍니다. 길은
주인이 없습니다. 걷는 자의 것이지요. 길 떠나는 여러
분에게 길의 축복과 평화가 가득하기를 바랍니다.

해 외
트레킹
바이블

발행일 | 초판 1쇄 2018년 7월 10일
　　　　　 개정판 1쇄 2026년 1월 9일

지은이 | 진우석

발행인 | 박장희
대표이사·제작총괄 | 신용호
본부장 | 이정아
편집장 | 문주미
책임편집 | 허진
기획위원 | 박정호
마케팅 | 김주희, 한륜아, 이현지, 이나경
디자인 | 정원경, 변바희
지도 디자인 | 우지연

발행처 | 중앙일보에스(주)
주소 | (03909) 서울시 마포구 상암산로 48-6
등록 | 2008년 1월 25일 제2014-000178호
문의 | jbooks@joongang.co.kr
홈페이지 | jbooks.joins.com
인스타그램 | @friends_travelmate

ⓒ 진우석, 2026
ISBN 978-89-278-1352-1 (13980)

- 이 책은 저작권법에 따라 보호받는 저작물이므로 무단 전재와 무단 복제를 금하며
  책 내용의 전부 또는 일부를 이용하려면 반드시 저작권자와 중앙일보에스(주)의 서면 동의를 받아야 합니다.
- 책값은 뒤표지에 있습니다.
- 잘못된 책은 구입처에서 바꿔 드립니다.

중앙books 는 중앙일보에스(주)의 단행본 출판 브랜드입니다.